Fortschritte
in der
englischen und schottischen Landwirthschaft.

Zweite Abtheilung.

Vom
englischen und schottischen
Ackerbau.

Tiefcultur. Exstirpator. Weizen- und Hopfenbau.

Von

Dr. Eduard Hartstein,

Director u. Professor der Königl. höheren landwirthschaftlichen Lehranstalt zu Poppelsdorf.

Nebst vier Tafeln Abbildungen.

Zweite, verbesserte und vermehrte Auflage.

Bonn,
bei Adolph Marcus.
1858.

Fortschritte

in der

englischen und schottischen

Landwirthschaft.

Von

Dr. Eduard Hartstein,

Director u. Professor der Königl. höheren landwirthschaftlichen Lehranstalt zu Poppelsdorf.

Zweite Abtheilung.

Zweite, verbesserte und vermehrte Auflage.

Bonn,

bei Adolph Marcus.

1858.

Vom englischen und schottischen Ackerbau.

Tiefcultur. Exstirpator. Weizen- und Hopfenbau.

Von

Dr. Eduard Hartstein,

Director u. Professor der Königl. höheren landwirthschaftlichen Lehranstalt zu Poppelsdorf.

Nebst vier Tafeln Abbildungen.

Zweite, verbesserte und vermehrte Auflage.

Bonn,

bei Adolph Marcus.

1858.

Vorwort
zur ersten Auflage.

Bei dieser Fortsetzung meiner Arbeit über die wichtigsten Fortschritte der englischen und schottischen Landwirthschaft bin ich auf dem Gebiete des Ackerbaues geblieben und werde die Reihe der Aufsätze mit einzelnen Gegenständen aus der Viehzucht und Betriebslehre schließen. Auch in den Abhandlungen dieses zweiten, vorliegenden Theils war ich bemüht, nur das Neue und für deutsche Wirthschaften unmittelbar Anwendbare hervorzuheben und mit Erfahrungen zu belegen, ein Weg, dem ich die günstige Aufnahme des ersten Theils glaube hauptsächlich zuschreiben zu müssen.

Die Abfassung ist durch viele schriftliche Mittheilungen, welche mir auf meine Anfragen von verschiedener Seite bereitwilligst gemacht wurden, sehr erleichtert worden, und kann ich mir nicht versagen, die Namen der Männer hier zu nennen, die mich auf eine so freundliche Weise in meiner Arbeit unterstützten. Ich ergreife daher mit Freuden diese Gelegenheit, dem Präsidenten der Königlichen Landwirthschafts-Gesellschaft in England, Herrn Pusey auf Pusey, meinen Dank öffentlich auszusprechen. Nicht minder bin ich verpflichtet den Herren Beasely auf Chapel Brampton, Wilson auf Edington Mains, Blyth zu Burnham, Lawes und Dr. Gilbert zu Rothamstead, Prof. Völker zu Cirencester, Lawson zu Edinburg, Burnham zu Lower Bebington und in Beziehung auf den Hopfenbau dem Herrn J. Newport zu Canterbury. Ohne die werthvollen Mittheilungen, die ich diesen Herren verdanke, wäre es mir unmöglich gewesen, dem mir vorgesteckten Ziele freudig nachzustreben.

Poppelsdorf im August 1854.

Eduard Hartstein.

Vorwort

zur zweiten Auflage.

Seit dem Erscheinen der ersten Auflage bin ich nach Kräften bemüht gewesen, die darin vorgeschlagenen Verfahrungsweisen in ihrer Anwendbarkeit auf unsere Verhältnisse selbst zu prüfen. Die Gutswirthschaft der hiesigen Lehranstalt gab mir Gelegenheit (um Einiges zu nennen), die Vorzüge und Mängel des Gray'schen und Tweeddale'schen Untergrundpfluges zu erproben, und letzteren (wie ich hoffe) abzuhelfen — die Brauchbarkeit der verschiedenen Exstirpatoren für den Stoppel-Umbruch ꝛc. zu vergleichen — die berühmtesten englischen Weizensorten zu cultiviren —

die Drillsaat für alle Halmfrüchte durchzuführen — comparative Versuche mit dem Lois-Weedoner Systeme vorzunehmen — endlich einige England eigenthümliche Vorschriften beim Hopfenbau in ihren Wirkungen zu beobachten.

Leider ist Herr Pusey, dem ich in der ersten Auflage dieses Bandes für seine vielfältige und aufopfernde Güte meinen Dank zollen konnte, seitdem der englischen Landwirthschaft durch den Tod entrissen worden. Dennoch hat auch diesmal vielfacher Briefwechsel mit England mir höchst dankenswerthe Mittheilungen über Punkte, welche noch nicht in Büchern oder Zeitschriften zu finden waren, verschafft.

Poppelsdorf im Januar 1858.

Der Verfasser.

Vergleichung der Maße, Gewichte und Münzen.

1 engl. Acre	. .	=	1,584	Magdeb.	Morgen *).
1 „ Fuß	. .	=	11,653	Preuß.	Zoll.
1 Imperial-Yard	.	=	2,913	„	Fuß.
1 „ Quarter (8 Bushels).	.	=	5,288	„	Scheffel.
1 engl. Bushel (4 Pecks 8 Gallons).	. .	=	0,661	„	Scheffel.
1 engl. Gallon (als Flüssigkeitsmaß).	. .	=	3,966	„	Quart.
1 Pfund, avoir du poids		=	0,969	„	Pfund.
1 engl. Centner (1 Hundredweight, 112 engl. Pfund).	. .	=	108,56	„	Pfund.
1 Pfund Sterling (20 Shillings).	. .	=	circa 6 Thlr. 20 Sgr. preuß. Cour.		
1 Shilling (12 Pence).	. . .	=	circa 10 Sgr. preuß. Cour.		
1 Penny	. . .	=	circa 10 Pfennige.		

*) In vorliegender Schrift ist gewöhnlich der Acre als 1½ Magdeb. Morgen und der Imperial-Yard als 3 preuß. Fuß angenommen.

Inhalt.

I. Die Tiefcultur.

Die Tiefcultur ist einer der wichtigsten Fortschritte des Ackerbaues. Es bedurfte einer längern Zeit, um die vielen eingewurzelten Vorurtheile zu beseitigen. Theils glaubte man die Ackerkrume durch die Bearbeitung der tiefern, wie man meinte todten Erdschicht, zu verschlechtern; theils prophezeihte man eine baldige Erschöpfung des Bodens, während Andere die Ausführung für zu schwierig und zu theuer hielten. Diese Abneigung wurde aber noch dadurch genährt, daß einzelne der ersten Versuche, bei der Neuheit und Unkenntniß des Verfahrens mißglückten. So groß nun auch das Mißtrauen dagegen im Allgemeinen unter den Farmern Großbritanniens war, so fanden sich doch einzelne ausgezeichnete Landwirthe, die, nachdem sie den mächtigen Einfluß der Vertiefung der Ackerkrume richtig erkannt, nicht ermüdeten, durch zahlreiche Versuche das rationelle Verfahren festzustellen, und durch das gegebene Beispiel zur allgemeinen Einführung anzuregen. Unter diesen Männern verdienen Mr. Smith, Mr. Bead, Mr. Slight, Sir Edward Stracey und ganz besonders der Marquis von Tweeddale genannt zu werden, welcher letztere auf seiner in Schottland belegenen Besitzung Yester unter ungünstigen klimatischen und Boden-Verhältnissen hierdurch die glänzendsten Erfolge erzielt hat*). Den rastlosen Bemühungen dieser Männer ist es zu verdanken, daß gegenwärtig in Großbritannien auf die Tiefcultur eine ganz besondere Sorgfalt verwendet wird. Verständig benutzt, hält der englische Farmer

*) Ein ausführlicher Bericht über die Tiefcultur zu Yester ist von Henry Stephens in der Schrift The Yester Deep Land-Culture, 1855 veröffentlicht worden.

dieses Culturverfahren für einen mächtigen Hebel zur Steigerung der Fruchtbarkeit seiner Aecker. Ohne die Zuführung von kostspieligen, künstlichen Düngungsmitteln und ohne großen Kapitalaufwand, braucht er nur die Vortheile der vervollkommneten Ackerwerkzeuge zu benutzen, um den Boden durch die tiefere Bearbeitung aus dessen eigenen Mitteln zu verbessern.

Worin ist die günstige Wirkung der tiefern Bearbeitung des Bodens begründet?

Im Gegensatze zu der gewöhnlichen Beackerung des Bodens, die meist nur zu einer Tiefe von 5 bis 7 Zoll geschieht, versteht man unter der Tiefcultur das Bearbeiten des Landes bis zu 15 und mehr Zoll. Hierbei wird entweder die tiefere, bisher unberührte Erdschicht zur Oberfläche gebracht, oder sie wird nur gelockert, und verbleibt in der frühern Lage. Die erste Art der Bearbeitung heißt im weitern Sinne des Wortes das Rigolen, die letztere das Untergrundlockern. Beide Methoden haben die Vertiefung der Ackerkrume zum Zweck.

Um die günstige Wirkung der Ackervertiefung richtig zu beurtheilen, stellen wir die Hauptbedingungen der Fruchtbarkeit des Bodens zusammen, und sehen zu, ob durch dieses Verfahren jenen Bedingungen im höhern Grade entsprochen wird.

Es soll der Boden den Pflanzen einen festen Standort, leicht assimilirbare Nahrung, Zutritt der Luft und Wärme, und einen möglichst gleichmäßigen Grad von Feuchtigkeit gewähren.

Daß diese Anforderungen durch die tiefere Bearbeitung mehr erfüllt werden, als bei der gewöhnlichen Cultur, wird schon im Allgemeinen einleuchten; im Folgenden werden wir aber den Nachweis für die einzelnen Punkte liefern.

1. Die Pflanzen erhalten einen festern Stand, der die kräftigere Entwickelung der tiefergehenden Wurzeln gestattet. Die unter der Ackerkrume liegende Erdschicht ist in den meisten Bodenarten mehr oder weniger fest und undurchdringlich. Es gilt dies namentlich von

dem strengern Thonboden und solchen Feldern, wo im Untergrunde sich eine Schicht von Raseneisenstein oder Kalktuff gebildet hat. Selbst in leichtern Bodenarten befindet sich häufig der Untergrund in Folge des Drucks der Pflugsohle und der Tritte der Zugthiere in einen verhältnißmäßig festen Zustande. In den tiefbearbeiteten und gelockerten Boden dringen nun die Pflanzen mit ihren Wurzeln und mit ihren feinen Fasern tiefer ein, und erhalten so einen festern Standort und reichlichere Nahrung. Für die Hackfrüchte hielt man das Tiefergehen der Wurzeln schon längst für sehr werthvoll, während man bei den, wie man meinte, flachwurzelnden Halmfrüchten nur eine unbedeutende Wirkung annahm. Aus den in neuerer Zeit gemachten Beobachtungen über die Wurzeltiefe des Halmgetreides hat sich aber ergeben, daß dasselbe unter günstigen Umständen, bei trockner Lage der Felder und mildem Untergrunde, seine Wurzeln ebenfalls zu einer beträchtlichen Tiefe, nicht selten sogar bis zu 3, selbst 4 Fuß treibt.

Der günstige Erfolg der Tiefcultur ist daher gewiß auch bei dem Getreide der tiefern Bewurzelung und dem so erlangten festern Stande mit zuzuschreiben. Diese Annahme findet übrigens in der Erfahrung, daß die Halmfrüchte auf tiefcultivirten Aeckern sich viel seltener lagern, ihre Rechtfertigung.

2. Die ertragsfähige Erdschicht wird dadurch vermehrt. Um den Nachweis über die wirkliche Vermehrung der Bodenkraft zu geben, müssen wir einen Blick auf die Bildung und die Veränderungen des Bodens bei der Cultur werfen. Bekanntlich besteht die Ackererde der Hauptsache nach aus verwitterten Felstrümmern. Decken diese Trümmern noch das Gestein, aus dessen Zerstörung sie hervorgingen, so nennen wir eine solche Erdschicht den primitiven Boden; sind sie aber fortgeschwemmt und an tiefern Stellen abgesetzt, so bilden solche Ablagerungen den Diluvial- oder Alluvialboden. Wie nun auch sich die Erdkrume gebildet hat, so liegt stets in den allmählig weiter verwitterten Felstrümmern die hauptsächliche Quelle, woraus die Pflanzen ihre mineralischen Nahrungsmittel schöpfen müssen. Nehmen wir an, die Erdkrume werde zum Anbau der verschiedensten Gewächse verwendet, zu

diesem Zwecke wiederholt gedüngt und fortwährend in einer Tiefe von 7 Zoll bearbeitet: welche Verschiedenheit werden wir nach einer Reihe von Jahren zwischen der cultivirten Erdschicht — der Ackerkrume — und der darunterliegenden — dem Untergrunde — wahrnehmen.

Während der Zeit der Cultur ist die tiefere Bodenschicht, durch den Tritt der Zugthiere, wie durch den Druck des Pfluges fester geworden. Durch das Schneewasser, wie durch starke Regen, wurden viele leichtlösliche Bestandtheile des in die Ackerkrume gebrachten Düngers nach dem Untergrunde geführt. Aber auch andere Substanzen, welche sich nur langsam lösen, Gyps, Kali- und Natronsilikate ꝛc., finden allmählig ihren Weg nach den tiefern Bodenschichten, wo sie bald mehr, bald weniger zurückgehalten werden. Ja selbst feiner Sand und feine Thontheilchen werden nach und nach in den Untergrund gebracht, wodurch dessen Zwischenräume sich noch mehr verstopfen. Die tiefere Erdschicht behindert in diesem Zustande das Eindringen der Luft, des Wassers und der Pflanzenwurzeln. Die von der Oberfläche herabgeführten Pflanzennährstoffe sind für die Vegetation nutzlos, oder sogar schädlich. Es gilt dies letztere von den organischen Substanzen, welche bei dem mangelnden Luftzutritt nur eine theilweise Zersetzung erleiden und so die Veranlassung zur freien Säure des Bodens sein können.

Die Ackerkrume dagegen wird nach einer längern Cultur, selbst bei regelmäßig wiederholter Düngung und fleißiger Bearbeitung, häufig an dem einen oder andern mineralischen Pflanzennährmittel erschöpft, also an solchen Substanzen, die sich unter der, vom Pfluge bearbeiteten Erdschicht nicht selten angehäuft finden. Offenbar muß einer solchen nachtheiligen Verarmung der seichten Ackerkrume die tiefere Bearbeitung vorbeugen. Die von der Oberfläche in den festen Untergrund geführten, leicht löslichen düngenden Substanzen werden dadurch der Pflanze zugänglich gemacht. Ein Gleiches gilt von den schwer löslichen mineralischen Pflanzennährstoffen, insbesondere den Silicaten, die theils von der Oberkrume herstammen, theils in den Felstrümmern des Untergrundes enthalten sind. Der Kohlensäuregehalt der nun leichter eindringenden Luft wie des Wassers befördert wesentlich diese aufschließende und zersetzende Wirkung, die sich nun um so erfolgreicher erweist, als die tiefer eindringenden und kräftiger entwickelten Wurzeln die dargebotenen Nahrungsstoffe in reichlicherem Maße aufsaugen können. Der Vortheil der tiefern Bearbeitung wird aber noch dadurch erhöht, daß die im Untergrunde sich häufig findenden nachtheiligen Eisen- und Manganoxydulsalze in Folge des freiern Luftzutritts sich höher oxydiren, so in einen unlöslichen Zustand übergeführt und der Vegation unschädlich werden.

3. Der tiefbearbeitete Boden erwärmt sich leichter. Es kann die Luft leichter in die Erde eindringen, wobei eine Ausgleichung der Temperatur des Bodens und der wärmern Luft stattfindet. In gleicher Weise bringt der Regen eine mildere Temperatur in die untere Erdschicht. Das Regenwasser, welches gewöhnlich die Temperatur der Luft hat, sinkt leicht in den tiefgelockerten Boden und gibt beim Durchsickern desselben Wärme ab. Die Erwärmung wird in dem Falle noch befördert, wenn zur Zeit des Regenfalls die Erdoberfläche durch die Sonnenstrahlen sehr erhitzt ist. Das Wasser nimmt dann beim Eindringen in den Boden aus der obersten Erdschicht noch mehr Wärme auf, die es beim Durchsickern an die tiefern kältern Erdlagen abgiebt. Auf diese Weise gelangt die Sonnenwärme viel schneller in die Tiefe des Bodens als es sonst der Fall sein würde, weil das Erdreich bekanntlich ein schlechter Wärmeleiter ist. Der so bis zu einer größern Tiefe gleichmäßig erwärmte Boden erhält den Wärmegrad längere Zeit, weil bei dem schnelleren Versinken des Regenwassers die Verdunstung der Feuchtigkeit vermindert ist, welche eine Abkühlung in der Erdkrume nothwendig zur Folge hat *).

---

*) Genaue Temperaturbeobachtungen wurden in der Besitzung des Marquis von Tweeddale gemacht, wonach sich die mittlere Temperatur des Bodens durch die Drainirung und Tiefcultur um 2 Grad erhöhte. Zum Beleg des erheblichen Antheils, welchen die Tiefcultur an der größeren

4. **Das Verhalten des Bodens bei nasser wie bei trockner Witterung wird sehr günstig gestaltet und den Pflanzen ein möglichst gleichmäßiger Grad von Feuchtigkeit gewährt.** Die Ursache liegt darin, daß der tiefgelockerte Boden bei trocknem Wetter sowohl durch die Haarröhrenkraft aus der untern Bodenschicht Feuchtigkeit zur Oberfläche herauf zieht, wie auch in Folge der porösen Beschaffenheit aus der feuchten Atmosphäre aufnimmt*). Bei zu großer Nässe dagegen wird der nachtheilige Einfluß, den dieselbe auf den Boden ausübt, wesentlich vermindert. Das Regen- und Schneewasser dringt nämlich in den tiefgelockerten Boden schneller ein, so daß die Oberfläche desselben eher trocken wird. Eine falsche Ansicht ist es aber wenn man glaubt, eine vollständige Trockenlegung eines bindigen Bodens ohne unterirdische Abzüge oder andere Mittel, allein durch die tiefe Bearbeitung zu erreichen. Jenes schnellere Trockenwerden der Oberfläche des tiefbearbeiteten Ackers findet nur in so weit statt, als die Menge des gefallenen Regens nicht zu beträchtlich ist. Bei anhaltendem starken Regen wird selbst die tiefgelockerte Erdschicht bald mit Wasser überfüllt sein, da ein schneller Abzug desselben durch die noch tiefer gelegenen festen Erdschichten nicht geboten ist. Noch unzurei-

---

Erwärmung des Bodens hat, sei erwähnt, daß auf demselben Gute bei durchaus gleicher Bodenbeschaffenheit und Lage der Grundstücke der Schnee auf den blos drainirten Stücken lange liegen blieb, während derselbe auf den drainirten und zugleich tiefbearbeiteten Aeckern sich nur kurze Zeit hielt.

*) Die Fähigkeit des gelockerten Bodens, Feuchtigkeit aus der Atmosphäre aufzusaugen, wird meist viel zu wenig gewürdigt. Die Menge Wasser, welches die Pflanzen während der Vegetation nöthig haben, ist so groß, daß die, durch den Regen dem Boden zugeführte Feuchtigkeit lange nicht ausreichen würde, um das kräftige Fortwachsen der Pflanzen zu ermöglichen. Da nun nach den Untersuchungen des Professors Unger eine Aufnahme des dunstförmigen Wassers durch die Blätter der Pflanze nicht anzunehmen ist, so gewinnt die Hygroskopicität der Erde (welche aber durch die tiefe Lockerung des Bodens wesentlich gesteigert wird), eine um so größere Bedeutung.

chender erscheint die Tiefcultur für den Abfluß des Wassers auf quellgründigen Bodenarten. Dem von Quellen herrührenden Wasser kann nur durch Gräben oder Drain's Abfluß verschafft werden. In England betrachtet man daher, nach vielfältigen Erfahrungen, die Tiefculur auf bindigen, nassen Bodenarten nur dann von günstigem, sichern Erfolge, wenn der Boden zuvor drainirt ist. In diesem Falle aber werden nicht nur jene vorerwähnten wohlthätigen Veränderungen des Bodes sicher erreicht, sondern die Wirkung der unterirdischen Abzüge wesentlich befördert.

Ueberblickt man den Einfluß der Tiefcultur, so ergiebt sich eine Zunahme der Fruchtbarkeit der Aecker. Den Bedingungen zur kräftigen und gesunden Entwickelung der Vegetation wird in höherm Grade entsprochen und die ertragsfähige Erdschicht ist vermehrt.

Die Vortheile einer trocknen und tiefen Ackerkrume sind in der That so vielfältig, daß sie kaum hinreichend gewürdigt werden können. Wir heben nur noch einige Punkte hervor, die gewiß den Werth der Tiefcultur in den Augen jedes Sachverständigen erhöhen.

Einmal wird durch die günstige Umgestaltung der physicalischen Eigenschaften des Bodens, namentlich durch die größere Erwärmung, die gleichmäßige Reife der Früchte beschleunigt, was besonders für rauhere Gegenden von Bedeutung ist. In der Besitzung des Marquis von Tweeddale zu Yester, welche in einer Erhebung bis 750 Fuß über dem Meeresspiegel in der Grafschaft Haddington liegt, ist jetzt in Folge der Tiefcultur die Ernte der Früchte mit den in den südlicher und niedriger gelegenen Theilen Ost-Lethiens gleich. Die Beschleunigung der Fruchtreife wird auf 14 Tage bis 3 Wochen angenommen.

Die Sicherheit der Ernte wird auch dadurch bei der Tiefcultur vermehrt, daß die Winterfrüchte bei der tiefern Wurzelverbreitung mehr gegen den nachtheiligen Einfluß des Frostes geschützt sind.

Außerdem bietet sich dabei die Möglichkeit, das Land von Wurzelunkraut zu reinigen. Es wird nicht nur das Unkraut mit sehr tiefgehenden Wurzeln aus dem Boden gehoben, und so zerstört, sondern auch das flachwurzelnde, welches auf bindigem Boden bei feuchter Witterung durch den Exstirpator oder andere Mittel nicht zerstört werden konnte. Durch den tiefen Umbau des Ackers wird es vergraben und so vernichtet. Als Beleg hierfür mögen die Erfolge dienen, welche in der Besitzung des Marquis von Tweeddale zu Yester auf sehr verquecktem Feldern mit strengem Boden erzielt wurden. Die Oberfläche des Ackers wurde im Herbst 3—4 Zoll mit dem gewöhnlichen Pfluge abgeschält. In der offenen Furche folgte ein zweiter Pflug, der bis zu einer Tiefe von 12—14 Zoll den Boden zur Oberfläche brachte. Der Acker blieb bis zum Frühjahre in rauher Furche liegen, und wurde im April 12—13 Zoll tief nach entgegengesetzter Richtung gepflügt; der Boden war außerordentlich mürbe, das tief untergebrachte Unkraut wurde vollständig zerstört und diente zur Bereicherung des Ackers. Ein so günstiger Erfolg der Unkrautzerstörung wird jedoch nur bei einem sehr tiefen Umbau und strengem Boden zu erwarten sein.

Endlich gewährt der tiefbearbeitete Acker den Vortheil, daß die weiteren Bestellungsarbeiten selbst bei ungünstiger Witterung sich leichter ausführen lassen, und weniger Zugkraft erfordern. In vielen Wirthschaften Englands mit schweren Bodenarten ist durch die Tiefcultur die vollständige Aufhebung der Brache möglich gemacht, deren Hauptaufgabe bekanntlich darin besteht, dem Boden die erforderliche Zerkrümelung und Lockerung zu geben. Durch die in Folge des Tiefbaues erzielte vollkommene Mürbung des Bodens ist eine geringere Zahl von Furchen nöthig, überhaupt eine leichtere Ausführung der Bestellungsarbeiten geboten, und hierin die Möglichkeit einer Spannvieh-Ersparniß begründet, die in Yester ¼ der früher erforderlichen Spannkraft beträgt.

Ist die Tiefcultur überall anwendbar?

Die Tiefcultur wird auf sehr verschiedenen Bodenarten ausgeführt. Am wirksamsten zeigt sie sich auf strengem

Thon und Lehm wie auf Bodenarten, deren Ackerkrume und Untergrund von solcher entgegengesetzter Beschaffenheit sind, daß durch deren Vermischung ein für die Vegetation günstiges Verhältniß hervorgeht. Endlich auf solchem Boden, wo im Untergrunde sich eine undurchlassende Schicht von Raseneisenstein oder Kalktuff gebildet hat. Zweifelhaft ist die Wirkung auf Bodenarten, die einen geringen Zusammenhang haben, und wo der Untergrund gleichfalls durchlassend und mild ist.

Von ungünstigem Erfolge erweist sich dieselbe da, wo unter der leichten sandigen Ackerkrume eine dünne Thon- oder Lettenschicht sich befindet, welche das zu schnelle Durchsickern des Wassers behindert. So kommt unter andern im Westen von Oxfordshire auf mehreren Gütern ein derartiger Boden vor; die Versuche der tiefen Bearbeitung ergaben überall Nachtheil, weil durch das Durchbrechen dieser Thonschicht der Boden zu trocken wurde.

Unausführbar ist sie endlich auf Bodenarten, wo entweder in der tiefen Erdschicht größere Steine liegen, oder wo der Untergrund aus einer harten Masse besteht — Kies mit eisenschüssigem Thon verkittet — die sogar durch Handarbeit mit der Spitzhaue schwer aufgebrochen werden kann.

Verdient das Rigolen, oder das Untergrundlockern den Vorzug, und wo ist das Eine oder das Andere anzuwenden?

Beide Arten der Tiefcultur haben denselben Zweck — die Vertiefung der Ackerkrume —. Durch das Rigolen wird dieser Zweck unter sonst geeigneten Verhältnissen schnell und sicher erreicht, weil der aus dem Untergrunde zur Oberfläche gebrachte Boden sowohl vollkommener gelockert und gemischt, wie der Einwirkung der Luft, Wärme und Feuchtigkeit mehr ausgesetzt wird. Beim Untergrundlockern ist eine längere Zeit erforderlich, um jenen Erfolg zu erlangen: der gelockerte Untergrund kann hier wegen des beschränkten Luftzutritts nur langsam die erforderliche Veränderung erleiden. Hiernach würde das Rigolen vor dem Untergrundlockern unbestritten den Vorzug verdienen, wenn nicht unter gewissen besondern Verhältnissen, wo das Rigolen, wie wir gleich sehen werden, Nachtheil bringt, das Untergrundlockern noch lohnenden Erfolg sicherte.

Hinsichtlich des zweiten Punktes kann, auf Grund der in Großbritannien gemachten Erfahrungen, Folgendes festgestellt werden:

Die Rigolarbeit ist zunächst lohnend auf Boden, dessen Ackerkrume von dem Untergrund hinsichtlich der Zusammensetzung keine wesentliche Verschiedenheit zeigt. Es gehören hierher nicht nur der tiefe Thon und Lehm, sondern selbst der nur mit wenig Thon vermischte Sand. Diese Bodenarten, besonders die ersteren, sind meist am längsten in Cultur, so daß die Ackerkrume, namentlich beim fortgesetzten Anbau von Getreidefrüchten, leicht an dem einen oder andern unorganischen Pflanzennährmittel erschöpft sein kann. Wird nun in solchem Falle der feste, an mineralischen Bestandtheilen reiche Untergrund aufgebrochen und zur Oberfläche gebracht, so stellt sich die Fruchtbarkeit des Bodens von Neuem her.

Wir verdanken Dr. Anderson zu Glasgow genaue Analysen von Bodenarten — sowohl Ackerkrume als Untergrund — auf welchen die Rigolarbeit mit dem besten Erfolge ausgeführt ist. Der durch große Fruchtbarkeit ausgezeichnete Weizenboden von Carse of Gowrie *) hat nach Anderson folgende Zusammensetzung:

	Ackerkrume	Untergrund
Kieselsäure	63,19	61,63
Eisenoxyd	4,87	6,24
Thonerde	14,04	14,24
Kalk	0,83	1,27
Magnesia	1,02	1,39
Kali	2,80	2,17
Natron	1,43	1,04

*) Siehe British Farmers Magazine, January 1852. p. 3.

	Ackerkrume		Untergrund
Schwefelsäure . . .	0,90	. .	0,03
Phosphorsäure . .	0,24	. .	0,26
Kohlensäure . . .	0,05	. .	—
Chlor	0,09	. .	0,02
Organische Substanz .	8,55	. .	6,82
Wasser	2,70	. .	4,57

Der Vergleich der Zusammensetzung der Ackerkrume und des Untergrundes ergiebt im Ganzen nur geringe Verschiedenheiten. Der Gehalt an Eisenoxyd, Kalk und Magnesia ist im Untergrunde etwas größer, während andererseits in der Ackerkrume die Menge der organischen Substanz, der Schwefelsäure, des Kali's und Natrons etwas mehr beträgt.

Wir haben hier ein Beispiel, wo ein an sich schon fruchtbarer Boden durch das Rigolen an Ertragsfähigkeit zunahm; wohl weniger in Folge der geänderten chemischen Zusammensetzung, als der günstigen Wirkungen einer mechanischen Lokkerung und Vertiefung der Ackerkrume. Dasselbe wird sich bei ähnlichen Bodenarten ergeben. Aber nicht blos auf reichen, tiefgründigen Aeckern, auch auf geringeren, ist die Rigolarbeit mit Vortheil ausführbar. Wir finden einen recht schlagenden Fall hiervon auf der bereits genannten Besitzung des Marquis von Tweeddale. Der Boden der zu jener Herrschaft gehörigen Güter ist verschieden, auf der Danskine-Farm findet sich ein strenger sandiger Klai, der vor der tiefen Bearbeitung sehr geringe Erträge lieferte. Hinsichtlich der mechanischen Gemengtheile zeigt sich zwischen der Ackerkrume und dem Untergrunde kein erheblicher Unterschied. Nur in der untern Erdschicht war eine Verschiedenheit wahrzunehmen, welche von größerem Gehalt an Eisen und von der verschiedenen Form, in welcher dasselbe darin enthalten war, herrührte. Nach Dr. Anderson's Untersuchung hatte dieser Boden folgende Zusammensetzung:

---

*) Siehe British Farmers Magazine, January 1852. p. 387.

	Ackerkrume	Untergrund
Unlösliche Silicate	87,625	82,72
Lösliche Kieselsäure	0,395	0,12
Thonerde und Eisenoxyd	4,129	8,60
Kalk	0,341	0,18
Magnesia	0,290	0,24
Schwefelsäure	0,027	0,03
Phosphorsäure	0,240	Spuren
Kali	0,052	0,12
Natron	0,050	0,04
Wasser	1,956	3,26
Organische Substanz	5,221	4,02
	100,326	99,33

Der Untergrund war hiernach reicher an Thonerde, Eisen und Kali, während er nur Spuren von Phosphorsäure besaß. Der Phosphorsäuregehalt der Ackerkrume war Folge der Düngung. Die Vertiefung wurde auch in diesem Boden durch Heraufbringen des Untergrundes bewirkt. Die dadurch erlangten, überraschend günstigen Resultate, lenkten die allgemeine Aufmerksamkeit auf diese Wirthschaft, und regten in weiten Kreisen zu Versuchen an. Der größere Eisengehalt des Untergrundes machte ein nur allmähliges Obenaufbringen und Vermischen desselben mit der Ackerkrume nöthig.

Nicht minder wirksam zeigt sich in vielen Fällen die Rigolarbeit auf tiefgründigen, leichtern Bodenarten. Auch hier ist, bei einer starkangreifenden Fruchtfolge, eine theilweise Erschöpfung der Ackerkrume an mineralischen Pflanzennährstoffen zu befürchten. Dabei kann die tiefere Erdschicht, ohne Eisenoxyd oder Kalktuff zu enthalten, sich nach und nach so festgesetzt haben, daß das Eindringen der Luft und der Pflanzenwurzeln behindert ist. Durch das Rigolen eines solchen Bodens läßt sich eine Zunahme der Fruchtbarkeit um so eher erwarten, als in diesen Bodenarten meist viele Düngerbestandtheile aus der Ackerkrume nach dem Untergrunde durch das Wasser gebracht und hier abgelagert sind.

Nächst den tiefgründigen Bodenarten von gleichmäßiger Zusammensetzung eignen sich für das Rigolen auch solche, wo

Ackerkrume und Untergrund von sehr verschiedener Beschaffenheit sind.

Dieses ist der Fall auf Feldern, deren bindige, zähe Ackerkrume unmittelbar auf einem sandigen Untergrunde ruht, oder wo die obere sandige Bodenschicht eine Thonunterlage hat. Durch das allmählige Heraufbringen und Mischen des Untergrundes mit der bisherigen Ackerkrume wird der ertragsfähige Boden an Nahrungsstoffen bereichert, vor Allem aber seine physicalische Beschaffenheit wesentlich verbessert.

Die Tiefcultur finden wir bei solcher Bodenbeschaffenheit auf vielen Gütern ausgeführt, von welchen hier nur die Broadwoodside-Farm des Marquis von Tweeddale erwähnt sei. Dieses Gut hat verschiedene Bodenarten. Der Untergrund wurde auf drei Feldern durch Dr. Anderson untersucht. Der Acker Nro. 1 hatte eine mehr sandige Oberkrume von geringer Ertragsfähigkeit. Namentlich eignete sich dieses Feld nicht für den Weizenbau. — Nro. 2 besaß einen armen, schwer zu bearbeitenden Boden, während das Ackerstück Nro. 3 am schwersten und bindigsten war; und deshalb nicht für Turnips paßte. Der Untergrund dieser Aecker hatte folgende Zusammensetzung:

	Nro. I.		Nro. II.		Nro. III.	
Wasser		1,52		1,82		1,04
Eisenoxyd . .	5,49	8,36	6,36	8,59	1,25	3,36
Thonerde . .	2,87		2,23		2,11	
Unlösliche Substanz .		86,39		80,66		91,94
		96,27		91,07		96,34.

Die übrigen Bestandtheile: organische Substanz, Kalk, Magnesia, Alkalien ꝛc. wurden nicht bestimmt. Ueber die sonstige Beschaffenheit des Untergrundes bemerkt Dr. Anderson, daß Nro. III. viel weniger Thon enthielt als Nro. I. und II. Es liegt zu Tage, daß durch Vermischung der obern und untern Schicht die Mängel einer jeden ausgeglichen werden mußten. Der zu bindigen Ackerkrume Nro. III. wurde wenig Thon und mehr Sand zugeführt, während die mehr sandigen Stücke, namentlich Nro. I., eine reichliche Zugabe von Thon erhielten. Außer der Bereicherung des Bodens an Pflanzennährstoffen ist hier eine wesentliche Verbesserung der physikalischen Eigenschaften erreicht worden. Alle drei Felder sind jetzt durch die theilweise Vermischung des Ober- und Untergrundes zum Weizen- und Turnipsbau gleich gut geeignet.

Die Rigolarbeit findet endlich bei ungleicher Beschaffenheit des Ober- und Untergrundes in vielen Wirthschaften der Kreidedistricte von Sussex, Dorsetshire und Wiltshire Anwendung. Durch das Heraufbringen und Vermischen der häufig unmittelbar unter der Ackerkrume liegenden Kreide wird die Fruchtbarkeit des Bodens außerordentlich erhöht, besonders wenn die Ackerkrume von bindiger Beschaffenheit ist. Ein Gleiches gilt von den Bodenverhältnissen, wo der Untergrund aus einer mergelhaltigen Erde besteht.

Dieses sind der Hauptsache nach die Fälle, in welchen eine Vertiefung der Ackerkrume durch das Rigolen lohnend ist. Es leuchtet ein, daß in den angegebenen Bodenarten auch das Untergrundlockern wirksam sein wird; der Erfolg desselben ist aber geringer.

Dagegen ist die zweite Art der Tiefcultur, das Untergrundlockern, bei folgenden Bodenarten anzuwenden. Enthält der Untergrund eine große Menge Eisen- und Manganoxydul, was bekanntlich der Vegetation sehr nachtheilig ist, so würde durch das unmittelbare Obenaufbringen der tiefern Erdschicht, wenigstens für einige Zeit, die Fruchtbarkeit des Bodens sich vermindern. Wird dagegen der Untergrund blos gelockert, so erhält durch die Einwirkung der Luft das Eisen- und Manganoxydul allmählig eine unlösliche, und somit für das Pflanzenleben unschädliche Form. Dabei wird die Verwitterung der Mineralsubstanzen des gelockerten Untergrundes und der Abfluß des Wassers befördert, und so, bei Vermeidung des Nachtheils, die Ertragsfähigkeit des Bodens gesteigert. Es könnte zwar der Einwurf gemacht werden, daß in diesem Falle die Pflanzenwurzeln dem schädlichen Einfluß des Eisen- und Manganoxyduls ausgesetzt würden; indessen verliert dieser Einwand seine Bedeutung, weil einerseits bei der bald erfolgenden Ueberführung der nachtheiligen Oxydule in die unschädlichen Oxyde dies nur während kurzer Zeit stattfinden kann, anderseits aber auch die in der guten Ackerkrume bereits kräftig entwickelten Pflanzen durch das etwa noch vorhandene Eisen- und Manganoxydul wenig leiden werden. Daß die Entwickelung der jungen Pflanze in einem unmittelbar zur Oberfläche gebrachten eisenhaltigen Untergrunde wesentlich gefährdet sein würde, unterliegt keinem Zweifel.

Das Untergrundlockern ist ferner auf Bodenarten erfolgreich, wo die tiefe Erdschicht aus einem armen Lettenboden besteht, der in der Regel nur eine sehr geringe Menge Pflanzennährstoffe besitzt. In der zur Oberfläche gebrachten stärkern Schicht dieses magern Untergrundes könnten die jungen Pflanzen sich unmöglich kräftig entwickeln. In solchen Bodenarten kommt es vielmehr darauf an, den Abzug des Wassers und das tiefere Eindringen der Pflanzenwurzeln zu befördern, was durch das Untergrundlockern erreicht wird.

Endlich hat diese Art der Tiefcultur guten Erfolg auf Bodenarten, wo sich im Untergrunde eine harte Schicht von Raseneisenstein oder Kalktuff findet. Wir treffen die Bildung von Raseneisenstein am häufigsten im Sand-, Haide-, Bruch- und Moorboden. In diesen, meist an Eisen reichen Bodenarten wird durch das kohlensäurehaltige Wasser das Eisenoxydul leicht gelöst und nach der tiefern Erdschicht geführt. Indem hier das Wasser die Kohlensäure abgiebt, schlägt sich das gelöste Eisen nieder, und bildet meist, gemengt mit etwas Sand, Thon, Kalk ꝛc., den Raseneisenstein. Den Kalktuff findet man bisweilen in Mergel-, Kalk- und Kreideboden. Seine Entstehung ist ähnlich der des Eisenockers. Der aus der Ackerkrume, durch kohlensauerhaltiges Wasser gelöste Kalk dringt bis zum festen Untergrunde; aus dem Wasser verdunstet während des Stagnirens die Kohlensäure und so setzt sich der Kalk in mehr oder weniger starken Bänken ab. Der Nachtheil eines solchen, von Wasser, Luft und Pflanzen undurchdringlichen Untergrundes ist zu bekannt, um irgend einen Zweifel gegen den wohlthätigsten Einfluß des Aufbrechens und Lockerns übrig zu lassen.

Welche Vorsichtsmaßregeln sind zu nehmen?

Im Allgemeinen erfordert, wie schon aus dem Vorhergehenden einleuchtet, die Rigolarbeit mehr Vorsicht als das bloße Untergrundlockern. Zur Sicherung eines guten Erfolges hat man hauptsächlich auf Folgendes zu achten:

1. Nasser Boden muß zuvor trocken gelegt werden. Wenn auch die Tiefcultur bei feuchter Witterung das schnellere Abtrocknen der Oberfläche des Ackers befördert, so kann man dennoch auf nassem Boden der anderweitigen Mittel — Gräben oder Drains — nicht entbehren. Man überschätzte anfänglich die Wirkung der Tiefcultur, und brachte dieselbe auf nassen Grundstücken in Anwendung. Bald jedoch wurde man durch das Mißlingen vieler solcher Versuche von der Nothwendigkeit einer vorhergehenden Trockenlegung überzeugt. Diese Bedingung gilt für beide Arten der Tiefcultur in gleich hohem Maße. Denn es wird bei dem Rigolen die Oberfläche des Bodens, also der Theil, der noch am besten ist, in die Tiefe gebracht und somit in einen nassen Untergrund umgewandelt. Die in Folge der stagnirenden Nässe unfruchtbare tiefere Erdschicht, welche jetzt oben aufgebracht wird, kann aber unmöglich den Pflanzen in ihrer ersten Entwickelung eine gesunde Nahrung geben. Eine unsichere Wirkung hat aber auch das Untergrundlockern auf nassen Feldern; denn wenn der Boden auf einem undurchlassenden Untergrund, z. B. Eisenocker oder Kalktuff, ruht, so wird durch das Aufbrechen dieser Schicht dem Wasser nur auf sehr kurze Zeit Abfluß verschafft werden. Bald erhält auf einem nassen Terrain die eisen- oder kalkhaltige Unterlage ihre feste Beschaffenheit wieder, wenn nicht durch Drains für eine vollständige Trockenlegung gesorgt ist. Oder enthält der Untergrund eine größere Menge von Eisen- und Manganoxydul, welches durch den Zutritt der Luft unschädlich gemacht werden soll, so bewirkt in diesem Falle das Untergrundlockern nur eine theilweise Verbesserung. In einem quellgründigen Boden hat das Wasser dadurch keinen vollständigen Abzug; die nasse, tiefe Erdschicht verschließt sich gegen die Einwirkung

der Luft, bevor eine vollständige Veränderung dieser nachtheiligen Substanzen erreicht ist, welche letztere außerdem in manchem Falle durch die Quellen des Bodens von Neuem dem Untergrunde zugeführt werden. Endlich kann der Untergrund in einem zähen Letten- oder Thonboden bestehen, bei dem es auf eine durchgreifende Lockerung ankommt. Diese ist aber in einem nassen Boden nicht zu erreichen, denn schon in der kürzesten Zeit nehmen die Erdtheilchen ihren früheren Zusammenhang wieder an, und meistentheils ist, wahrscheinlich nach Verlauf eines Jahres, der Untergrund eben so fest und undurchdringlich wie zuvor. In allen diesen Fällen zeigt sich somit die Tiefcultur nur auf einem trocken gelegten Boden von umfassendem und nachhaltigem Erfolge, wo sie dann aber eine wesentliche Unterstützung der Drainage ist *). Auf dem drainirten Boden läuft vielleicht Anfangs das Wasser langsam ab, oder es kann die Luft nur unvollkommen in den Untergrund eindringen, aus welchem die Drains das Wasser entfernt haben. Durch die tiefe Bearbeitung wird beiden Nachtheilen abgeholfen.

2. **Die tiefe Bearbeitung des Bodens ist womöglich vor Winter auszuführen.** Die bisher nicht bearbeitete rohe Erdschicht wird nämlich in diesem Falle durch den Frost noch mehr zertheilt und in möglichst großer Oberfläche der Atmosphäre ausgesetzt. Bis zur Bestellung im Frühjahr ist dem im Herbst vertieften Boden auch eine längere Zeit gegeben, sowohl zur Veränderung der nachtheiligen Eisen- und Manganoxydulsalze, wie zum Zersetzen und Aufschließen vieler mineralischer Nahrungsmittel, insbesodere der Silicate. Die Bearbeitung vor Winter hat namentlich für die Rigolarbeit Bedeutung, weil der obenaufgebrachte rohe Boden den Pflanzen schon in den ersten Stadien ihres Wachsthums Nahrung geben und daher hinreichend vorbereitet sein muß. Selbst

*) Einen schlagenden Beleg für die Nothwendigkeit der Trockenlegung der Aecker, bevor man zur Tiefcultur schreitet, finden wir auf der Besitzung des Marquis von Tweeddale. Der dort erzielte überraschend günstige nachhaltige Erfolg der Tiefcultur ist der gleichzeitigen Trockenlegung der Felder mit zuzuschreiben.

beim Untergrundlockern ist die längere Einwirkung der Atmosphäre auf den Boden vor der Bestellung werthvoll, jedoch nicht unbedingt nöthig. Die Pflanzen empfangen hier ihre erste Nahrung aus der bisherigen Ackerkrume, und können, kräftig hervorgewachsen, beim tiefern Eindringen in den Boden den Einfluß der etwaigen nachtheiligen Substanzen desselben leichter ertragen. Dagegen kommt es beim Untergrundlockern ganz besonders darauf an, daß der Boden zur Zeit der Bearbeitung sich in möglichst trocknem Zustande befindet. Die Nichtbeachtung dieses Punktes ist nicht selten der Grund des Mißlingens, oder wenigstens einer geringern Wirkung. Nur zu häufig nimmt man diese Arbeiten in solcher Zeit vor, wo es wenig auf dem Felde zu thun gibt; entweder zu zeitig im Frühjahr, oder zu spät im Herbste, wo aber sebst der trocken gelegte Boden zu feucht ist, um ein genügendes Lockern und Zertheilen des Untergrundes zu erreichen. Im Gegentheil wird die tiefe Erdschicht, namentlich beim zähen Thon- und Lettenboden, durch den Druck der Ackerinstrumente meist noch fester zusammengepreßt und undurchlassender. Für das Rigolen ist dies deshalb nicht so wichtig, weil durch die Winterwitterung der heraufgebrachte zähe Boden allmählig zerfällt, durch die weitere Bearbeitung noch mehr zertheilt, und so der Einwirkung der Luft vollständig ausgesetzt wird. Die geeignetste Zeit der Rigolarbeit ist hiernach der Herbst, während das Untergrundlockern am besten in den heißen Sommer-Monaten oder auch in trocknem Herbste und bei trockner Frühjahrswitterung auszuführen ist.

3. Hinsichtlich der Früchte, deren Anbau in erster Tracht nach der Tiefcultur sich am meisten lohnt, sind die Wurzelgewächse obenan zu stellen. Nächst diesen eignen sich am meisten die Bohnen, und unter dem Halmgetreide der Hafer, wogegen die andern Halmfrüchte, insbesondere das Wintergetreide, niemals unmittelbar darauf folgen sollten. Diese Vorschriften für die Wahl der danach anzubauenden Früchte gelten vornehmlich für den rigolten Boden, und brauchen für die, blos im Untergrunde gelockerten

Ländereien nicht streng eingehalten zu werden. Unter den Wurzelgewächsen findet kein Unterschied statt; der vertiefte Boden sagt den Turnips eben so gut zu wie den Runkelrüben, Kartoffeln, Möhren rc. Daß diese Gewächse so außerordentlich dankbar gegen die Ackervertiefung im Vergleich zu andern Culturfrüchten sind, erklärte man früher ausschließlich durch ihre Neigung, mit den Wurzeln tief in den Boden einzudringen. Gegenwärtig, wo man auch die tiefe Bewurzelung der Halmfrüchte beobachtet hat, reicht diese Erklärung nicht mehr aus. Der hauptsächliche Grund liegt vielmehr, aller Wahrscheinlichkeit nach, darin, daß die Wurzelgewächse mit einer weniger vorbereiteten Nahrung vorlieb nehmen, insbesondere eine größere Menge leicht löslicher Eisensalze ertragen können. Das üppige Gedeihen der Kartoffeln und anderer Hackfrüchte auf dem rohen Boden eines eben urbar gemachten Landes unterstützt diese Ansicht. Ebenso gehört, wenigstens nach den englischen Erfahrungen, die Bohne zu denjenigen Früchten, die keine hohen Ansprüche an den Boden und an die Beschaffenheit der gebotenen Nahrung machen.

Die meist ungünstigen Erfolge des Getreidebaues in erster Tracht sind zum großen Theil darin begründet, daß diesem der obenaufgebrachte, durch die Einwirkung der Atmosphäre noch nicht hinreichend vorbereitete Boden nicht zusagt. Außerdem aber ist den Halmfrüchten ein zu lockerer Zustand des Ackers nachtheilig, wie solcher unmittelbar nach der Tiefcultur erreicht wird. Sie gedeihen vielmehr, unter sonst günstigen Verhältnissen, am besten auf einem Boden, der nach der tiefen Bearbeitung wieder eine gewisse Festigkeit und Zusammenhang erlangt hat, ohne jedoch dabei undurchdringlich für das Wasser und die Wurzeln zu sein. Einen solchen Zustand erhält der tiefbearbeitete Acker erst im zweiten oder dritten Jahre, nach welchem Zeitraum der rohere Boden auch sonst vortheilhaft verändert ist.

Daß übrigens die Winterfrüchte in erster Tracht am wenigsten passen, ist leicht begreiflich. Die vorerwähnten Nachtheile — der zu lose Zustand des Bodens und die ungünstige Beschaffenheit der obenaufgebrachten Erdschicht werden, bei unmittelbarer Folge nach der Tiefcultur für diese fühlbarer sein, als für die Sommerhalmfrucht. Außerdem wird das Wintergetreide bei dem stärkern Auffrieren des so lockern Bodens mehr vom Froste zu leiden haben. Unter den Sommerhalmfrüchten macht der Hafer eine Ausnahme; nicht selten läßt man denselben in erster Tracht danach folgen. Sein Anbau ist im Allgemeinen sicher, jedoch meistens nicht so lohnend als der von Hackfrüchten. Die Cultur des Hafers unter so sehr verschiedenen Verhältnissen, auf Bruch-, Moor-, Thonboden rc. zeigt, daß auch diese Frucht nur geringe Ansprüche macht.

4. Der Boden soll bei der tiefen Bearbeitung frisch gedüngt werden. Die frische Düngung hat für die Ackervertiefung durch Rigolen die größte Bedeutung. Selbst bei der besten Beschaffenheit des Untergrundes sind die darin enthaltenen Nährmittel, gleich nach dem Obenaufbringen der Erdschicht, nur zum geringen Theil für die Aufnahme der Pflanzen geeignet. Durch die Düngung wird nun der rohere Boden stärker gelockert, erwärmt und somit der wohlthätigen Einwirkung der Atmosphäre besser ausgesetzt. Außerdem erhalten dadurch die jungen Pflanzen eine gesunde, leicht assimilirbare Nahrung, so daß sie Wurzeln und Blätter kräftig entwickeln, und die etwaigen nachtheiligen Einflüsse des rohen Bodens leichter ertragen können. Fehlt es in einem solchen Falle, besonders bei einem weniger günstigen Untergrunde, an dem nöthigen Dünger, so ist es rathsam, entweder das Untergrundlockern auszuführen, oder wenigstens die Vertiefung der Ackerkrume durch das wiederholte Heraufbringen einer immer nur sehr geringen Erdschicht allmählig zu bewirken. Der Erfolg der Rigolarbeit läßt sich unter diesen Verhältnissen dadurch noch sichern, daß vor der Bestellung des Ackers der heraufgebrachte Boden durch mehrmaliges Pflügen zu verschiedener Tiefe möglichst innig mit der bisherigen Ackerkrume gemischt wird.

Unter den Düngungsmitteln zeigt sich der Kalk besonders wirksam. Der Boden wird dadurch gelockert, die darin befindlichen Eisen- und Manganoxydulsalze werden hierdurch verändert und durch die rasch folgende höhere Oxydation unschädlich gemacht, die Silicate aufgeschlossen, die freie Säure des Bodens neutralisirt und die kohligen, humosen Substanzen zersetzt. In England ist die gleichzeitige Düngung des vertieften Feldes mit Kalk ganz gebräuchlich.

Bei uns wird häufig die Vorschrift gegeben, die Vertiefung der Ackerkrume nur dann vorzunehmen, wenn man die größere Schicht tragbaren Bodens auch in Zukunft stärker düngen kann. Der englische Farmer läßt sich hierdurch nicht abhalten und trägt dieser Vorschrift nur ausnahmsweise Rechnung. Unter günstigen Bodenverhältnissen, namentlich bei tiefgründigen Bodenarten von gleichmäßiger Mischung oder auch solchen, die auf Mergel-, Kalk-, oder Kreideboden ruhen, wird die Vertiefung der Ackerkrume durch das Heraufbringen einer neuen Erdschicht auch ohne stärkere Düngung nachhaltig lohnend sein. Die in der früheren Ackerkrume enthaltenen Nährstoffe verbleiben im Bereich der Pflanzenwurzeln; dazu kommt aber noch ein nicht unerheblicher Zuschuß an Pflanzennahrung in der heraufgebrachten Erdschicht. Bei der, gegen früher sich gleich bleibenden Düngung, kann hiernach im Gegentheil eine Erschöpfung der vertieften Ackerkrume nicht so leicht eintreten, als bei der gewöhnlichen Cultur. In vielen Wirthschaften Englands ist nun auch durch langjährige Erfahrungen der Beweis hierfür geliefert. Ja selbst auf Gütern von geringer Bodenbeschaffenheit hat die Tiefcultur ohne stärkere Düngung nachhaltig befriedigenden Erfolg gehabt. Als Beleg erwähne ich unter Andern die Dalmore-Farm des Mr. Sinclair in Roßshire. Der Boden dieses Gutes, welcher von sandigem Lehm bis Sand wechselt, hält nur bis zu einer Tiefe von 12 Zoll gleichmäßig aus, worauf ein mit etwas Kies untermischter Sand folgt. Seit einer längern Reihe von Jahren ist dieses Land 10 bis 12 Zoll tief bearbeitet, ohne daß anderer Dünger als der in der Wirthschaft erzeugte, verwendet worden ist. Die Ernten, sowohl der Hackfrüchte wie des Getreides, sind aber im Vergleich zu früher durschnittlich um ein Drittel gesteigert worden. Ein gleich günstiges Resultat ohne vermehrte Düngung wurde auf den Gütern des Marquis von Tweeddale erzielt.

Ausnahmsweise ist dagegen jene Vorschrift der reichhaltig stärkern Düngung bei der Rigolarbeit dann zu beachten, wenn der Untergrund von schlechter magerer Beschaffenheit ist, in welchen Fällen übrigens das Untergrundlockern der Rigolarbeit vorzuziehn sein wird. In einem Boden mit seichter Ackerkrume und darunterliegendem armen Lettenboden wird nämlich die zur Oberfläche gebrachte Erdschicht selbst bei der stärksten Lockerung derselben und freiesten Einwirkung der Atmosphäre, aus Mangel an Nahrungsstoffen niemals ohne anhaltend stärkere Düngung, eine kräftige Entwickelung der jungen Pflanzen sichern.

5. Endlich hat man bei der Tiefcultur zur Verhütung des Schadens, welcher aus der Zerstörung der Saaten durch Insecten hervorgeht, Vorsichtsmaßregeln zu beobachten. In einigen Grafschaften Englands ist wahrgenommen worden, daß die Saaten durch Insectenfraß außerordentlich litten, wenn entweder die Vertiefung des Ackers im Frühjahre ausgeführt, oder die im Herbst vertieften Felder sogleich mit Winterfrucht bestellt wurden.

Professor Jonston gibt darüber folgende Erklärung: Viele Insecten vergraben ihre Eier oder Larven in dem beim gewöhnlichen Pflügen unberührten Boden. Pflügt man nun tiefer als gewöhnlich, so werden die Larven und Eier der Insecten zur Oberfläche gebracht; geschieht dies im Herbst, und läßt man den Acker unbestellt, so wird der größte Theil der Insecten durch den Frost zerstört und so das Gedeihen der nächsten Frucht gesichert. Wird dagegen das Feld mit Winterfrucht bestellt, oder führt man die tiefere Bearbeitung erst im Frühjahr aus, so ist die Entwickelung der Insecten unter der Decke der Winterfrucht, oder unter der Einwirkung der Frühjahrssonne begünstigt, und eine Zerstörung der Saaten zu befürchten. Johnston findet hierin den Grund der ungünstigen Erfolge, welche man von der Tiefcultur in einzelnen Gegenden von Berkshire, wo bisher der Boden nur sehr seicht bearbeitet worden war, erfahren hat. Die im Frühjahre vertieften Aecker hatten außerordentlich von Insecten zu leiden.

Auch im Norden von Yorkshire hat man wiederholt die Erfahrung gemacht, daß der Winterweizen, in erster Tracht nach der Tiefcultur, von den Insecten viel stärker verheert wurde, als auf Ländereien, wo entweder die tiefe Bearbeitung unterblieb, oder wo der vertiefte Boden erst im Frühjahre bestellt wurde.

Ob Johnston's Erklärung richtig ist, darüber können nur wiederholte genaue Beobachtungen entscheiden. Jedenfalls aber finden wir in jenen Erfahrungen Veranlassung genug, auch in dieser Hinsicht bei der Tiefcultur vorsichtig zu Werke zu gehen.

Ausführung und Erfolge.

Die beiden Arten der Tiefcultur, das Rigolen wie das Untergrundlockern, werden auf verschiedene Weise ausgeführt.

A. Das Rigolen.

Dasselbe wird theils durch Handarbeit, theils durch Gespann verrichtet. Wenn man unter Rigolen das Umwenden des Bodens zu einer größern Tiefe, als es bei der gewöhnlichen Ackerbestellung geschieht, versteht, so muß hierzu auch das 12 – 14 Zoll tiefe Graben des Landes mittelst Spatens gerechnet werden. Ferner gehört hierher das Bearbeiten des Bodens mittelst des Spatens zu einer Tiefe von 2 Fuß und mehr, was wir im engern Sinne des Wortes das Rigolen nennen. Von dieser letztern Arbeit macht man in England im Ganzen beschränkten Gebrauch, meist nur für den Hopfenbau, während das Graben des Landes bis 12 und 14 Zoll, selbst bei den hohen Arbeitslöhnen, in vielen Wirthschaften regelmäßig ausgeführt wird. So finden wir unter Anderen auf dem Gute des Mr. Beasely zu Overstone bei Northampton diese Bearbeitung des Ackers neben dem Rigolpflügen und Untergrundlockern angewendet. Auf dem Theil der Wirthschaft mit strengem Lehmboden, welcher drainirt ist, werden alljährlich 10—20 acres des für Runkelrüben und Turnips bestimmten Schlages, nach Aberntung des Weizens, 14 Zoll tief gegraben, und sorgfältig vom Unkraut gereinigt, wobei der Acker zugleich gedüngt wird. Bis zum April bleibt das Feld unberührt liegen, zu welcher Zeit es durch das Ebnen und Zertheilen des Bodens mittelst Rechen zum Legen der Runkelrübenkerne vorbereitet wird. Nach Mr. Beasely's Angabe betragen die Kosten des Grabens und Unkrautreinigens durchschnittlich per acre 2—3 *l.* oder per Morgen 9 13 Thlr. Der Ertrag der so bestellten Turnips und Runkelrüben war im Vergleich zu der früheren 7—8 Zoll tiefen Vorbereitung der Aecker so günstig, daß schon hierdurch die Mehrkosten der Bearbeitung sich recht gut bezahlt machten. Der Gewinn wird durch die günstige Nachwirkung dieser Bearbeitung auf die folgende Frucht noch erhöht.

Der tiefe Umbau des Bodens geschieht ferner durch Gespannarbeit, und zwar, entweder mittelst eines zum tiefen Wenden eingerichteten Pfluges, oder durch zwei, in derselben Furche gehende — das sog. Doppelpflügen —. Im letztern Falle arbeitet der erste Pflug in einer Tiefe von 8—10 Zoll, während der zweite, mit einem hohen Streichbrette versehn, 4 6 Zoll tief greift und den Boden über den vom ersten Pfluge gewendeten Erdstreifen hinwegwirft. Der Acker wird so durchschnittlich zu einer Tiefe von 12 16 Zoll gewendet. Das Doppelpflügen nimmt gegenwärtig in Großbritannien immer mehr ab, wogegen die tiefe Bearbeitung des Ackers durch einen Pflug auf sehr vielen Gütern angetroffen wird.

Je nach der Lage des Landes findet gewöhnlich beim tiefen Pflügen folgende Verschiedenheit statt. Auf ebenen Aeckern pflügt man mit 3 oder 4 Pferden in der entgegengesetzten Richtung der Ackerbeete, wogegen auf abhängigen Feldern in der Richtung des Abhanges, und zwar nur mit 2 Pferden, gepflügt wird. An der niedrigsten Stelle angekommen, zieht man dann, ohne eine Furche zu nehmen, leer den Abhang hinauf.

Das tiefe Pflügen geschieht auf verschiedenen Bodenarten; am wirksamsten hält man es auf strengem Boden. Wie viel auf die tiefe Beackerung solcher Ländereien gegeben wird, davon überzeugt man sich am besten im Süden von Oxfordshire. Hier sah ich den zähen Klaiboden durch den schottischen Pflug mit 4, oft sogar 5 Pferden, in einer Tiefe von 9 - 11 Zoll bearbeiten. Die Bespannung ist so eingerichtet, daß die Pferde einzeln in einer Reihe hinter einander auf dem festen Lande gehen; weil bei einer andern Anspannung der Untergrund in der offenen Furche zu fest getreten werden würde. Das tiefe Pflügen dient gewöhnlich zur Vorbereitung der Turnips- und Runkelrübenfelder, seltener für die Haferbestellung. Die reichen und sichern Erträge an Wurzelgewächsen auf dem bindigsten Boden sind hauptsächlich der tiefen Bearbeitung zuzuschreiben.

Mr. Thomas Hume zu Tirlestone Castle *) stellte folgenden Versuch an. Auf einem 12 acres großen Felde von bindiger Beschaffenheit wurden $^2/_3$ des Stückes mit Tweeddale's dreispännigem Pfluge 10 Zoll tief, der Rest dagegen mit gewöhnlichem zweispännigen Pfluge 6 Zoll tief gepflügt und mit Hafer bestellt. Die Frucht zeichnete sich auf dem 4 Zoll tiefer geflügten Acker während der ganzen Vegetation durch einen kräftigeren Stand aus. Das Resultat des Versuches war:

	Ausdehnung der Versuchsstücke		Gesammtgewicht an Stroh und Körnern		Gewicht der Körner		Gewicht des Strohes		Körner per acre
	roods	poles	Ctr.	℔	Ctr.	℔	Ctr.	℔	Bushel
1) 2 Beete, 10 Zoll tief gepflügt	2.	14.	335.	10.	108.	1.	227.	9.	60½
2) 2 Beete, 6 Zoll tief gepflügt	2.	14.	332.	2.	103.	—	229.	2.	57⅓
3) 2 Beete, 10 Zoll tief gepflügt	2.	14.	372.	6.	109.	6.	263.	—	62⅓

Der Mehrertrag des tiefer gepflügten Ackers ist im Durchschnitt per acre 26 Stones Stroh und 4½ Bushels Körner, oder per Magdb. Morgen 243 ℔ Stroh und 3 Bushels Körner. Nach Mr. Hume's Ansicht würde sich das Resultat noch viel günstiger gestellt haben, wenn nicht die Witterung des Versuchsjahres dem Hafer überhaupt sehr zugesagt hätte. Der Vortheil des tiefen Pflügens wäre, namentlich bei anhaltend trocknem Wetter, viel größer gewesen. Hinsichtlich des Kostenpunktes bemerkt Mr. Hume daß kein Unterschied sei,

*) Siehe British Farmer's Magazine, January 1853.

weil der mit 3 Pferden bespannte Pflug eine breitere Furche nähme, so daß 2 dreispännige Pflüge in derselben Zeit eine gleich große Fläche bearbeiten als drei zweispännige. Die Kosten des dritten Pferdes würden somit durch die größere Arbeitsleistung vollständig gedeckt.

Sehr belehrend ist ferner die Dalmore-Farm des Mr. T. Sinclair *) in Roßshire, in der eine große Reihe von Versuchen angestellt wurde. Sinclair hat dadurch die allgemeine Aufmerksamkeit der Landwirthe auf sich gelenkt. Noch vor Kurzem wurde ihm für seine Verdienste die goldene Medaille von der Landwirthschaftsgesellschaft in Roßshire zuerkannt. Von den Versuchen mögen einzelne hier Platz finden. Der Versuchsacker hatte einen sandigen Lehm von 9—12 Zoll Tiefe, der auf einem sandigen, mit etwas Kies untermischten Untergrunde ruhte. Das Land war vollständig trocken: Sechs acres wurden in drei gleiche Stücke abgetheilt, wovon 2 acres im Herbst zu der bisher gewöhnlichen Tiefe von 7 Zoll, die beiden andern Abtheilungen aber mit Scouler's Rigolpflug 14 Zoll tief gepflügt wurden. Der durch die tiefe Bearbeitung zur Oberfläche gebrachte Boden war ziemlich fest, aber frei von Eisenocker. Das ganze Versuchsstück wurde im Frühjahre tüchtig geeggt und nach der entgegengesetzten Richtung gepflügt. Die eine Abtheilung des 14 Zoll tief gepflügten Landes erhielt hierauf 30 Bolls gebrannten Kalk (40 Gallons per Boll), welcher sogleich mit der Ackerkrume durchgeeggt wurde. Gleichmäßig wurde nun der Versuchsacker mit 20 Tonnen Stallmist und 2 Centn. Guano per acre gedüngt und mit schwedischen Rüben bestellt. Das Ergebniß der Ernte war folgendes:

			Ertrag per acre.		Mehrertrag per acre.	
Abtheil.	I.	7 Zoll tief gepflügt	432 Ctr.	21 ℔	—	—
„	II.	14 Zoll tief gepflügt	526 „	14 „	93 Ctr.	103 ℔
„	III.	14 Zoll tief gepflügt und gekalkt .	558 „	56 „	126 „	35 „

Nach Aberntung der Rüben wurde das Feld geeggt, und

*) Siehe Farmer's Magazine, November 1849. p. 435.

blieb in diesem Zustande bis zum Frühjahre liegen, wo es 7 Zoll tief zur Saat gepflügt und mit Gerste bestellt wurde. Die Ernte ergab folgende Resultate per acre:

	Körner Ertrag		Strohertrag		Gewicht per Bushel	Mehrertrag an Körnern		Mehrertrag an Stroh		Geringes Korn
	Bshl.	Pcks.	Ctr.	℔	℔	Bshl.	Pcks.	Ctr.	℔	Pcks.
Abth'g. I. 7 Zoll tief gepflügt .	48.	2.	31.	89.	57½	—	—	—	—	2.
„ II. 14 Zoll tief gepflügt .	55.	2.	32.	78.	57½	7.	—	—	101.	2.
„ III. 14 Zoll tief gepflügt u. gekalkt . .	56.	2.	32.	56.	57½	8.	—	—	79.	2.

Die Mehrerträge des tiefer gepflügten Bodens sind in diesem Versuche sowohl bei den Rüben wie bei der Gerste befriedigend. Der Erfolg würde aber nach Mr. Sinclair's Versicherung bei ungünstiger, entweder zu trockner oder nasser Witterung noch bedeutender gewesen sein. Die Kosten der tiefern Bearbeitung berechnet Sinclair durchschnittlich um die Hälfte höher als das Pflügen zur gewöhnlichen Tiefe.

Bereits seit einer Reihe von Jahren ist in dieser Wirthschaft die Bearbeitung des Ackers zu einer Tiefe von 14 Zoll regelmäßig ausgeführt. Der Boden wechselt von sandigem Lehm bis zum Sand mit einem sandigen Untergrunde. Die Fruchtfolge ist:

1) Theils Hülsenfrüchte, theils Kartoffeln und schwedische Rüben.
2) Weizen und Gerste.
3) Turnips.
4) Gerste und Kleegrasgemenge.
5) Kleegras.
6) Desgleichen.
7) Hafer.

In sieben Jahren wird das Rigolpflügen zweimal ausgeführt, erstens für Hülsenfrüchte rc. und dann für Turnips. Die Ertragsfähigkeit des Guts ist hierdurch im Vergleich zu der frühern seichten Bearbeitung mindestens um ein Drittel gesteigert worden. Die Ernten ergaben im Durchschnitt der letzten Jahre per acre:

Bohnen	38	—	40	Bushels
Turnips	400	—	450	Centner
Gerste	38	—	42	Bushels
Weizen	36	—	38	Bushels

Ein weiteres schlagendes Beispiel liefert die bereits vorher (Seite 11) genannte Danskine-Farm des Marquis von Tweeddale. Der Acker war von so geringer Ertragsfähigkeit, daß Weizen nur nach reiner Brache angebaut werden konnte, der aber selbst dann noch in ungünstigen Jahren kaum die Kosten deckte, die trockensten und besten Felder mußten für Turnips und Weide ausgewählt werden, deren Erträgniß aber gleichfalls wenig befriedigte. Auf diesem Terrain ist nun durch die Trockenlegung und Tiefcultur Erstaunliches geleistet worden. Zum tiefen Umbruch des Landes dient ein von Lord Tweeddale eigends construirter Pflug, durch welchen der Boden bis zu 14 Zoll Tiefe gewendet wird. So bleibt der Acker der Einwirkung des Frostes ausgesetzt, wodurch der heraufgebrachte feste Untergrund in eine lockere Masse zerfällt. Im Frühjahr pflügt man zu einer Tiefe von 9—10 Zoll, wobei man einen Theil der frühern Ackerkrume wieder zur Oberfläche bringt. Bei der weitern Bearbeitung wird der Boden gehörig zerkleinert und gemischt und in der gewöhnlichen Weise zur Turnipssaat vorbereitet. Bei der ersten Ausführung des Tiefbaus wurde zur Verbesserung des sehr warmen Klaibodens Teichschlamm verwendet.

Die Ertragsfähigkeit der Aecker hat durch diese Meliorationsarbeiten erheblich zugenommen, indem das Land jetzt nicht nur reiche Turnips- und Getreide-Ernten bringt, sondern auch eine ganz vortreffliche Weide gewährt. Wo früher z. B. kaum 30 Bushels Hafer per acre erzielt wurden, ist jetzt der Ertrag 40 Bushels Weizen von bester Qualität.

Selbst auf ganz öden Ländereien ist in vielen Fällen eine dauernde Verbesserung durch die Rigolarbeit erzielt worden. In der Wirthschaft des Mr. John Rose zu Kirkton bei Inverneß wurde 127 acres Weideland, welches bei der höchst kümmerlichen magern Beschaffenheit kaum 5 Sgr. per acre Rente abwarf, durch die Trockenlegung und den tiefen Umbau in einen bewundernswerthen Culturzustand gebracht. Die Oberfläche des Landes war ein schwarzer Moorboden mit einer undurchlassenden thonigen Unterlage. Die Meliorationsarbeiten bestanden in Folgendem: Im Sommer oder Anfang Herbst wurde das Land mit dem dreispännigen eisernen Pfluge 10 Zoll tief aufgebrochen und darauf mit einer schweren eisernen, von 4 Pferden gezogenen Brechegge durchgearbeitet, worauf man sowohl das Unkraut, wie die darin befindlichen Steine, zur Oberfläche brachte. Das Land blieb in diesem Zustande der Einwirkung des Frostes ausgesetzt und wurde im Laufe des folgenden Frühjahrs, Sommers und Herbstes von den Steinen gereinigt, drainirt, darauf 12—14 Zoll tief gepflügt und nun am Ende des Herbstes gekalkt (24 Bolls per acre). Im folgenden Frühjahre wurde der Kalk durch tüchtiges Eggen mit der Ackerkrume vermischt, und das Feld, nachdem es eine Düngung mit Stallmist erhalten hatte, mit Hafer bestellt. Das unter dem Hafer ausgesäete Raigras wurde im ersten Nutzungsjahr zu Heu gemacht, im zweiten dagegen diente es zur Weide. Nach der Weide folgte wieder Hafer, und die Turnips schlossen den Umlauf. Die Kosten für die Melioration der 127 acres betrugen, mit Ausschluß der Drainirung, 2197 *l.* oder per Mgdb. Morgen c. 76 Thlr., von welchem Betrag außer den Zinsen, ein Theil für Amortisation gerechnet werden muß. Die in 5 Jahren erzielten Erträge waren:

1) Hafer 560 Quarters verkauft zu .	721 *l.*	14 *s.*	— *d.*
2) Raigras à 50 *s.* per acre . . .	317 "	10 "	— "
3) Weide à 25 *s.* per acre	158 "	15 "	— "
4) Hafer, 513 Quarters 4 Bushels verkauft zu	589 "	19 "	— "
5) Turnips, der Ertrag von 81 acres, den Schafen verfüttert, p. acre 3 *l.* 10 *s.* . . . . . . 283. 10; der Ertrag von 46 acres für das Rindvieh p. acre 3 *l.* — . . . . . . 138 —	421 "	10 "	— "
Der Ertrag im Ganzen	2208 *l.*	18 *s.*	— *d.*

oder per Mgdb. Morgen während fünf Jahre 77 Thlr.
oder per Jahr im Durchschnitt 15½ Thlr.

Werden nun von dieser Summe die Zinsen des angelegten Meliorationscapitals und ein Antheil für die Amortisation, wie die Bestellungskosten der Früchte, mit Ausschluß des im ersten Jahre gebauten Hafers abgerechnet, so verbleibt dennoch gegen früher, wo das Grundstück nicht 5 Sgr. per Morgen Rente brachte, ein überaus lohnender Ertrag.

Nicht minder günstig sind die Erfolge, welche unter Andern Mr. Alexander Thomson zu Banchory*) und Mr. Duncan Forbes zu Culloden bei Inverneß**) auf wüsten Ländereien durch die Rigolarbeit erzielten. Die bedeutenden Meliorationskosten wurden auch hier durch die außerordentlich gesteigerten Erträge in kurzer Zeit gedeckt.

Zu der Rigolarbeit gehört endlich das Spatpflügen. Bei dieser Art des Tiefbaues wird der, durch einen vorhergehenden Pflug blosgelegte Untergrund mittelst Spaten 10 12 Zoll tief ausgegraben und auf das bereits gepflügte Land geworfen. Der darauf folgende Pflug wirft nun den abgeschnittenen Erdstreifen in die ausgegrabene Furche, so daß der Untergrund vollständig zur Oberfläche gebracht wird. Auf diese Weise wird, bei einer Furchentiefe des Pfluges von 6—8 Zoll, und der Tiefe des Spatenstiches von 10 - 12 Zoll, der Boden bis zu 16—20 Zoll vollständig gelockert und gewendet. Die Zahl der für einen Pflug erforderlichen Arbeiter richtet sich nach der Beschaffenheit des Untergrundes. Im Durchschnitt rechnet man 12—16 Männer. Von dem Spatpflügen macht man in Großbritannien beschränkte Anwendung. Ich fand es nur in der Wirthschaft des Mr. Burnham zu Lower Bebington bei Birkenhead. Der Boden ist ein mäßig strenger Lehm, der bis zu einer Tiefe von mehreren Fuß gleichmäßig aushält. Neben dem Spatpflügen war auf einem andern Felde von glei-

*) Siehe Transactions of the Highl. and agric. Society, October 1853. p. 96.

**) Siehe Transactions etc. p. 99.

cher Bodenbeschaffenheit auch das Rigolpflügen ausgeführt. Diese Arbeiten geschahen im Herbst als Vorbereitung für die Turnips, nach welchen Gerste folgte. Beide Arten der Tiefcultur steigerten die Erträge sehr bedeutend, jedoch stellte sich das Spatpflägen am günstigsten *). Mr. Burnham findet den Grund des größern Erfolges beim Spatpflügen in der hierdurch erreichten tiefern Lockerung und vollkommnern Mischung und Zertheilung des Bodens.

Aus keinem Versuche ergiebt sich aber wohl schlagender der Vortheil der tiefen Bearbeitung des Bodens, als aus dem Lois-Weedoner Culturverfahren, welches in dem späteren Abschnitte über Weizenbau näher beschrieben werden soll.

---

*) Es ist erfreulich, daß das Spatpflügen bei uns immer mehr Eingang und Verbreitung findet. Unter den in letzterer Zeit über die Tiefcultur angestellten Versuche sind die von Schmidt zu Möringen in Pommern ausgeführten beachtenswerth. (Siehe Annalen des Königl. Preuß. Landes-Oekonomie-Collegiums 1853, Oktoberheft 1. Seite 267.) Der Boden des Versuchsackers war ein schwarzer Lehm mit einem etwas sandhaltigen Untergrunde. Die Resultate sind folgende:

	Ertrag per Morgen.			
	Möhren.	Kartoffeln.	Zuckerrüben.	
	Scheffel.	Scheffel.	Ctr.	℔
Gespatpflügt	344.	108.	156.	16.
Rigolgepflügt	316.	84.	152.	8.
Mit dem Untergrundpfluge bearbeitet	258.	82.	148.	72.
Zur gewöhnlichen Tiefe gepflügt .	204.	60.	156.	64.
Gegraben	352.	100.	132.	16.

Im folgenden Jahre wurde das Feld mit Gerste bestellt, welche per Morgen lieferte:

	Körner.	Stroh.	
Gespatpflügt	23 Scheffel.	20 Ctr.	10 ℔
Rigolgepflügt	19½ „	16 „	51 „
Mit dem Untergrundpfluge bearbeitet	19½ „	16 „	50 „
Zu gewöhnlicher Tiefe gepflügt . .	16 „	16 „	—
Gegraben	21 „	18 „	—

In diesem Versuche zeigt sich das Spatpflügen vom günstigsten Erfolge.

B. Das Untergrundlockern.

Das Aufbrechen des Untergrundes geschieht entweder durch Handarbeit mittelst Gabeln oder durch Untergrundpflüge. Im Allgemeinen hat, hinsichtlich der Güte der Arbeit, das Aufbrechen durch Gabeln den Vorzug. Bei der wesentlichen Vervollkommnung der Untergrundpflüge findet jedoch jetzt kein großer Unterschied zwischen beiden Arten des Untergrundlockerns mehr statt. Nur wenn die tiefere Erdschicht sehr fest und hart, oder mit vielen Steinen vermischt ist, zieht man die Handarbeit vor. Man bricht mittelst starker, zwei- oder dreizinkigen Gabeln den durch den Spaten oder Pflug blosgelegten Untergrund auf und deckt ihn wieder durch den nächsten Spatenstich oder Pflugabschnitt.

Die Gabel (Taf. I. Fig. 5) hat gewöhnlich drei 15 Zoll lange, 3—4 Zoll weit von einander abstehende Zinken. Die Stärke derselben beträgt an der Stelle ihrer Verbindung 1½ Zoll. Der mit einem kleinen Handgriff versehene Stiel ist in einem ziemlich langen an der Gabel angeschmiedeten Ohre befestigt. Die ganze Länge der Gabel beträgt 3 Fuß 9 Zoll und kostet 5 Shilling (1 Thlr. 20 Sgr.) In sehr ungünstigen Bodenverhältnissen, und namentlich wenn die Menge der Steine sehr beträchtlich ist, bedient man sich der zweizinkigen Gabel (Taf. I. Fig. 6). Die Arbeit geht damit leichter, jedoch wird der Boden dadurch nicht so vollständig zertheilt und gelockert.

Wie beim Spatpflügen stellen sich die Arbeiter in angemessenen, gleichen Zwischenräumen in die geöffnete Pflugfurche, stechen unter dem Drucke des Fußes, die Gabel in den Untergrund, und brechen denselben mit dem Zinken auf, indem sie den Stiel der Gabel nach sich ziehen. Die dabei herausgehobenen größern Steine werden auf den, bereits bearbeiteten Boden geworfen, und später fortgeschafft.

In großer Ausdehnung fand ich diese Art der Untergrundlockerung in der Wirthschaft des jetzt verstorbenen Sir John Conroy zu Arborfield-Hall bei Reading in Berkshire. Der Boden des Gutes ist ein strenger Lehm, mit einem undurchlassenden thonigen, an einzelnen Stellen etwas kiesigen Untergrunde. Die Ackerkrume wurde einen Spatenstich tief aufgegraben und zur Seite gelegt, worauf der frei gelegte Untergrund mittelst der Gabeln gelockert und durch den nächsten Spatenstich wieder gedeckt wurde. Auf diese Weise erhielt das Land eine 22 Zoll tiefe Bearbeitung. Die zuerst im Kleinen angestellten Versuche ergaben ein so günstiges Resultat, daß gegenwärtig 320 acres in dieser Weise bearbeitet sind. Die Kosten, mit Einschluß der Drainirung, betragen 12 *l.* per acre oder per Magdeburger Morgen 53 Thlr. Als Beleg für die außerordentliche Verbesserung des Gutes, welches früher nur 6 *s.* per acre Pacht gab, mögen die Durchschnittserträge der letztern Jahre dienen; dieselben betragen per acre bei der Gerste 7 Quarters, oder per Morgen 24,7 Scheffel, beim Waizen 6 Quarters, oder per Morgen 21,1 Scheffel, und bei den Turnips 430 Ctr. oder per Morgen 320 Ctr. Nicht minder ergiebig sind die Ernten an Hafer, Kartoffeln, Runkelrüben, Kohl und Klee.

In der Overstone-Farm des Mr. Beasely wird zur Vorbereitung des Turnipsschlages alljährlich ein Theil desselben 10—12 Zoll tief gegraben und dabei der Untergrund mit Gabeln gelockert. Auch in dieser Wirthschaft werden durch die tiefe Bearbeitung nicht nur die Erträge der danach folgenden Turnips bedeutend gesteigert, sondern auch eine günstige Nachwirkung auf die Halmfrüchte erzielt. Die Kosten machen sich nach Beasely's Versicherung recht gut bezahlt.

Viel häufiger als die ausschließliche Anwendung der Handarbeit ist der Gebrauch der Gabeln in der offenen Pflugfurche. Der englische Farmer hat für diese Art der Untergrundlockerung eine große Vorliebe; denn wir finden das Aufbrechen der tiefern Erdschicht mittelst Gabeln nicht blos in den oben angegebenen Fällen — bei sehr festem und mit vielen Steinen vermischtem Untergrunde — sondern häufig auch unter günstigern Bodenverhältnissen.

Bei einer nähern Nachfrage, ob in diesem letztern Falle durch die in neuerer Zeit außerordentlich verbesserten Untergrundpflüge das Aufbrechen und Lockern der tiefen Bodenschicht nicht in gleicher Weise zu erreichen sei, wurde mir von verschiedenen Seiten die durchgreifendere Wirkung bei Anwendung der Gabeln in folgender Art erklärt. Der durch die Pflugsohle und die Fußtritte der Zugthiere zusammengedrückte Untergrund könne wohl durch einen tiefgehenden Pflug mit der größten Regelmäßigkeit zur Oberfläche gebracht und gewendet werden, es sei aber bei dem Gange des Pfluges in horizontaler Richtung ein vollständiges Brechen des Bodens nicht zu erreichen, und zwar mache sich dies bei dem Untergrundpflügen, welches die tiefere Bodenschicht nur zu lockern bestimmt sei, noch fühlbarer. Viel wirksamer sei für diesen Zweck das Durchstechen des Bodens in perpendikulärer Richtung, wie es mit der Gabel geschehe. Wenn nun auch durch diese Arbeit wirklich der Boden etwas stärker gelockert werden mag, so wird, unter Berücksichtigung des Kostenpunktes, dennoch dieses Verfahren auf die obengedachten Fälle zu beschränken und im Allgemeinen der Bearbeitung mit dem Untergrundpfluge der Vorzug zu geben sein.

Bei der Untergrundlockerung durch besonders dazu construirte Pflüge gehen dieselben gleichfalls in der, von einem gewöhnlichen Pfluge geöffneten Furche, und brechen die tiefere Bodenschicht durchschnittlich 5—8 Zoll auf. Bei einer Furchentiefe von 6—8 Zoll wird so der Boden im Ganzen 12—16 Zoll gelockert. Man achtet darauf, daß der voraus gehende Pflug eine nicht zu schmale, rein ausgestrichene Furche macht, weil hierdurch der gleichmäßige Gang des Untergrundminirers gesichert wird. Wie bereits angedeutet, sind die zur Bearbeitung des Untergrundes dienenden Gespannwerkzeuge in neuerer Zeit wesentlich verbessert; es wurden dabei besonders folgende Gesichtspunkte ins Auge gefaßt:

1) daß der Untergrund möglichst vollständig und gleichmäßig gelockert werde. Es dürfen keine Bänke und Kämme in der tiefen Erdschicht bleiben;

2) daß der Untergrundpflug zu gleichmäßiger Tiefe arbeite. Die Sohle des gelockerten Landes soll im Ganzen möglichst eben und horizontal sein; und

3) daß das Werkzeug dauerhaft sei, sich leicht führen lasse, und keinen großen Kraftaufwand erfordere.

Unter der nicht geringen Zahl von Untergrundpflügen erhielt der von Mr. Smith zu Deanston erfundene in kurzer Zeit große Verbreitung. Es konnte nicht fehlen, daß man bei einem so viel gebrauchten und so verbreiteten Werkzeuge bald die Mängel erkannte, und deren Abhülfe in einer Reihe von Abänderungen versuchte. So ward durch Mr. Slight zu Edinburg unter anderem das bedeutende Gewicht des Pfluges von 5 Ctr. auf 2 Ctr. vermindert. Bei seiner Construction als Schwingpflug erforderte das Instrument eine sehr geschickte Führung, und selbst dann war der Gang zu einer gleichmäßigen Tiefe nicht gesichert. Diese Ungleichmäßigkeit des Ganges zeigte sich einmal darin, daß der Pflug, in der Länge der Furche nicht an allen Stellen dieselbe Tiefe einhielt, wie auch, daß die Sohle der einen Furche nicht in derselben Ebene mit der anderen lag. Das ungleichmäßige Eindringen sowohl der Pflanzenwurzeln, wie namentlich des Wassers, wodurch die kräftige Entwickelung der Früchte beeinträchtigt wurde, waren die nothwendigen Folgen einer solchen ungleichen Vertiefung des Ackers. Den sichern Gang gab man dem Untergrundpfluge durch Unterstützung des Baumes, und suchte das vollständige, gleichmäßige Aufbrechen des Untergrundes dadurch zu sichern, daß man den in der Erde arbeitenden Pflugtheil breiter machte.

Unter den neueren Constructionen, welche auch für unsere Verhältnisse volle Beachtung verdienen, sind Gray's und Read's Untergrundpflug, letzterer in der von Lord Tweeddale verbesserten Form, zu nennen. Ganz besonders werthvoll für uns ist der Gray'sche Untergrundpflug. Derselbe wurde auf meine Empfehlung von mehreren deutschen Landwirthen direct aus der Maschinenfabrik des Mr. Gray zu Addington bei Glasgow bezogen und auf verschiedenen Bodenarten gründlichst geprüft. Obgleich die Arbeit hinsichtlich der Lockerung und Zertheilung des Untergrundes durchaus zufriedenstellend war, so ergaben sich doch beim Gebrauche einzelne Mängel. So war namentlich wegen der zu großen, fast allen englischen Pflügen eigenthümlichen Länge des Instruments (c. 11½ Fuß), und wegen des zu bedeutenden Gewichts desselben (242 ℔), die Handhabung des Pfluges für unsere Arbeiter sehr erschwert. Auch paßte die Form der Scharre nicht für den festen, mit Kies untermischten Untergrund, wenigstens fand unter solchen Verhältnissen eine zu schnelle Abnutzung statt. Im Folgenden soll eine von mir abgeänderte Construction des Gray'schen Untergrundpfluges beschrieben werden, wobei, wie die damit angestellten Versuche ergeben haben, die oben berührten Mängel des Originals beseitigt worden sind. Der so veränderte Untergrundpflug kann als ein möglichst einfaches, dauerhaftes und leicht zu führendes Werkzeug allen Landwirthen bestens empfohlen werden.

Gray's Untergrundpflug in der abgeänderten Form (Taf. I. Fig. 1. Längen-Ansicht. Fig. 2. Ansicht von Oben) ist ganz von Eisen. Der in zwei Handhaben bb. auslaufende Grindel a. ist bogenförmig geschweift und wird durch die Radstelze c. unterstützt. Der Spannhaken d. ist in einer vom Grindel ausgehenden Zugstange e. befestigt, welche auf dem Regulator f. nach rechts und links gestellt werden kann. Das Eigenthümliche dieses Pfluges besteht darin, daß derselbe anstatt eines größeren gewölbten Schaares drei kleinere Schaare g. h. i. hat, die in einer Diagonale zum Pflugbaume stehen. Die Füße der Schaare, welche an der vorderen Seite zugeschärft sind, gehen in schräger Richtung zum Boden, wodurch sie einen größern Widerstand leisten und den Acker leichter aufbrechen. Nur der Fuß des mittleren Schaares ist direct im Grindel angebracht, während die Füße der beiden anderen Schaare ihre Befestigung durch zwei vom Pflugbaume horizontal ausgehende Arme erhalten. Die Befestigung derselben geschieht, wie die obere Ansicht des Pfluges zeigt, durch eiserne Keile. Die Breite, zu welcher die Schaare den Untergrund aufbrechen, wird durch die Stellung der Arme bestimmt, welche in den Zapfenlöchern näher oder entfernter zum Pflugbaume befestigt werden können. Fig. 3. zeigt die Stellung der Schaare zu der Untergrundbearbeitung in einer Breite von 12 Zoll, wogegen in Fig. 4. das erste und dritte Schaar in den verstellbaren Armen soweit dem Pflugbaum näher gerückt sind, daß der Untergrund nur 9 Zoll breit aufgebrochen wird. Diese verschiedene Stellung ist als wesentlicher Vorzug dieses Pfluges zu bezeichnen. Um nämlich das vollständige gleichmäßige Aufbrechen des Bodens zu erreichen, muß die vom Untergrunde bearbeitete Erdschicht ebenso breit sein, als die vom vorhergehenden Pfluge geöffnete Furche. Da nun bekanntlich die Furchenbreite, je nach der Bodenbeschaffenheit, Art des Pfluges, Stärke der Bespannung rc. nicht unerheblich wechselt, so kann jener Anforderung durch die engere oder weitere Stellung der in der tieferen Erdschicht arbeitenden Theile des Untergrundminirens leicht entsprochen werden. Für die Leistung dieses Pfluges ist es hinsichtlich der Stellung der Schaare besonders wichtig, daß die gleichmäßige Lockerung und Brechung des Untergrundes selbst dann noch erfolgt, wenn die Schaare soweit von einander entfernt werden, daß zwischen ihren Bahnen kleine Zwischenräume bleiben. So findet z. B. bei der Schaar-Stellung in Figur 4. die gleichmäßige Zertheilung des Bodens in einer Weite von 12 Zoll statt, obgleich der Zwischenraum der Züge der Schaare 1½ Zoll beträgt. Was die passendste Form der Schaare betrifft, so hat darauf die Beschaffenheit des zu bearbeitenden Untergrundes wesentlichen Einfluß. Nach den hier angestellten vielfachen Versuchen ist für die gebundenen, mit Kies untermischten, überhaupt sehr festen Untergrundschichten die in der Zeichnung angegebene, lanzenförmige Form der Schaare von höchstens 3zölliger Breite die beste. Für leichter zu bearbeitenden Untergrund sind etwas breitere, gewölbte Schaare anwendbar, jedoch verdienen auch für solchen Boden die lanzettförmigen der größern Haltbarkeit wegen den Vorzug. Damit bei der stärkeren Abnutzung der Schaare auf ungünstigem Untergrunde keine Arbeitsunterbrechung eintrete, ist es zweckmäßig, einen doppelten Satz von Schaaren anzuschaffen *). Außer der vorzüglichen Arbeit, welche in einem durchgreifenden Zertheilen

*) Bei dem Gebrauche des Gray'schen Untergrundpfluges in der hiesigen Gutswirthschaft auf einem Felde, welches einen mit Kies untermischten außerordentlich festen Untergrund besitzt, blieben die Schaare nur für die Arbeit eines halben Tages hinreichend scharf.

und Bewegen der tieferen Bodenschicht besteht, hat dieser Pflug einen sicheren Gang. Ebenso ist er dauerhaft, läßt sich leicht führen und erfordert bei einer 5—6 Zoll tiefen Arbeit nur die Zugkraft von zwei Pferden. Der verhältnißmäßig geringe Kraftaufwand im Vergleich zu Werkzeugen mit einem größern Schaare liegt zum Theil in dem mehr gesicherten, steten Gange, hauptsächlich aber darin, daß der Widerstand des aufzubrechenden Bodens bei der gleichmäßigen Vertheilung auf drei Schaare leichter überwunden wird *).

Sehr ausgedehnte Anwendung von Gray's Untergrundpflug fand ich in der schon mehrmals erwähnten Overstone Farm des Mr. Beasely bei Northampton. Auf dem strengen Boden eines Theils des Areals, welches erst durch die Drainirung und Tiefcultur für den Anbau des Turnips, Runkelrüben und des Kohls geeignet gemacht ist, wird das tiefe Bearbeiten zur Vorbereitung der Turnipssaat schon seit längerer Zeit in verschiedener Weise ausgeführt. 10—12 acres des Turnipsschlages werden 12—14 Zoll tief gegraben; ungefähr eine gleiche Fläche wird zugleich mittelst Gabeln tiefer gelockert, und auf dem Rest des Schlages kommt der Untergrundpflug in Anwendung. Ueber die Ausführung und Erfolge des Grabens und des tiefern Lockerns mittelst Gabeln ist bereits das Nähere erwähnt, wogegen über die Anwendung des Untergrundpfluges noch Folgendes zu bemerken ist: Gleich bei dem 6 Zoll tiefen Umbruch der Weizenstoppeln wird der Untergrundpflug angewendet. Dieser bricht die tiefere Erdschicht 8 Zoll auf, so daß das Land im Ganzen 14 Zoll tief bearbeitet wird. Der Acker bleibt nun während des Winters in rauher Furche liegen und wird im Frühjahr, wenn der Boden hinreichend abgetrocknet ist, in entgegengesetzter Richtung mit dem Scarificator bearbeitet. Nachdem das Feld gewalzt und geeggt ist, wird das zur Oberfläche gebrachte

*) Gray's Untergrundpflug in der oben beschriebenen abgeänderten und vereinfachten Form wird in solider Construction von dem Schmiedemeister Becker zu Bonn zu dem Preise von 35 Thlr. geliefert. Einen zweiten Satz von Schaaren berechnet derselbe zu 6 Thlr. 15 Sgr.

Unkraut entfernt; bald nachher wird wieder gepflügt und zum zweitenmale geeggt und gewalzt. Einige Zeit später wird endlich der Acker in Kämme aufgepflügt, der Dünger zwischen die Furchen gebracht, und das Decken des Mistes durch Spalten der Kämme bewirkt. Die Erträge des so bearbeiteten Turnipsackers standen denen, wo das Graben und Aufbrechen des Untergrundes mittelst Gabeln stattfand, wenig nach. Auch zeigt sich hierbei eine günstige Nachwirkung auf die Getreidefrüchte und den Klee. Von besonderm Interesse war es mir, von Mr. Beasely zu hören, daß früher der Untergrundpflug von Smith während längerer Zeit in dieser Wirthschaft angewendet wurde, daß er aber die Wirkung des Gray'schen bei weitem höher stelle.

Nach Mr. Beasely's Berechnung stellen sich die Kosten der verschiedenen Methoden der Turnips-Bestellung wie folgt:

1. Kosten der Turnips-Cultur per acre beim Graben des Landes zu einer Tiefe von 14 Zoll.

Pachtrente und Abgaben	2 *l.*	2 *s.*	— *d.*
Kosten der Düngung	2 "	— "	— "
Zu graben 14 Zoll tief	3 "	— "	— "
Den Acker abzurechen und zur Bestellung vorzurichten	— "	6 "	— "
Kosten der Saat	— "	3 "	6 "
Zweimal zu behacken	— "	10 "	— "
Erntekosten	— "	8 "	— "
Im Ganzen per acre	8 *l.*	9 *s.*	6 *d.*

oder per Magdeburger Morgen 37 Rthlr. 20 Sgr.

2. Kosten der Turnips-Cultur per acre beim Graben und gleichzeitigem Untergrundlockern durch Gabeln.

Pachtrente und Abgaben	2 *l.*	2 *s.*	— *d.*
Kosten der Düngung	2 „	— „	— „
Zu graben 10 Zoll tief	2 „	13 „	4 „
Lockerung des Untergrundes mit Gabeln und Reinigen von Unkraut	2 „	— „	— „
Kosten der Saat und des Säens	— „	3 „	6 „
Zweimal zu behacken	— „	10 „	— „
Erntekosten	— „	8 „	— „
Im Ganzen per acre	9 *l.*	16 *s.*	10 *d.*

oder per Magdeb. Morgen circa 44 Rthlr.

3. Kosten der Turnips-Cultur per acre bei Anwendung von Gray's Untergrundpflug.

Pachtrente und Abgaben	2 *l.*	2 *s.*	— *d.*
Stoppelbruch im Herbst mit dem schottischen Pflug und gleichzeitiger Anwendung des Untergrundpfluges bis 14 Zoll Tiefe	1 „	— „	— „
Einmal zu scarificiren im Frühjahr	— „	3 „	6 „
Viermal zu eggen	— „	2 „	6 „
Zweimal zu walzen	— „	1 „	— „
Einmal zu pflügen	— „	8 „	— „
Einmal zu scarificiren	— „	3 „	— „
Dreimal zu eggen	— „	1 „	6 „
Einmal zu walzen	— „	— „	6 „
Einmal auf Kämme zu pflügen	— „	8 „	— „
Kosten der Saat	— „	3 „	6 „
Kosten der Düngung einschließlich des Fahrens und Breitens	2 „	— „	— „
Zu behacken	— „	8 „	— „
Ernte-Kosten	— „	8 „	— „
Im Ganzen per acre	7 *l.*	9 *s.*	6 *d.*

oder per Madb. Morgen circa 33 Rthlr.

Beim Vergleich der Kosten von diesen drei Bestellungsarten erweist sich die Bearbeitung mit dem Untergrundpfluge gegen das Lockern mit Gabeln um 11 Rthlr. und gegen das Graben um 4 Rthlr. 20 Sgr. per Morgen billiger. Von Mr. Beasely sind bereits diese verschiedenen Arten der tiefen Bearbeitung des Landes mehrere Jahre fortgesetzt, um so durch den Vergleich der Kosten und der Erträge das für seine Verhältnisse zweckmäßigste Verfahren festzustellen. Nach den bis jetzt gemachten Erfahrungen glaubt Beasely der Bearbeitung mit Gray's Untergrundpflug den Vorzug geben zu dürfen.

Die Kosten des Untergrundlockerns im Vergleich zu denen des Rigolpflügens sind je nach der Bodenbeschaffenheit und der Art der Ausführung verschieden. John Morton nimmt in der Encyclopädie der Landwirthschaft I. Theil Seite 583 durchschnittlich folgende Sätze an:

	Fläche pro Tag	Kosten per acre
1) Untergrundpflügen (subsoil ploughing) auf schwerem Boden mit 2 Männern und 4 Pferden	3/4	1 *l.* 2 *s.* 2 *d.*
2) Untergrundpflügen auf mäßig strengem Boden mit 2 Männern und 4 Pferden	1	— „ 16 „ 8 „
3) Untergrundpflügen auf leichtem Boden mit 2 Männern und 3 Pferden	1	— „ 13 „ 6 „
4) Tiefpflügen (trench ploughing) auf ebenem Lande mit 1 Mann und 3 Pferden	1	— „ 11 „ 7 „
5) Tiefpflügen auf abhängigem Lande mit 1 Mann und 2 Pferden . .	3/4	— „ 11 „ 1 „

Nächst Gray's Untergrundpflug verdient Read's besondere Erwähnung. Der Original-Untergrundpflug von Read ist ganz von Eisen. Der Grindel, welcher hohl ist, wird durch 2 Räderpaare unterstützt. In der Mitte von jeder, zwei Räder verbindenden 10—12 Zoll langen Achse erhebt sich eine Säule, welche durch den hohlen Grindel geht und in demselben, wie die Stelze eines Pfluges, in beliebiger Höhe verkeilt werden kann. Am Kopfe des Grindels befindet sich der

Regulator, an welchem der Spannhaken befestigt ist. Der in der Erde arbeitende Theil besteht in einem gleichschenkligen gewölbten Schaare. Der Fuß des Schaares ist in derselben Weise, wie die von den Achsen ausgehenden Säulen im Grindel verstellbar. Durch die Stellung dieses Fußes wie der Räderpaare und des Regulators wird nun die Tiefe bestimmt, zu welcher der Pflug den Untergrund aufbrechen soll. Derselbe geht gleichfalls in der von einem vorhergehenden Pfluge gemachten offenen Furche. Der eiserne hohle Grindel ist in neuerer Zeit häufig durch einen hölzernen ersetzt und das gewölbte Schaar mit zwei kleinen Flügeln versehen worden, um hierdurch bei größerer Leichtigkeit des Werkzeuges ein vollkommenes Zerbrechen des Bodens zu erzielen. Wir beschränken uns auf diese kurze Beschreibung dieses Untergrundpfluges, ohne eine Zeichnung davon zu geben, weil derselbe in Deutschland vielfach bekannt ist. Er liefert gute Arbeit, ist dabei dauerhaft construirt und geht sicher. Im Vergleich zu Gray's Untergrundpflug steht derselbe jedoch in sofern zurück, als er einmal mehr Zugkraft, gewöhnlich 3, nicht selten 4 Pferde bedarf, wie ferner darin, daß er eine verschiedene Stellung seines in der Erde arbeitenden Theiles, je nach der Furchenbreite des vorhergehenden Pfluges, nicht zuläßt und eine nicht so durchgreifende Lockerung des Untergrundes leistet.

Unter den Abänderungen des Read'schen Original-Untergrundpfluges ist die von Marquis von Tweeddale ausgeführte jedenfalls die wesentlichste. Sie ist so durchgreifend, daß man diesen abgeänderten Pflug nach Lord Tweeddale benennen kann. Die glänzendsten Erfolge, welche hierdurch in seiner schottischen Herrschaft erzielt wurden, mögen es rechtfertigen, wenn wir diesem Werkzeuge eine besondere Aufmerksamkeit zuwenden. Da dasselbe in der Original-Form mit seiner großen Länge und Schwerfälligkeit, wie dies auch beim Gray'schen Untergrundpfluge der Fall war, schwerlich direct in unsere deutschen Wirthschaften zu übertragen war, so haben wir bei der Construction dieses Geräthes eine möglichste Vereinfachung und leichte Handhabung angestrebt und nach den hier angestellten Versuchen erreicht. In dem Folgenden wollen wir diese, unseren Verhältnissen angepaßte Form des Tweeddale'schen Pfluges beschreiben. Siehe Taf. II. Fig. 7. Längen-Ansicht. Fig. 8. Obere Ansicht des Pflugkörpers. Fig. 9. Untere Ansicht desselben. Pflugbaum, Radstelze und Regulator sind dem Gray'schen Untergrundpfluge entlehnt, um die Kosten der gleichzeitigen Anschaffung beider Geräthe möglichst zu verringern. Das Wesentliche dieses Pfluges besteht in dem in der Erde arbeitenden Theile, dessen aufsteigende Säule g. oberhalb in einem Zapfen endigt, welcher an der Stelle des Pflugbaums befestigt wird, wo bei dem Gray'schen Minirer das mittlere Schaar seinen Sitz hat. Diese an der vorderen Seite zugeschärfte Säule endet in einen Kopf n., auf welchem das Schaar i. ruhet. Siehe Fig. 9. Untere Ansicht des Pflugträgers. Von oben wird dasselbe durch den Keil h. festgedrückt. Auf beiden Seiten des Schaares, welche beim Gebrauch einer starken Abnutzung unterliegen, sind zwei Stahlplatten ll. durch Schraubenbolzen befestigt. Den hinteren Theil des Pflugkörpers bildet ein sanft ansteigendes 6 Zoll breites Schweifbrett m., welches nach seinem Ende zu eine schwache Aushöhlung hat. Die Ansteigung des Schweifbretts zur Sohle des Schaares beträgt 6 Zoll. Das Nähere der Construction, insbesondere die Dimensionen der einzelnen Theile ergiebt die Längen-Ansicht des ganzen Pfluges wie die obere und untere Ansicht des in der Erde arbeitenden Theiles. Was nun die Arbeitsleistung des Pfluges betrifft, so wird durch die verhältnißmäßig große Breite des Schaares gesichert, daß selbst bei einer Furchenbreite von 12 Zoll keine Stelle im Untergrunde unbearbeitet bleibt, während durch das angefügte Schweifbrett nicht nur eine stärkere Lockerung der tieferen Erdschicht, sondern auch theilweises Vermischen derselben mit der Ackerkrume erreicht wird. Aus diesem letztern Grunde nennt auch Lord Tweeddale den veränderten Pflug einen Untergrund-Rigolpflug (subsoil trench plough). Die Art der Untergrundlockerung ist in Figur 10 verdeutlicht. Der vorhergehende Pflug t. nimmt eine 9–12 Zoll tiefe Furche; diesem folgt der Untergrundpflug u. in einer weiteren Tiefe von 5–6 Zoll, so daß die Lockerung des Bodens im Ganzen zu 14—18 Zoll Tiefe erlangt wird. Der Untergrund wird durch das breite gleichschenkliche Schaar aufgebrochen und auf das Schweifbrett geschoben, wobei in ununterbrochener Folge unterhalb des Brettes ein leerer Raum o. entsteht, der durch die von oben einbröckelnde Erde sich füllt. Als wesentliche Vorzüge dieses Untergrundpfluges sind das durchgreifende Lockern und Brechen der tieferen Erdschicht, wie das theilweise Vermischen des Ober- und Untergrundes hervorzuheben. Derselbe eignet sich daher ganz besonders für Bodenarten mit minder günstigem, aber nicht zu festem Untergrunde, wo der Erfolg des Rigolpflügens zweifelhaft erscheint. Bei einem solchen Aufbrechen und theilweisen Mischen des tieferen, rohen Bodens ist ein nachtheiliger Einfluß auf das Wachsthum der Saaten nicht zu befürchten. Der Pflug hat einen sichern Gang und ist leicht zu führen. Ebenso erfordert derselbe keine zu große Zugkraft; in einem nicht zu festen Untergrunde reichen bei einem Tiefgange von 5—6 Zoll zwei Pferde aus. Für unsere Wirthschaften wird der Gebrauch des Tweeddale'schen Pfluges sich namentlich auch auf Bodenarten mit ungünstigem, eisenschüssigem Untergrunde, nachdem derselbe zunächst durch Gray's Minirer aufgebrochen ist, für die demnächstige spätere Wiederholung der tieferen Bearbeitung vorzüglich eignen. Im Fall der Anschaffung des Gray'schen Untergrundpfluges können wir nach den in hiesiger Wirthschaft angestellten Versuchen und in Berücksichtigung der nicht erheblichen Mehrkosten den gleichzeitigen Bezug des Tweeddale'schen Pflugkörpers bestens empfehlen *).

Die obenerwähnten glänzenden Erfolge der mit diesem Pfluge ausgeführten Tiefcultur erzielte Lord Tweeddale auf den Gütern Yester-Mains und Broadwoodside, welche eine im Ganzen ungünstige Bodenbeschaffenheit hatten. Die

*) Derselbe wird gleichfalls von dem Schmiedemeister Becker zu Bonn zu 5 Thlr. 20 Sgr. geliefert. Der Gesammtpreis für Gray's Untergrundpflug mit einem Satz von Schaaren und dem Tweeddale'schen Pflugkörper beträgt 40 Thlr. 20 Sgr.

Felder von Yester-Mains besaßen nämlich eine seichte Ackerkrume von wechselnder Beschaffenheit, ruhend auf einem ziemlich strengen Untergrunde, in welchem sich vereinzelt Eisenockerschichten befanden. Nicht besser war der Boden von Broadwoodside, der bereits oben Seite 13 erwähnt wurde. Auch hier zeigte sich ein häufiger Wechsel von mehr sandigem bis zum zähen Thonboden. Der Untergrund bestand vorwaltend aus einem armen steifen Klai von verschiedener Farbe, an einzelnen Stellen Eisenockerschichten von ziemlicher Ausdehnung enthaltend. Fast das ganze Areal beider Güter ist nach vorhergegangener Trockenlegung seit den Jahren 1848 und 49 in oben angegebener Weise mit dem Untergrundpfluge bearbeitet worden, und die Erfolge haben alle Erwartungen übertroffen. Obgleich der Acker früher in hohen schmalen Rücken lag, so war dennoch die Frühjahrs- wie Herbstbestellung wegen zu großer Nässe äußerst erschwert. Der Weizen winterte meistens aus und trotz der sorgfältigsten Weide-Ansaat fand man nur wenige gute Pflanzen, während jetzt nach Ausführung der Tiefcultur bei erleichterter Bestellung sichere und reiche Ernten an allen Früchten gewonnen werden. Besonders ist dabei hervorzuheben, daß diese Melioration keineswegs große Mittel in Anspruch genommen hat. Denn die Anschaffung der wenigen zur Tiefcultur nöthigen Geräthschaften beanspruchte geringe Kosten und eine ausgedehntere Spannviehhaltung war nicht erforderlich. Zum Beleg für den letzteren Punkt sei die Zahl der auf den einzelnen Gütern des Lord Tweeddale gehaltenen Zugthiere angeführt. In Yester-Mains mit einem Areal von 504 acres besteht das Spannvieh aus 8 Zweigespann, durch welche noch manche außerordentliche Arbeiten als Fuhren von Heu, Korn und Stroh für den herrschaftlichen Reitstall, ferner von Holz und Kohlen für das herrschaftliche Haus, Kies und Sand für die Wege rc. besorgt werden. In der 228 acres enthaltenden Broadwoodside Farm werden 3 Zweigespanne gehalten und in Danskine mit einem Areal von 235 acres 3 Zweigespanne und ein altes Reservepferd.

Hiernach kommt ein Zweigespann:

in Yester-Mains . .	auf	94½	Magdb.	Morgen.
in Broadwoodside . .	"	114	"	"
in Danskine	"	100	"	"

sodaß im Durchschnitte über 100 Morgen auf 2 Pferde zu rechnen sind. Zur Beurtheilung des richtigen Verhältnisses des Zugviehstandes sei noch erwähnt, daß die in jenen Wirthschaften eingeführte Fruchtfolge eine fünffeldrige, mit einer Hackfrucht, zwei Getreidefrüchten und zwei Grasschlägen ist. Zieht man dabei die bindige Bodenbeschaffenheit des Areals in Betracht, so kann der jetzige Zugviehstand, der seit der Einführung der Tiefcultur um ¼ gegen früher reducirt wurde, als ein durchaus nicht zu starker gelten. Die Ausführbarkeit dieser Melioration liegt hiernach gewiß in den Kräften eines jeden Farmers.

Zur Bestätigung der bereits erwähnten günstigen Erfolge des Untergrundlockerns mögen noch einzelne andere Erfahrungen erwähnt werden.

Auf einem leichten mit etwas Kies untermischten Boden stellte Mr. Thom Short*) folgenden Versuch an:

Die eine Hälfte des Ackers wurde 7 Zoll tief gepflügt, während auf der anderen zugleich der Untergrundpflug angewendet und hierdurch der Boden bis zu 16 Zoll gelockert wurde. Das ganze Feld wurde nun gleichmäßig gedüngt, und mit schwedischen Rüben bestellt. Bei der Ernte ergab sich, daß der Rübenertrag auf der mit dem Untergrundpfluge bearbeiteten Hälfte 80 Ctr. per acre größer war, als auf der andern.

Im folgenden Jahre wurde das Feld mit Gerste besäet, und auch hier eine vortreffliche Nachwirkung der tiefern Bearbeitung wahrgenommen. Die Gerste auf der einen Hälfte des Ackers ertrug die lange anhaltende Trockenheit viel besser, und lieferte einen höhern Ertrag.

In der Wirthschaft des Mr. Charnock zu Holmfield bei Ferrybridge hat das Untergrundpflügen staunenswerthe

*) Siehe Farmers Magazine, September 1849. p. 202.

Erfolge gehabt. Die auf einer Kreideunterlage ruhende sandige Ackerkrume hatte nur wenige Zoll Tiefe und brachte geringe Erträge; namentlich waren die Ernten bei trockener Witterung sehr unsicher. Durch das Aufbrechen des Untergrundes konnte allmählig tiefer gepflügt werden, so daß gegenwärtig die Ackerkrume 12 Zoll beträgt. Mit der Vertiefung der Ackerkrume haben die Ertragsfähigkeit des Bodens und die Sicherheit der Ernten außerordentlich zugenommen. Nach Mr. Charnock's Versicherung sind die Erträge seitdem auf das Doppelte gestiegen.

In einer Wirthschaft des berühmten Staatsmannes Sir James Graham in Cumberland bewährte sich ferner das Untergrundlockern auf einem Boden, dessen ungefähr 5 Zoll tiefe Ackerkrume von schwarzer torfartiger Erde auf einem zähen eisenschüssigen Lehm ruhte. Der Acker war arm, und gab bisher eine Rente von 4—6 *s.* per acre. Nach ausgeführter Trockenlegung wurde das Land mit dem Untergrundpflug bis 15 Zoll Tiefe bearbeitet und zunächst mit Kartoffeln bestellt. Der Ertrag war 12 Tonnen per acre oder 160 Ctr. per Morgen. Im folgenden Frühjahr wurde das Feld mit Hafer besäet, und davon 52 Bushels per acre oder 35 Bushels per Morgen geerntet. Die Kosten der Trockenlegung und tiefen Bearbeitung betrugen 6 *l.* 18 *s.* 4 *d.*, so daß schon durch die beiden ersten Ernten nicht nur die Auslagen gedeckt, sondern der Mehrertrag größer war, als der Capitalwerth des Landes vor seiner Melioration.

Endlich werde hier die vortreffliche Wirkung des Untergrundpflügens auf Eisenocker enthaltenden Bodenarten erwähnt. Wir finden diese Arbeit auf ausgedehnten Flächen, namentlich in Aberdeenshire und Morayshire ausgeführt. Die unter der Ackerkrume befindliche Eisenockerschicht ist meist von einer geringen Stärke und Festigkeit, so daß dieselbe leicht durch den Untergrundpflug aufgebrochen und zerkleinert werden kann. Allein selbst unter ungünstigeren Verhältnissen ist diese Operation ausführbar. In der Besitzung des Mr. Roderik Gray zu Peterhead war der Eisenocker mehrere Zoll stark und so fest, daß die durch einen gewöhnlichen Pflug von der Oberkrume blosgelegte Ockerschicht erst eine kleine Strecke mit der Haue aufgebrochen werden mußte, um das Eindringen und Aufbrechen des mit 4 Pferden bespannten Untergrundpfluges zu erreichen.

Den schlagendsten Beweis der außerordentlichen Verbesserung eines solchen Ackers durch die tiefe Bearbeitung hat ohne Zweifel Sir Edward Stracey*) auf seinem Gute Rackheath geliefert. Das Land hatte eine mit Lehm untermischte, seichte Ackerkrume, die auf einem eisenockerhaltigen Untergrunde ruhte. An einzelnen Stellen war die tiefere Erdschicht so hart, daß sie nur mit Mühe durch die Pickelhaue aufgebrochen werden konnte. Bei der Uebernahme des Gutes befand sich das nur zu 4 Zoll Tiefe bearbeitete Land nach Sir E. Stracey's eigner Aussage, in einem solchen Zustande, daß es kaum die Einsaat wiedergab. Die Beobachtung, daß einzelne angrenzende Ackerstücke, welche durch Tagelöhner mit dem Spaten tiefer bearbeitet worden waren, reiche Ernten an Weizen, Möhren, Kartoffeln rc. lieferten, führte Sir E. Stracey auf den Gedanken, die Gutsfelder mit dem Untergrundpfluge zu bearbeiten. Der Versuch hatte das günstigste Resultat. Schon nach den ersten Jahren brachte der Acker den doppelten Ertrag, was ausschließlich der tiefern Bearbeitung zuzuschreiben war, da es bei der bisherigen geringen Ertragsfähigkeit des Landes an Dünger mangelte. Gegenwärtig sind 500 acres dieses Landes mit dem Untergrundpfluge 18 Zoll tief bearbeitet, wodurch die Rente des Gutes in einer unglaublichen Weise gesteigert ist. Es werden nicht nur ausgezeichnete Ernten von Hackfrüchten, sondern auch gleich ergiebige Erträge von Getreide erzielt. Der Weizen selbst gab z. B. auf diesem Boden durchschnittlich 34—36 Bushels per acre.

Anwendbarkeit für Deutschland.

Die Frage über die Anwendbarkeit der Tiefcultur in Deutschland ist durch die glänzenden Erfolge entschieden, welche

*) Siehe British Farmer's Magazine vol. I. p. 235.

in einzelnen Theilen unseres Vaterlandes bereits erzielt sind. Wir verweisen nur auf die bedeutend gesteigerte Ertragsfähigkeit der Aecker in der Gegend von Cleve, in der Magdeburger Börde, in einzelnen Districten des Königreichs Sachsen, in Baden, und andern Ländern. Trotz des in verschiedenen Gegenden gegebenen Beispiels hat jedoch die Tiefcultur noch lange nicht diejenige Verbreitung erhalten, zu der unsere Boden-, klimatischen und andere Verhältnisse dringend auffordern. Das bis jetzt Ausgeführte ist, in Rücksicht auf die hierzu geeigneten weiten Flächen unseres Vaterlandes, immer nur als Anfang zu betrachten *).

Es ist deshalb gewiß eine höchst erfreuliche Erscheinung, daß gegenwärtig, ungeachtet der früheren Befürchtungen einer Erschöpfung des Bodens, der Sinn der deutschen Landwirthe von Neuem hierauf gerichtet ist. Wir dürfen hoffen, daß, mit der Beseitigung der mannichfachen Vorurtheile, dieses Culturverfahren in nicht allzulanger Zeit eine allgemeine Würdigung und Verbreitung erlangen wird. Die in Großbritannien erzielten Erfolge müssen uns aber um so mehr zur Aufmunterung dienen, als bei der Aufmerksamkeit, mit der man diesen Gegenstand prüfte und verfolgte, wie bei der Ausführung unter den verschiedensten Verhältnissen, sich allmählig ein sicheres rationelles Verfahren ausgebildet hat.

Ueber die geeignetste Art der Tiefcultur läßt sich nur unter genauer Berücksichtigung der vorliegenden Bodenverhältnisse entscheiden, wobei uns die in England hierüber gemachten Erfahrungen einen erwünschten Anhalt gewähren. Hiernach ist bei der Rigolarbeit in zweifelhaften Fällen immer ein Versuch im Kleinen anzurathen, wenn man es nicht vorzieht, das Untergrundlockern auszuführen. Für diese letztere Art der Tiefcultur kann aber nicht dringend genug auf die vortreffliche Arbeitsleistung von G r a y's und T w e e d d a l e's Untergrund-

*) Die vor Kurzem gegen die Tiefcultur erhobenen Bedenken Einzelner dürfen uns im Hinblicke auf die großartigen Erfolge dieser Melioration in ganzen Distrikten bei sehr verschiedenen klimatischen und Boden-Verhältnissen von einer umsichtigen, allgemeineren Anwendung dieses Culturverfahrens nicht abhalten.

pflug hingewiesen werden, welche die bei uns üblichen Werkzeuge bei Weitem übertreffen. Unter den verschiedenen Methoden der Rigolarbeit ist das Spatpflügen als eine der wirksamsten und vortheilhaftesten anzuerkennen. Nach den Erfahrungen der englischen Landwirthe kann ferner als Regel dienen: Bringe die tiefe Bearbeitung auf dem vorher trocken gelegten Boden vor Winter in Ausführung, und laß danach in erster Tracht, wo möglich in frischer Düngung, Hackfrüchte folgen.

Die umsichtig ausgeführte Tiefcultur schützt gegen das Fehlschlagen der Ernten, und bringt eine Steigerung des Ertrages bei den verschiedensten Culturgewächsen hervor. Unter den Feldfrüchten sind die Wurzelgewächse als die dankbarsten zu bezeichnen, wobei auch der Umstand Berücksichtigung verdient, daß sie ohne Gefahr unmittelbar nach der ausgeführten tiefen Bearbeitung folgen können. Fast dasselbe gilt von den Bohnen und Winterölfrüchten. Raps und Rübsen entwickeln sich auf dem tief bearbeiteten Boden kräftiger, dringen mit der Wurzel tiefer ein, sind hierdurch mehr gegen das Auswintern geschützt, und geben reichere Erträge. Dieses günstige Resultat bei der Winterölfrucht wird durch die bei uns gemachten Erfahrungen vollständig bestätigt. Erheblich ist aber auch der Erfolg bei den Halmfrüchten, sowie beim Klee und der Grassaat. Diese Früchte dürfen jedoch nicht in erster Tracht danach angebaut werden. Bei dem in Großbritannien üblichen Fruchtwechsel bringt man die tiefe Bearbeitung gewöhnlich als Vorbereitung für die Turnips in Ausführung, worauf eine Halmfrucht mit Kleesaat folgt. Bei dieser Stellung der Halmfrucht und des Klee's in der Fruchtfolge, oder auch bei dem ein bis zwei Jahr späteren Anbau danach, erweist sich der Vortheil der Tiefcultur auch bei diesen Früchten in den höhern Erträgen wie besonders in der größern Sicherheit der Ernten. In Folge der tieferen und stärkeren Bewurzelung können sie den nachtheiligen Einflüssen der Trokkenheit, Nässe und des Frostes besser Trotz bieten, und sind seltener Krankheiten unterworfen.

Ueber die Höhe des Mehrertrages der einzelnen Früchte

ist nichts Bestimmtes anzugeben, da dies von der Beschaffenheit des Bodens, von der Art der Tiefcultur und von andern Umständen abhängt. Im Allgemeinen läßt sich, auf Grund der gemachten Erfahrungen, nur feststellen, daß unter sonst geeigneten Verhältnissen die erhöheten Erträge bei der Rigolarbeit beträchtlicher sind, als bei dem Untergrundlockern. Bei umsichtig ausgeführter Vertiefung darf im Durchschnitt angenommen werden, daß die darauf verwendeten Kosten durch den Mehrertrag der ersten Frucht mindestens gedeckt werden.

Der Vortheil zeigt sich daher erst im rechten Lichte, wenn man erwägt, daß durch die tiefe Bearbeitung eine langandauernde Verbesserung des Bodens erreicht wird. Augenscheinlich ist dies bei der Rigolarbeit. Aber auch bei der gut ausgeführten Lockerung des Untergrundes ist auf eine Nachwirkung während mehrerer Jahre zu rechnen, da die zertheilte Erde nur langsam ihren frühern Zusammenhang und Festigkeit wieder annimmt.

Die in verschiedenen Wirthschaften Großbritanniens über die Wirkungsdauer der Tiefcultur gemachten Erfahrungen weichen wesentlich von einander ab. Auf Gütern mit mehr leichtem Boden hat die Rigolarbeit mindestens eine zehnjährige, das Untergrundlockern eine sechsjährige Wirkung gehabt, während auf bindigen zähen Bodenarten die Nachwirkung von geringerer Dauer war. Im Allgemeinen sind wir wohl berechtigt, bei der Rigolarbeit auf eine 5—6jährige, und bei dem Untergrundlockern durchschnittlich auf eine 3—4jährige Wirkung zu rechnen. Vertheilt man nun die Kosten der Tiefcultur auf die während dieses Zeitraums vom Acker gewonnenen Ernten, so wird selbst bei einer geringen Steigerung der Erträge, immer noch ein reicher Gewinn verbleiben.

II. Der Exstirpator.

Unter den Ackerwerkzeugen, welche wir englischem Erfindungsgeiste verdanken, ist der Exstirpator eines der vorzüglichsten. Beatston gebührt das Verdienst, durch seine Schrift: „Neues Ackerbausystem ohne Dünger, Pflug und Brache" zur allgemeinen Würdigung und Verbreitung desselben in Großbritannien beigetragen zu haben. Zwar zeigte sich bald, daß der Pflug durch den Exstirpator nicht ganz ersetzt werden konnte, gleichwie das von ihm empfohlene Thonbrennen die anderweitige Düngung nicht vertrat. In Deutschland wurde besonders durch Thaer die Aufmerksamkeit der Landwirthe auf dieses Ackergeräth gelenkt, dessen Hauptvortheile im Vergleich zum Pfluge eine vielseitigere Verwendung und größere Arbeitsleistung sind. Ohne den deutschen Landwirthen zu nahe zu treten, müssen wir gestehen, daß bei uns noch nicht derjenige vielseitige Gebrauch davon gemacht wird, zu dem uns die auf jenem Insellande gewonnenen günstigen Erfolge aufmuntern sollten.

Hauptsächliche Verbesserungen der in neuerer Zeit construirten Exstirpatoren.

Wenige Geräthe werden in Großbritannien in so verschiedener Form angetroffen, als der Exstirpator. In seiner Construction sind namentlich in neuerer Zeit, wo der Gebrauch desselben für die vielseitigsten Zwecke verlangt wird, wesentliche Verbesserungen ausgeführt worden. Den älteren Exstirpatoren mit langem Baum und Vordergestell gab man zunächst eine kurze, möglichst gedrängte Form, um sie zu einem gleichmäßig tiefen Gang auf unebnem Terrain zu befähigen. Man brachte entweder unmittelbar an den Rahmen Räder an oder verkürzte wenigstens den Grindel bedeutend. Hierdurch sicherte man die Gleichmäßigkeit des Ganges der Art, daß der Exstirpator selbst zur Bearbeitung gewölbter Beete in der Queere zu gebrauchen ist, was bei der früheren Bauart unmöglich war.

Bei der Schwerfälligkeit der älteren Constructionen wurde ferner eine bedeutende Zugkraft erfordert, besonders beim Gebrauch auf einem bereits gepflügten Acker, wo sie zu sehr in den Boden eindrückten und hierdurch eine große Friction hervorriefen. Die neueren Werkzeuge sind meistens von geringerem Gewicht. Die Stetigkeit des Ganges und insbesondere das gleichmäßige Eindringen zur bestimmten Tiefe erlangte man durch die dem Rahmen gegebenen Unterstützungsräder (sg. Gestellräder), deren größerer Durchmesser zugleich zur leichteren Fortbewegung des Geräths beiträgt. Während z. B. Kirkwood's oder Finlayson's Exstirpator (Grubber) nicht ganz einen Fuß hohe Räder haben, ist nicht selten bei der neueren Bauart z. B. an Ransome's und anderen der Durchmesser der Räder 2 Fuß und darüber. Die bedeutende Schwere der Werkzeuge suchte man namentlich durch einen leichteren Rahmen wie durch eines im Ganzen gedrängtere Form desselben zu erzielen. So versichert Mr. Wilson zu Edington-Mains, daß Exstirpatoren, welche früher mindestens die Zugkraft von 3 Pferden erforderten, in dieser veränderten Form ohne zu große Kraftanstrengung von 2 Pferden gezogen werden können.

Die vielseitige Verwendung des Exstirpators nicht blos zur oberflächlichen Lockerung und Pulverung bereits gepflügter Aecker, sondern besonders auch zum Umbruch der Stoppeln und zum Reinigen sehr verunkrauteter Felder machte ferner eine Veränderung der Form und Stellung der im Rahmen befindlichen Füße wie deren Schaare nothwendig.

Um das Verstopfen auf einem sehr verunkrauteten oder kurz zuvor gedüngten Felde zu vermeiden, gab man den Füßen eine größere Länge und eine schräge Stellung zum Boden, damit das Unkraut 2c. leicht nach oben gleite und zur Seite entweiche, ohne den Gang des Werkzeuges zu stören. Zur Vermeidung der Verstopfung des Geräths wurde ferner eine solche Stellung der Füße im Rahmen gewählt, daß die Zwischenräume derselben untereinander möglichst weit sind. Bei den älteren Constructionen beträgt meistens die Entfernung der Züge, welche die Schaare im Boden machen, nur 6—8 Zoll. Die Zahl der Füße ist ungleich; sie sind meist in zwei Reihen im Rahmen derart befestigt, daß jeder Fuß der vorderen Reihe in die Mitte von zwei Schaaren der hinteren Reihe trifft, und somit der Zwischenraum der in einer Reihe befindlichen Füße untereinander doppelt so groß ist, als die Entfernung der im Boden gemachten Züge. Bei 6zölliger Entfernung der Züge beträgt der Zwischenraum von je 2 Füßen einer Reihe 12 Zoll, ein Zwischenraum, der auf sehr verunkrauteten Feldern nicht ausreicht, die Verstopfung des Werkzeuges zu verhindern. Auf verschiedene Weise bemühte man sich, den Füßen im Rahmen eine größere Entfernung zu geben.

Die zur Zuglinie diagonale Stellung der Balken des Rahmens, ähnlich wie bei den Saatpflügen, welche Anfangs versucht wurde, erwies sich als unpractisch, weil der Exstirpator bei der Arbeit nach einer Seite hin drängte. Dagegen entsprach der Rahmen von dreieckiger Form den Anforderungen, indem er eine solche Stellung der parallelen Füße in so weiter Entfernung gestattet, daß ein Mitschleppen von Unkraut nicht leicht eintreten kann. Häufiger als diese Einrichtung, ist die Stellung der Füße in drei Reihen. Bei den fünfschaarigen Exstirpatoren stellte man in die erste Reihe einen Fuß, in die zweite und dritte Reihe dagegen je zwei; oder man brachte in die mittlere Reihe nur einen Fuß, in die vordere dagegen zwei. Bei einer solchen Stellung ist die Entfernung der in der ersten Reihe befindlichen 2 Füße doppelt so weit, als die im Boden gemachten Züge, während der dritte Fuß in dem mittleren Balken allein steht, und endlich die Entfernung der zwei Füße in der letzten Reihe das Vierfache der Züge beträgt. Um jede Verstopfung durch Unkraut zu verhüten, hat man selbst in den neuesten Verbesserungen (Coleman) die noch weitere Entfernung der in der ersten Reihe stehenden 2 Füße dadurch erreicht, daß der eine Fuß etwas weiter vorn angebracht ist, als der andere. Durch die in der einen oder andern Weise erlangte weitere Stellung der Füße wird der gleichmäßige Gang des Werkzeuges gesichert.

Bei der Verwendung des Exstirpators für die verschiedenartigsten Zwecke wurden auch mancherlei Abänderungen in der Form der Schaare vorgenommen. Die lanzettförmigen oder gänsefußartigen kleinen Schaare waren für die Lockerung und Pulverung bereits gepflügter Aecker, nicht aber für den Stoppelumbruch ausreichend. Für letztere Arbeit wurden die Schaare möglichst breit gefertigt, um die Oberfläche des Bodens, ohne Kämme zu lassen, vollständig abzuschälen. Ihre Form ist sehr wechselnd, mehr oder weniger gewölbt, mehr als stumpfer Keil, zweiflügelig ꝛc. Zur Erhöhung der vielseitigen Verwendung finden wir in einzelnen neueren Constructionen die Einrichtung, daß Schaare von verschiedener Form, je nach dem Zwecke der Arbeit, auf die Enden der Füße aufgeschoben und durch Stifte befestigt werden *).

Endlich ist noch der verbesserten Vorrichtungen zur leichteren Stellung Erwähnung zu thun, welche recht zweckmäßige und zum Theil höchst sinnreiche Constructionen darbieten. Die einfachsten Einrichtungen sind folgende. Bei den durch Gestellräder unterstützten Exstirpatoren wird der Gang dadurch regulirt, daß die von den Rädern senkrecht aufsteigenden Säulen (sg. Achsenträger) in dem Rahmen mittelst Bolzen oder Schrauben höher oder tiefer befestigt werden. Wo die Gestellräder fehlen, und sich an dem vordern Theile des Exstirpators nur ein einfaches Laufrad (sg. Radstelze) befindet, wird dagegen die Tiefe des Ganges durch die verschiedene Stellung dieses Unterstützungsrades wie des Anspannhakens regulirt.

Unter den in Großbritannien sehr verbreiteten Exstirpatoren

---

*) Diese Einrichtung hat bis jetzt keine allgemeine Verbreitung erlangt, auch sind die Ansichten über die Zweckmäßigkeit dieser Vorrichtung nicht übereinstimmend. Von Einzelnen wird den festsitzenden Schaaren mit vorn gestählter Spitze der Vorzug gegeben.

nennen wir für England: Ransome's, Uley oder Ducie's, Biddel's und Coleman's, und für Schottland: Kirkwood's, Scoular's und Tennant's, letzterer in verschiedener Abänderung und Benennung, als Traiprain oder Verbesserter Tennant.

Es würde zu weit führen, auf eine nähere Beschreibung aller vorgenannten Exstirpatoren einzugehen, dagegen mögen über einzelne derselben hier einige Bemerkungen Platz finden.

Der Uley- oder Ducie's-Exstirpator hat in seiner Originalform ein großes Gewicht und erfordert die Bespannung von mindestens 3 Pferden. Seine Construction ist ebenso sinnreich, wie seine Arbeit vortrefflich. Derselbe hat in einer abgeänderten, vereinfachten Form, wobei er durch Verminderung des Gewichts für die Bespannung von 2 Pferden eingerichtet wurde, in einzelnen deutschen Wirthschaften erfolgreichen Eingang gefunden*).

Der Traiprain-Exstirpator wurde von Mr. Tennant zu Shields bei Monkton in Ayrshire erfunden und von Mr. Howden zu Traiprain in Ost-Lothian eingeführt. Wesentliche Verbesserungen erhielt das Werkzeug durch Mr. Wilson zu Edington-Mains, woraus sich die verschiedene Benennung, Anfangs nach dem Erfinder als Tennant'scher, später als Traiprain und neuerdings in den Wilson'schen Abänderungen als verbesserter Tennant'scher Exstirpator erklärt.

Der verbesserte Tennant'sche Exstirpator (früher Traiprain) Taf. III. Fig. 11. Längen-Ansicht. Fig. 12. Ansicht von Oben, ist ausgezeichnet vor den meisten derartigen Werkzeugen durch die Verstellbarkeit der Schaare, durch ein geringes Gewicht, Billigkeit, Einfachheit der Construction und

*) Eine derartige, unseren Verhältnissen angepaßte Vereinfachung des Uley-Exstirpators wurde von dem Schmiedemeister Schmitz zu Kapellen bei Meurs in einer sehr glücklichen Weise ausgeführt. Der vereinfachte Exstirpator ist seit mehreren Jahren in der Poppelsdorfer Gutswirthschaft für die verschiedensten Zwecke, namentlich auch für den Stoppelumbruch im Gebrauch, wobei er vortreffliche Arbeit leistet. Schmitz liefert denselben zu einem Preise von 50 Thlr.

geringe Zugkraft. Derselbe ist ganz von Eisen. Sein Rahmen a. enthält in drei Reihen 7 an der vorderen Seite zugeschärfte Füße (Schaarträger) mit gleichschenklichen, etwas gewölbten Schaaren b., die mit gut gestählten Spitzen versehen sind. Der bogenförmige Baum c. wird durch die von der Räderachse d. sich senkrecht erhebenden Säule e., welche durch zwei Seitenstreben hinreichende Festigkeit erhält, unterstützt, durch deren höhere oder tiefere Stellung im Baume die Tiefe des Ganges zu bestimmen ist*). Von dem Grindel geht die Zugstange f. aus, an deren Spitze der Spannhaken g. befestigt ist**). Zur leichteren Führung des Geräths sind zwei Handhaben h. angebracht. Zur besseren Verbindung der Handhaben im Rahmen sind die starken Oesen derselben etwas erweitert und durch Stellschrauben wie außerdem durch Keile befestigt. In gleicher Weise ist ein möglichst festes Zusammenhalten der Querbalken des Rahmens durch die mit Oesen versehenen Verbindungsstücke gesichert. Die neuesten Verbesserungen, deren Mittheilung ich der Güte des Mr. Wilson verdanke, bestehen in der Anfügung gestählter Spitzen an die Schaare, welche dadurch eine erheblich größere Haltbarkeit erlangen, sowie in der veränderten Befestigung der Schaarträger im Rahmen. Diese geschah nämlich früher in der Weise, daß die Schaarträger in Oesen endeten, welche den vierkantigen Querbalken umfaßten und durch Stellschrauben festgehalten wurden. Um hierbei den nöthigen Halt zu sichern, mußte die Oese mit

*) Die Gleichmäßigkeit des Ganges läßt sich noch dadurch erhöhen, daß der Rahmen an den Enden des hinteren Querbalkens zwei mit Achsenträgern versehene Gestellräder von entsprechend größerem Durchmesser erhält. Die Befestigung derselben geschieht am einfachsten durch Klemmschrauben. Herr Dr. Bunsen auf Burg Rheindorf bei Bonn gebraucht einen derartig abgeänderten Traiprain-Exstirpator mit dem besten Erfolge.

**) Die mittelst der langen Zugstange bewirkte Bespannung läßt sich auch der Art einrichten, daß der bogenförmig geschweifte Grindel eine geringere Erhebung erhält und der Zughaken direct an dem Kopfe des Baumes befestigt wird. Es wird hierdurch eine größere Stetigkeit der Radstelze wie des Grindels erzielt.

dem Umfange des Querbalkens genau übereinstimmen, weil sonst ein fortwährendes Wanken der Füße eintrat und hierdurch weit mehr Zugkraft nöthig wurde. War jedoch die erforderliche Verbindung erreicht, so fand Zeitverlust und Gefahr des Zerbrechens der Schaarträger jedesmal statt, wenn dieselben enger oder weiter gestellt oder zum Zweck der Reparatur abgenommen und wieder aufgeschoben werden sollten. Diesem doppelten Uebelstande ist durch die folgende neue Befestigungsart vollständig abgeholfen worden. Der Schaarträger endet oben, anstatt in einer Oese, in einem nach unten offenen Haken, welcher den Querbalken von drei Seiten umfaßt. Eine aus gutem Rundeisen geschmiedete Schlinge wird an die untere und die beiden Seitenflächen des Querbalkens von unten herauf angeschoben, sodaß deren Enden über die Oberfläche des Rahmens hervorragen. Um den Schaarträger am Balken möglichst festzuhalten, wird zwischen der Oberfläche des hakenförmigen Endes und dem oberen Theile der Schlinge zunächst eine eiserne Schlüsselbahn eingelegt und dann der noch frei bleibende Raum durch einen eingetriebenen Keil vollständig ausgefüllt. Die einzelnen Theile erscheinen wie aneinander geschweißt und sind dennoch durch einen Schlag gegen den Keil zu lösen, worauf das Abnehmen oder Umstellen der Schaarträger in wenigen Augenblicken ausgeführt werden kann. Zum besseren Verständniß ist diese Befestigung in der Seiten-Ansicht Fig. 13., in oberer Ansicht Fig. 14. und im Querschnitt Fig. 15. in etwas größerem Maßstabe dargestellt. In diesen Figuren ist k. der Haken des Schaarträgers i., l. die Schlinge, m. die Schlüsselbahn, n. der Keil. Außerdem ist die Schlinge in zwei Seiten-Ansichten Figuren 16. und 17., und in perspectivischer Ansicht Fig. 18. noch einmal gezeichnet. Sämmtliche Schaarträger sind in der beschriebenen Weise im Rahmen befestigt, mit Ausnahme des in der zweiten Reihe allein stehenden Fußes, welcher mit einem Zapfen durch den auf dem Rahmen befindlichen Theil des Grindels geht und dort durch eine Stellschraube festgehalten wird. Die Größenverhältnisse der einzelnen Theile des Exstirpators und deren Zusammenfügung ergeben ohne weitere

Erläuterungen die beigefügten Zeichnungen. Die Führung des Werkzeuges ist leicht und sicher. Es kann durch zwei Pferde ohne Anstrengung gezogen werden, wobei mit einem Zuge eine Fläche von 3½ Fuß Breite bearbeitet wird. Die tägliche Arbeitsleistung beträgt das Vierfache der Pflugarbeit. Sein Preis mit den beschriebenen Verbesserungen ist 5 *l.* oder 33 Thlr. 10 Sgr. Unter den bereits oben erwähnten Vorzügen des Exstirpators ist ganz besonders auf die leichte Verstellbarkeit der Schaare hinzuweisen, wodurch seine Verwendung für die verschiedensten Arbeiten erhöhet wird. Es steht zu hoffen, daß die neueren Verbesserungen diesem Geräth eine immer größere Verbreitung in deutschen Wirthschaften sichern werden.

Während der verbesserte Tennant'sche Exstirpator eine sehr verbreitete Anwendung in Schottland in kurzer Zeit erlangt hat, so gilt dies für England von Coleman's Grubber, dessen nähere Beschreibung und Abbildung wir im Folgenden geben wollen.

Coleman's Exstirpator*) (Taf. IV. Fig. 19. Längen-Ansicht. Figur 20. Ansicht von Oben, Figur 21. und 22. Ansichten der Schaare) ist ganz von Eisen und je nach seiner Größe 7- oder 5schaarig. Der Rahmen a., welchen zwei starke Bolzen bb. zusammenhalten, wird hinten durch zwei größere Räder cc. mit den Achsenträgern dd. unterstützt, in welchen letzteren der Rahmen durch Schrauben in die erforderliche Höhe gestellt werden kann. Unter dem vordern Ende des Rahmens befindet sich ein kleines Laufrad e., woran der Regulator g. und der Spannhaken f. angebracht sind. Die fünf im Rahmen befestigten Füße (Schaarträger) mit den Schaaren gehen in schräger Richtung zum Boden und sind so gestellt, daß selbst auf dem unreinsten Acker eine Verstopfung nicht zu befürchten ist. Die beiden in der vorderen Reihe befindlichen Schaare stehen nämlich nicht parallel, und ebenso befinden sich die drei im hinteren Theile des Rahmens angebrachten

---

*) Derselbe wurde in seinen neuesten Verbesserungen vor Kurzem direct aus England bezogen und hier versucht, wobei er allen Anforderungen hinsichtlich der Arbeitsleistung entsprach.

nicht in einer Linie, sondern das mittlere derselben ist etwas zurückgestellt, wodurch weite Zwischenräume unter den einzelnen Schaaren erreicht werden. Die Schaare werden auf die Enden der Füße aufgeschoben und durch kleine Stifte festgehalten. Ihre Form ist aus den Figuren 21. a. und b. und 22. a. und b. ersichtlich. Die breiten zweiflügeligen Schaare (Fig. 21) werden vornehmlich zum Stoppelumbruch und Unkrautreinigung auf allen nicht zu schweren Bodenarten gebraucht, während die schmalen (Fig. 22.) zu den genannten Arbeiten auf sehr schweren, festen Bodenarten verwendet werden, wobei dann ein doppeltes Exstirpiren des Ackers nach entgegengesetzter Richtung nöthig ist. Außerdem dienen sie zum Lockern und Pulvern bereits gepflügter Aecker. Die schräg zum Boden gehenden Schaarfüße sind zwischen Rahmen und Schienen, welche letztere durch Schrauben und zwischengelegte Stücke am Rahmen festgehalten werden, um Bolzen m. beweglich. Nur zur Befestigung des hintersten Schaarfußes ist das Ende des mittleren Rahmentheiles n. mit einer entsprechenden Oese versehen. Der obere Theil der Schaarträger endet in Oesen, welche zur Aufnahme von Zugstangen (horizontale Hebel) o. dienen, die gleichfalls um durchgesteckte Bolzen drehbar sind. Das andere Ende dieser Zugstangen ist in doppelten Backenstücken p. einer auf dem Rahmen in den Zapfenlagern q. drehbaren starken, hohlen Welle r. gelagert und auch hier in Bolzen beweglich. Die Stellbarkeit der Schaarträger zu verschiedener Höhe ist dadurch erreicht, daß dieselben sowohl in den oberen Oesen wie an der Stelle ihrer Befestigung im Rahmen mit je 3 Löchern in gleichen Entfernungen versehen sind. In der Mitte der Welle ist ein $4\frac{1}{2}$ Fuß langer Hebel s. befestigt, an welchem die Zugstange des hintersten Schaarträgers durch einen Bolzen festgehalten wird. Durch die Bewegung dieses Hebels, welcher die Drehung der Welle bewirkt, werden gleichzeitig alle Schaare gehoben oder gesenkt. Indem der Hebel zwischen zwei kreisförmige, mit 18 correspondirenden Löchern versehenen Schienen t. verschiebbar ist, welche auf dem mittleren Rahmentheil festgeschraubt sind, wird derselbe mittelst des Durchstecknagels u. in der erforderlichen Lage festgehalten und hierdurch die Stellung der Schaare fixirt. Das Nähere über die Größenverhältnisse der einzelnen Theile des Werkzeugs ist aus den beigefügten Zeichnungen ersichtlich. Die Hauptstellung d. h. die Tiefe des Ganges des Exstirpators geschieht durch die mit Achsenträgern versehenen Gestellräder wie durch den an der Spitze des Rahmens befindlichen Regulator, während die Erhöhung oder Senkung der Schaare mittelst des Hebels vornehmlich dazu dient, etwaige Hindernisse bei der Arbeit leicht zu überwinden und den regelmäßigen Gang sofort wieder herzustellen. Neben der großen Sicherheit und Gleichmäßigkeit des Ganges ist als weiterer Vortheil des Colman'schen Exstirpators seine vielseitige Verwendbarkeit für die verschiedensten Zwecke hervorzuheben, in welcher Hinsicht ihm nur wenige derartige Werkzeuge gleichkommen. Hinsichtlich des Kraftaufwandes erfordert der 7schaarige Exstirpator die Bespannung von 3 starken Pferden, wogegen der 5schaarige, der in einem Zuge eine Fläche von etwas über 3 Fuß Breite bearbeitet, durch 2 Pferde ohne zu große Anstrengung gezogen werden kann. Der Preis von Colman's Exstirpator mit 5 Schaaren beträgt 7 *l.* 10 *s.* oder 50 Thlr., der 7schaarige dagegen 9 *l.* oder 60 Thlr. Für einen besondern Satz von 12 Schaaren zahlt man je nach der Größe: 10zöllige 3 Thlr., 6zöllige $2^1/_3$ Thlr. und 3zöllige 2 Thaler.

In Berücksichtigung der vorerwähnten Vorzüge verdient der 5schaarige Colman'sche Exstirpator auch für unsere Verhältnisse alle Beachtung. Seine Construction ist als eine durchaus sinnreiche und gelungene zu betrachten und erscheint namentlich auch dazu besonders geeignet, durch Uebertragung einzelner Theile desselben auf unsere heimischen derartigen Werkzeuge diese wesentlich zu verbessern.

Unter welchen Verhältnissen und für welche Zwecke ist der Exstirpator anwendbar?

Der englische Farmer zählt nächst Pflug, Egge und Walze, den Exstirpator zu den gewöhnlichsten Ackerwerkzeugen, was wohl am besten seinen hohen Werth und die allgemeine Verbreitung beweist. Auf dem verschiedensten Boden — vom leichten Sande bis zum zähen Thone — wird der Exstirpator für die gewöhnliche Ackerbestellung benutzt. Am meisten schätzt man seinen Gebrauch auf den mildern Bodenarten; keine oder doch nur sehr beschränkte Anwendung dagegen findet er auf Aeckern, die viele größere Steine enthalten, wie auf Grundstücken, die eine sehr unebene und abhängige Lage besitzen. Wegen der verhältnißmäßig großen Arbeitsleistung, wie der vortrefflichen Wirkung des Exstirpators bei der Bearbeitung der Felder nach entgegengesetzter Richtung, eignen sich hierzu am besten größere Flächen. Hierin ist es hauptsächlich begründet, daß dieses Werkzeug in größern und mittleren Gütern mit mehr Vortheil benutzt wird, als in kleinen Wirthschaften mit zerstückeltem Grundbesitz.

Unter den angegebenen Verhältnissen dient nun der Exstirpator für verschiedene Zwecke. Die Hauptaufgabe desselben besteht, wie schon der Name anzeigt, in dem Ausrotten des Unkrauts. Außerdem wird er für viele andere Arbeiten benutzt, namentlich zur Pulverung, Mischung und Vorbereitung der Saat-Aecker, zum Umbruch der Stoppelfelder ꝛc., wofür sonst der Pflug und die Egge gebraucht werden. Grade hinsichtlich der vielseitigen Verwendung ergiebt sich in den englischen Farms für uns manches Neue und Lehrreiche.

a) Gebrauch im Frühjahr.

Während des Frühjahrs wird der Exstirpator hauptsächlich für folgende Arbeiten verwendet.

1) Zur Vorbereitung der Saatäcker.

Für diesen Zweck gebraucht man das Werkzeug in verschiedenen Fällen. Ist der Acker bereits vor Winter zur vollen Tiefe gepflügt, und finden sich in den Pflugstreifen größere Schollen und Klöße, die durch die Egge schwer zu zerkleinern sind, so wird das Feld durch die Anwendung des Exstirpators im Frühjahr zur Saatbestellung vollständig vorbereitet. Es werden nicht nur die darin befindlichen harten Erdklöße zerbröckelt, sondern es erhält auch die ganze Ackerkrume eine gleichmäßige Lockerung und Zertheilung.

Einen ebenso zweckmäßigen Gebrauch macht man von ihm auf einem schon vor Winter tiefgepflügten Acker, der sich bis zur Bestellung im Frühjahr, namentlich in Folge starker Regen, wieder sehr festgesetzt hat und an der Oberfläche stark erhärtet ist. Durch die Bearbeitung mit dem Pfluge ließe sich nun zwar der Boden genügend lockern; dabei würde aber in einem trocknen Frühjahr viel Winterfeuchtigkeit verloren gehen, während das Land durch den Exstirpator die erforderliche Lockerung ohne einen zu großen Verlust an Feuchtigkeit erhält.

Noch beachtenswerther ist seine Anwendung für die letzte Zurichtung der Saatäcker in einem sehr nassen Frühjahre. In den meisten Fällen ist der Pflug nicht eher anzuwenden, als bis der Boden vollständig abgetrocknet ist, wodurch aber die Bestellung sehr verspätet werden würde. Anders ist es mit dem Exstirpator. Er lockert den selbst noch ziemlich nassen Boden in entsprechender Weise, liefert dabei in kurzer Zeit viel Arbeit und macht somit die Bestellung zur rechten Zeit möglich.

Die Benutzung des Exstirpators für diese Zwecke ist in Großbritannien ganz allgemein. So bestellt Mr. Blyth zu Burnham in Norfolk in seiner Wirthschaft, welche einen sandigen Lehmboden mit einer Kreide-Unterlage hat, die Gerste nach Turnips und Kartoffeln gewöhnlich in folgender Weise. Nach Aberntung der Hackfrüchte wird das Feld meist nur abgeeggt, darauf im Frühjahre zweimal mit dem Exstirpator bearbeitet und die Gerste gedrillt. Auf leichterem Boden hat diese Bestellungsart sich dermaßen bewährt, daß ihr Mr. Blyth den Vorzug giebt vor der mit Anwendung des Pfluges. Auch in andern Wirthschaften Norfolks, so auf dem Gute des Mr. Rolfe zu Sedgeford, des Mr. John Burgel zu Fring u. a., wo ein leichter Boden vorherrscht, gab die so bestellte Gerste ausgezeichnete Erträge.

Mr. James Porter zu Monymusk in Aberdeenshire *) führte auf einem sandigen Klaiboden hinsichtlich der Bestellung des Hafers und der Wicken, welche nach Turnips folgten, einen comparativen Versuch in der Weise aus, daß er einen Theil des Feldes durch den Pflug, den andern Theil dagegen durch den Exstirpator zur Saat vorbereitete. Das Ernteergebniß war folgendes:

Lfd. No.	Art der Bestellung.	Schweres Korn per acre Qrs.	Bshl	Pck.	Gewicht per Bushel ℔	Geringes Korn per acre Bshl	Pck	Gesammt-Körnerertrag per acre Qrs.	Bsh.	Pcks.	Stroh-Ertrag per acre Ctr.	℔
	Hafer:											
1.	durch den Pflug	3	2	—	37 ½	3	2	3	5	2	22	4
2.	d. den Exstirpator	3	5	—	38	4	—	4	1	—	26	—
	Wicken:											
3.	durch den Pflug	5	2	2	53	3	2	5	6	—	24	4
4.	d. den Exstirpator	5	5	—	53	4	—	6	1	—	28	—

Ausgedehnte Benutzung findet der Exstirpator für die Vorbereitung der Turnipsfelder. Sehr werthvolle Erfahrungen darüber machte Mr. Wilson zu Edington-Mains. Ein Acker mit torfiger Oberkrume und Sandunterlage hatte im Jahre 1849 nach zweijähriger Weide Hafer getragen. Nach der Ernte wurde das Feld seicht gepflügt und blieb in rauher Furche bis Anfang Mai folgenden Jahres liegen. Zu dieser Zeit wurden drei Viertel des Ackers zweimal in entgegengesetzter Richtung mit dem Exstirpator bearbeitet und hierauf ohne Weiteres mit Turnips bestellt. Der Rest des Stückes dagegen erhielt außer dieser Bearbeitung noch eine Pflugfurche. Das Resultat der Ernte war, daß das letztere Stück bei Weitem im Ertrag gegen denjenigen Theil des Ackers zurückstand, welcher im Frühjahr ausschließlich mit dem Exstirpator behandelt worden war.

Ein anderer Theil des für Turnips bestimmten Ackers mit sandigem Lehmboden wurde, mit Ausnahme von 4 acres,

*) Siehe Transactions of the Highland and Agric. Society of Scotland July 1853. — March. 1855. St. 351.

im Herbst gepflügt und im Frühjahre durch nochmaliges Exstirpiren zur Turnipssaat zubereitet. Jene 4 acres dagegen wurden versuchsweise im Herbst exstirpirt und im Frühjahre gepflügt. Es ergab sich, daß zur Zeit der Turnipssaat der im Herbst exstirpirte Acker am reinsten war und bei der Ernte die höchsten Erträge lieferte. Durch dieses günstige Resultat ermuntert, brachte Wilson diese Bearbeitungsweise auch auf Thonboden in Ausführung und hatte auch hier einen ganz befriedigenden Erfolg.

Nicht minder günstig zeigte sich die Wirkung des Exstirpators auf einem bereits zur Turnipssaat vollkommen zubereiteten Felde von sehr bindigem Boden, welches kurz vor der Bestellung durch einen starken Regen eine ganz schwammige Beschaffenheit angenommen hatte. Dieser Acker war nämlich im Herbst in Beete gepflügt und blieb bis zum Frühjahre in rauher Furche liegen. Durch ein zweimaliges Exstirpiren im Monat Mai und Anfang Juni war der Acker zur Turnipssaat vollständig vorbereitet. Jetzt trat ein sehr heftiger Regen ein, der den gelockerten Boden wie zu einem Kuchen zusammenschwemmte und die Aussaat unmöglich machte. Versuche, den Acker zu pflügen, mißlangen. Es wurde von Neuem zum Exstirpator gegriffen und durch ihn die für Turnips erforderliche Lockerung des Bodens aufs Vollständigste erreicht. Die Ernte gab einen reichen Ertrag.

Mr. James Porter stellte folgenden komparativen Versuch an. Der Acker wurde im Herbst gleichmäßig zur vollen Tiefe gepflügt und blieb während des Winters in rauher Furche liegen. Ein Theil desselben wurde im Frühjahre durch zweimalige Bearbeitung mit dem Exstirpator zur Turnipssaat vorbereitet, während auf dem anderen Theile die weitere Vorbereitung zur Saat durch den Pflug geschah. Die Ernte ergab per acre:

auf dem ausschließlich mit dem Pfluge vorbereiteten Turnipsfelde . . . . 290 Ctr.
auf dem mit dem Exstirpator bearbeiteten Stücke dagegen . . . . 360 Ctr.,

so daß sich also zu Gunsten der letzteren Bestellung ein Mehrertrag von 70 Ctr. Turnips per acre oder c. 46 Ctr. per Mgdb. Morgen herausstellt.

Nächst der Vorbereitung der Turnipsfelder hält Wilson das Bearbeiten des Landes mit dem Exstirpator für die Klee- und Grasansaat für sehr vortheilhaft. Ein Acker von trockenem torfigen Boden, der Turnips getragen hatte, war zur Grasansaat bestimmt. Zu diesem Zwecke sollte das Land im Frühjahre gepflügt und darauf sogleich ohne Ueberfrucht mit Grassamen besäet werden. Bei der anhaltend trockenen Frühjahrswitterung konnte jedoch nur ein Theil des Ackers so bearbeitet werden, während der Rest des Stücks durch zweimaliges Exstirpiren zur Ansaat vorbereitet wurde. Der Grassamen wurde auf den zuvor übereggten Acker gesäet und die nöthige Festdrückung und Erdbedeckung desselben durch die Croskill-Walze gegeben. Das ganze Feld blieb 3 Jahre zur Weide liegen. Es ergab sich ein merklicher Unterschied im Wachsthum der Gräser je nach der verschiedenen Vorbereitung des Ackers. Auf dem mit dem Exstirpator bearbeiteten Theil zeigten nämlich die Gräser ein viel üppigeres Wachsthum, was schon in dem dunkleren Grün der Blätter wahrnehmbar war. Auch wurden die Weidepflanzen auf diesem Theile viel lieber vom Vieh gefressen, als auf dem mit dem Pfluge bearbeiteten Stücke.

Durch diesen überraschend guten Erfolg wurde Wilson zu weiteren Versuchen veranlaßt, von denen hier nur noch einer erwähnt sei. Er verwendete hierzu 20 acres von leichter Bodenbeschaffenheit, welche Turnips getragen hatten. Die eine Hälfte dieses Ackers erhielt durch zweimaliges Exstirpiren die erforderliche Pulverung und Lockerung, während die andere Hälfte des Stücks mit dem Pfluge zur Saat vorbereitet wurde. Die Bestellung der Gerste und die Ansaat des Klee- und Grassamens geschah auf dem ganzen Felde zu gleicher Zeit und in derselben Weise. Es ergab sich auch in diesem Versuche, daß bei einem gleich hohen Gerste-Ertrage des ganzen Stückes die Klee- und Grassaat auf dem mit dem Exstirpator bearbeiteten Theile bei Weitem die auf der andern Hälfte übertraf. Wilson bringt jetzt in seiner Wirthschaft auf allen zur Weide-ansaat bestimmten Aeckern diese Bestellungsart in Ausführung, und ich habe mich bei meinem Besuche durch den vortrefflichen Stand seiner Klee- und Grasschläge von der Zweckmäßigkeit dieses Verfahrens überzeugt. Den Grund des günstigen Erfolgs findet Wilson darin, daß durch den Exstirpator die im Boden vorhandenen Düngerrückstände mehr zur Oberfläche kommen und in eine Lage gebracht werden, die das schnelle Keimen des feinen Grassamens und eine kräftigere Entwickelung der jungen Gräser befördern.

2. Zur Drillcultur.

Für die Drillcultur, sowohl zum Behacken der Reihensaaten wie zur Beschaffung der Rinnen, in welche der Samen gebracht wird, verwendet man in England den Exstirpator selten. Andere Werkzeuge — die Drillmaschine und die Pferdehacke sind für diese Zwecke in Anwendung. Der Exstirpator ist jedoch auch hierfür geeignet, sobald die Füße eine passende Stellung und die Schaare kleine Streichbretter erhalten. Das so vorgerichtete Werkzeug fand ich in den Wirthschaften des Mr. James Maok zu Upper-Keith, des Mr. Tennant zu Shields und des Mr. Wilson zu Edington-Mains in Gebrauch. Ich erwähne auch hierüber einzelne Erfahrungen des Mr. Wilson. Derselbe benutzte den Exstirpator auf strengem Thonboden zum Behacken der gedrillten Bohnen, und auf leichtern Bodenarten zur Bearbeitung der Kartoffeln. Er giebt dieser Arbeit den Vorzug vor der mit der gewöhnlichen Pferdehacke, weil dadurch nicht nur der Boden zu einer größern Tiefe gelockert, ohne die Pflanzen mit Erde zu bedecken, sondern auch das Unkraut vollständiger zerstört werde.

Bemerkenswerth ist ferner folgende Benutzungsart. Ein Feld mit mildem Lehmboden, welches vor Winter gepflügt worden war, ließ Wilson im Frühjahre durch zweimaliges Uebereggen ebnen und hierauf mit einem Exstirpator, dem man kleine Streichbretter gegeben hatte, überziehn. Auf die so mit Rinnen versehene Oberfläche des Ackers wurde die Gerste breitwürfig gesäet, durch einmaliges Uebereggen etwas mit Erde bedeckt und der Acker geebnet. Es wurde jetzt der Klee- und Grassamen gesäet und das Feld zum zweiten Male geeggt. Das Resultat dieser Bestellung übertraf die Erwartung. Es wurde nämlich nicht nur eine sehr reiche Ernte von Gerste erzielt, die sich durch ein volles und schweres Korn auszeichnete, sondern es zeigte sich auch ein ganz vortrefflicher, dichter Gras- und Kleebestand. Wilson ist der Meinung, daß durch diese Bestellungsweise die Vortheile der breitwürfigen und Drillsaat vereinigt würden. Es könne dabei an Aussaat gespart werden, die Körner würden in entsprechender Tiefe gleichmäßig untergebracht, und der dünnere Stand der Frucht gewähre den doppelten Vortheil, daß sowohl die Getreidefrucht sich vollkommner ausbilde und nicht so leicht lagere, wie auch, daß ein gleichmäßiges Aufkommen der untergesäeten Klee- und Grassaat dadurch gesichert werde.

3. Zur Unterbringung des Saatgetreides.

Für das Unterbringen des Saatgetreides wird in England von dem Exstirpator kein allgemeiner Gebrauch gemacht, da in der größeren Zahl von Gütern die Drillcultur eingeführt ist. Wo man jedoch das Getreide breitwürfig säet, benutzt man, der gleichmäßigeren Erdbedeckung wegen, meist den Exstirpator. Namentlich gilt dies von dem Sommergetreide, insbesondere der Gerste. Der im Herbst gepflügte Acker bleibt während des Winters in rauher Furche liegen, wird im Frühjahre geeggt, darauf das Getreide gesäet, mit dem Exstirpator untergebracht und schließlich noch einmal mit der Egge überzogen. Das Saatgetreide erhält dadurch eine entsprechende gleichmäßige Erdbedeckung, welche durch die Egge allein nur sehr unvollständig zu erlangen ist, indem viele Saatkörner dabei unbedeckt auf der Oberfläche des Ackers liegen bleiben. Wir finden dies namentlich auf denjenigen Feldern, die schon vor Winter die Saatfurche erhielten. Der Boden hat sich hier gewöhnlich wieder so festgesetzt, daß die Egge den Saatkörnern kaum eine oberflächliche Erdbedeckung gibt, viel weniger aber sie in einer der Getreideart, dem Boden und den Witterungs-Verhältnissen angemessenen Tiefe in den Boden bringt und überhaupt dem Acker eine wünschenswerthe Lockerung ertheilt. Diese Zwecke sind nun durch den Exstirpator, der sich zu der verlangten Tiefe stellen läßt, leicht und sicher zu erreichen. Bei der gleichmäßigen Bedeckung der Saatkörner ist zugleich eine Ersparniß an Saatgetreide möglich. Nach den in England gemachten Erfahrungen kann das Aussaatquantum, im Vergleiche zu der gewöhnlichen Unterbringung mit der Egge, um 1/8 bis selbst 1/6 ohne Nachtheil vermindert werden.

Hinsichtlich der für die Saatunterbringung geeignetsten Form der Schaare giebt man in England den breiten, gewölbten den Vorzug vor den schmalen keilförmigen; Schaare mit kleinen Streichbrettern versehen, hält man für die besten.

b. Gebrauch im Sommer.

Vor Allem leistet der Exstirpator bei der Brachbearbeitung vortreffliche Dienste. Bei einem umsichtigen Gebrauche lassen sich recht gut zwei Pflugfurchen ersetzen. Denn es handelt sich bei dieser Culturarbeit hauptsächlich um eine möglichst vollkommene Pulverung und Unkrautreinigung des Bodens, worin grade dieses Ackergeräth Vorzügliches leistet. Der Gebrauch des Exstirpators für diese Zwecke ist bei uns zu allgemein, als daß es nöthig wäre, hierauf speciell einzugehen. Nur Einzelnes sei erwähnt. Die Bearbeitung der Brachäcker mit strengem Lehmboden führt Mr. Wilson gewöhnlich in folgender Weise aus. Sobald im Frühjahr der Boden abgetrocknet ist, wird das Feld zur vollen Tiefe gepflügt, wonach es einige Zeit unberührt liegen bleibt. Das Land wird hierauf mit einer schweren Walze festgedrückt und in einer der Pflugfurche entgegengesetzten Richtung exstirpirt. Sehr großen Werth legt man auf die gleichzeitige Benutzung der Walze. Es wird dadurch der Boden nicht nur geebnet, so daß der Exstirpator nun um so gleichmäßiger und leichter arbeitet, sondern es werden auch die harten Erdklöße in den Boden so fest eingedrückt, daß sie bei dem folgenden Exstirpiren leicht zu zerkleinern sind. Durch wiederholte Anwendung des Grubbers und der Walze erhalten die Brachäcker eine ausgezeichnete Pulverung und Mischung. Außerdem wird hierdurch sowohl das Wurzel- wie das Samenunkraut vollständig zerstört. Der Unkrautsamen, welcher in den harten Erdschollen eingeschlossen ist, wird durch die Zerkleinerung derselben in eine für das schnelle Keimen geeignete Lage gebracht, so daß durch das folgende Exstirpiren die aufgelaufenen Unkrautpflanzen leicht zerstört werden. Als ich bei dem Besuche dieser Wirthschaft meine Verwunderung über den vortrefflichen Zustand der Brachfelder aussprach, versicherte Wilson, daß noch im Anfang des Sommers ein Theil seiner Brache sehr rauh und schollig gewesen sei. Er selbst habe auf diesen Feldern an einer günstigen Wirkung des Exstirpators gezweifelt. Seine Besorgniß sei jedoch grundlos gewesen, denn dem wiederholten Exstirpiren, Eggen und Walzen verdanke er mit verhältnißmäßig geringen Kosten die mürbe Beschaffenheit dieser Aecker.

Bei dem Gebrauche des Exstirpators im Sommer ist noch eine Verwendung desselben für die schon zur Turnipssaat vollständig gelockerten Aecker zu erwähnen. Hat sich nämlich zur Zeit der Aussaat seit der letzten Pflugfurche Unkraut eingestellt, so wird dieses durch den Exstirpator am schnellsten zerstört. Außer der raschen Ausführung dieser Arbeit mit geringen Kosten liegt der Vortheil im Vergleich zum nochmaligen Pflügen des Ackers, noch darin, daß dabei der Verlust an Bodenfeuchtigkeit möglichst vermieden wird.

Mit gleichem Nutzen ist der Exstirpator für die genügend vorbereiteten Rapsfelder zu gebrauchen, wenn auf denselben vor der Aussaat Unkraut aufgelaufen ist.

c. Gebrauch im Herbst.

1. Zur Winterbestellung und zum Unterbringen der Saat.

Zur Vorbereitung der Wintersaat gebraucht man den Exstirpator häufig. Namentlich gilt dies von der Winterfrucht-Bestellung nach Kartoffeln und Turnips, seltener nach Bohnen. Gleich nach der Ernte der Kartoffeln wird das Kraut abgerecht, das Land darauf zweimal exstirpirt, geeggt und der Weizen sofort gedrillt. Wilson hatte mehrfache Gelegenheit, den Erfolg der so bestellten Winterfrucht mit solcher zu vergleichen, wo der Pflug anstatt des Exstirpators in Anwendung gekommen war. So wurden im verflossenen Jahre zwei größere, nebeneinander liegende Ackerstücke, wovon das eine Kartoffeln, das andere Bohnen getragen hatte, zur Weizensaat bestimmt. Das Kartoffelland erhielt die vorher angegebene Bearbeitung durch den Exstirpator, während das Bohnenfeld nur zur Hälfte so vorbereitet, die andere Hälfte aber auf Beete gepflügt wurde. Die Ernte war auf dem ganzen Weizenacker befriedigend, am reichsten nach Kartoffeln, etwas geringer nach Bohnen, wobei aber der Ertrag auf dem exstirpirten Theile eben so groß als auf dem gepflügten Stücke war.

Nächst diesem wird der Exstirpator auf leichtern Bodenarten zur Unterbringung des Wintersaatgetreides mit gutem Erfolge benutzt. Ich fand dies Verfahren in der Grafschaft Norfolk in den Wirthschaften des Mr. Rolfe zu Sedgeford, des Mr. Wright zu Fring und anderen. Man hat hier die Erfahrung gemacht, daß die Winterfrucht bei der gleichmäßigeren und tiefern Erdbedeckung weniger von ungünstiger Witterung leidet, sich besser bestockt und höhere Erträge liefert, als das mit der Egge untergebrachte Saatgetreide. Der Acker wird nur einmal gepflügt, das Getreide auf die mit der Egge geebnete Saatfurche gesäet, mit dem Exstirpator untergebracht und schließlich noch einmal übereggt. Auf schwerem bindigem Boden dagegen hat sich diese Bestellungsweise nicht bewährt.

2. Zum Umbruch der Stoppeln und zur Reinigung des Landes von Unkraut.

Der Herbst ist ohne Zweifel diejenige Jahreszeit, wo sich die verschiedensten Wirthschaftsarbeiten am meisten drängen, und wo es ganz besonders darauf ankommt, in kurzer Zeit viel zu leisten. Die Wintersaaten sind zu bestellen, die Hackfrüchte und der zweite oder dritte Klee- und Grasschnitt zu ernten, das Saatkorn zu dreschen, die Stoppelfelder umzubrechen u. s. w. Unter diesen Arbeiten erfordert nun der Umbruch der Stoppeln vor Allem viel Zeit und Arbeitskraft. Grade hierzu ist der Exstirpator vortrefflich geeignet, indem er, im Vergleich zum Pfluge das Vier- und Fünffache leistet. In Großbritannien ist sein Gebrauch für den Stoppelumbruch auf den verschiedensten Bodenarten von leichtem Sande bis zum schweren Thon sehr verbreitet. Auf leichterem Boden wird er sogar zum Umbruch der einjährigen Klee- und Grasfelder benutzt. Seine schnelle Arbeitsleistung macht es möglich, die Bearbeitung der Stoppelfelder in kürzester Zeit nach der Ernte zu beenden *).

Der Stoppelumbruch soll möglichst seicht geschehen; weil dann sowohl die bei der Ernte ausgefallenen Körner schnell auflaufen, wie auch die Stoppel- und Wurzelrückstände an die Oberfläche gebracht werden, die nun leicht durch das darauf folgende Eggen und Walzen von der daran haftenden Erde zu befreien sind. Bei der verhältnißmäßig großen Menge dieser Rückstände, deren Zersetzungproducte Pflanzennahrung sind, sollte in der That mehr Gewicht hierauf gelegt werden, als es gewöhnlich geschieht. Die Zersetzung dieser Pflanzenreste geht nämlich nur sehr langsam und unvollkommen von Statten, wenn dieselben mit fest daran haftender Erde wieder in den Boden gebracht werden, während sie, von der Erde befreit, bei dem nächsten Pflügen in eine solche Lage in den Boden kommen, wo Luft, Wärme und Feuchtigkeit gleichmäßig darauf einwirken und ihre vollständige Zersetzung beschleunigen. Diesen Anforderungen entspricht nun der Exstirpator, weil er in seiner neueren Construction die Oberfläche des Bodens gleichmäßig in einer genau zu bestimmenden Tiefe aufbricht, wohingegen das Umwenden des Erdstreifens, wie es der Pflug verrichtet, für diesen Zweck eher nachtheilig wie vortheilhaft ist.

*) Auf dem zur Poppelsdorfer Lehranstalt gehörigen Gute, welches einen mäßig gebundenen Lehmboden besitzt, sind bereits seit 3 Jahren sowohl sämmtliche Stoppeläcker wie auch die einjährigen Kleefelder durch den Exstirpator mit dem besten Erfolge umgebrochen worden. Selbst bei der anhaltenden Trockenheit dieses Jahres (1857) konnte der Umbruch der Kleestoppel auf diese Weise bewirkt werden.

Der Hauptgewinn des Stoppelumbruchs durch den Exstirpator besteht somit in der beträchtlichen Zeit- und Arbeitsersparniß. Außerdem aber ergeben sich noch folgende beachtenswerthe Vortheile:

Erstens wird der Boden bei dem so rasch nach der Ernte beendeten Stoppelumbruch den günstigen Einflüssen der trocknen und warmen Witterung im August und September ausgesetzt. Der Körnerausfall, wie auch der Unkrautsamen werden zu dieser Zeit schnell keimen, kräftig fortwachsen und beim spätern Unterpflügen zur Düngung des Ackers beitragen.

Zweitens wird dadurch eine rechtzeitige, gute Bestellung der Winterfrüchte erleichtert. Es gilt dies besonders in den Fällen, wo eine zweifurchige Beackerung erforderlich ist. Für die Winterbestellung ist es bekanntlich von sehr wohlthätigem Einfluß, weder die Saatfurche schnell auf den ersten Umbruch folgen zu lassen, noch den Acker nach der letzten Furche sogleich zu besäen, damit sowohl der Körnerausfall vollständig auslaufe, wie auch der Saatacker sich wieder setze. Beides wird durch den frühzeitigen, schnellen Stoppelumbruch erleichtert. Es gilt dies besonders von der Weizensaat nach Hülsenfrüchten, und von der Bestellung der Winterwicken nach Weizen.

Noch erheblicher ist der Vortheil bei der Weizenbestellung auf einjährigen Klee- und Grasfeldern. Der Umbruch derselben ist nämlich auf nicht zu gebundenen Bodenarten mittelst des Exstirpators möglich. Die seicht abgeschälte Kleegras-Narbe wird durch tüchtiges Eggen und Walzen gehörig zerkleinert, dadurch die reichen Wurzelrückstände von der daran haftenden Erde befreit, und der Acker durch einmaliges tiefes Pflügen zur Saat aufs Beste vorbereitet. Auf leichterem Boden verdient diese Bestellungsweise vor der dreifurchigen, ganz abgesehn von der Zeit- und Arbeits-Ersparniß, schon deshalb den Vorzug, weil hier ein mehrmaliges Pflügen und eine zu starke Lockerung nachtheilig ist.

Drittens wird dadurch die Reinhaltung der Felder von Unkraut, diese Hauptbedingung eines jeden erfolgreichen Ackerbaues, wesentlich befördert. Man kann dem englischen Farmer das Zeugniß nicht versagen, daß er auf's Eifrigste bemüht ist, dieser Anforderung zu entsprechen *). In dem Exstirpator erkennt er nun eines der wirksamsten Mittel zur Reinigung der Aecker, und macht für diesen Zweck die ausgedehnteste Anwendung davon. In verschiedener Weise bewirkt dieses Werkzeug die Zerstörung des Unkrauts. Wie bereits erwähnt, wird in Folge der besseren Zerkrümelung des Bodens mittelst dieses Werkzeuges der in den Erdklößen befindliche Unkrautsamen zum Keimen gebracht, und bei der nächsten Bearbeitung des Landes zerstört. Nicht minder wirksam zeigt sich der Exstirpator zur Reinigung der Felder, welche mit hochgewachsenem Unkraut bedeckt sind, weil in seiner neuern Construktion mit verhältnißmäßig hohen Füßen und einer weitern Stellung derselben, dem Verstopfen des Instruments durch die aus dem Boden gerissenen Unkrautpflanzen vorgebeugt ist. Die Ausrottung des Unkrauts geschieht hierdurch sogar besser

*) Wir finden unter den Preisfragen für das Jahr 1854, welche die Königliche Landwirthschafts-Gesellschaft für England gegeben hat, die zweckmäßigste Methode, das Unkraut zu vertilgen, oben angestellt.

Ein weiterer Beweis ist die in vielen Wirthschaften Englands im Großen ausgeführte Reinigung der Aecker durch Handarbeit. Ich fand dies Verfahren in den Wirthschaften des Mr. Crisp zu Gedgreve bei Orford in Suffolk, des Mr. Beasely zu Overstone bei Northampton und des Mr. Sydney Evershed zu Albany bei Guildford. Das Ausstechen des Wurzelunkrautes mittelst kleiner Spaten und Gabeln geschieht hauptsächlich nur auf Feldern von sehr leichter sandiger Bodenbeschaffenheit. Diese Arbeit wird durch Kinder und Frauen verrichtet, und zwar betragen die Kosten dafür, je nach dem Zustande des Ackers, per acre von 6 *d.* bis 10 *s.* (per Mgdb. Morgen von 3 Sgr. 6 Pf. bis 2 Thlr. 6 Sgr. 6 Pf.). Auf meine Frage, ob das Unkraut nicht durch den Exstirpator eben so sicher zerstört werden könne, ward mir als erheblicher Nachtheil eines solchen Verfahrens für den leichten Boden die zu starke Lockerung desselben hervorgehoben. Man bemerkte ferner, daß der durch Handarbeit gereinigte Acker so wenig wie möglich gepflügt zu werden brauche und schon dadurch die Kosten des Unkraut-Ausstechens mehr als gedeckt würden. Außerdem aber sei der wenig gelockerte leichte Boden bei Weitem ertragsfähiger. Gewiß ist dies Verfahren für manche deutsche Wirthschaft mit leichtem Sandboden beachtenswerth.

und vollständiger als durch den Pflug. Ich erwähne hierfür ein Beispiel aus Mr. Wilson's Wirthschaft. Auf einem Kartoffelfelde, welches in Folge der stark aufgetretenen Krankheit zeitig geerntet wurde, hatte das Unkraut außerordentlich überhand genommen. Ein Theil dieses Ackers wurde in entgegengesetzter Richtung zweimal erstirpirt. Die Unkrautwurzeln kamen dadurch an die Oberfläche, wurden durch Eggen und Walzen von der daran haftenden Erde befreit, mit dem gewöhnlichen Heurechen zusammengeschleppt und abgefahren. Den Rest des Stückes dagegen bearbeitete man mit dem Pflug, der nur wenige Unkrautwurzeln zur Oberfläche brachte, die meisten zerriß und im Boden vergrub. Auch hier wurde das Unkraut, so gut es ging, fortgeschafft. Es ergab sich im Frühjahr, daß durch den Erstirpator die Reinigung des Landes möglichst vollständig erreicht war, wohingegen der gepflügte Acker sich noch in verunkrautetem Zustande befand.

Durch den möglichst schnellen Umbruch der Stoppeln mittelst des Erstirpators nach der Ernte wird ferner das Ueberhandnehmen der Wurzelunkräuter verhindert. Das Unkraut bleibt nämlich, so lange die Früchte den Boden bedecken, mit den Wurzeln nahe an der Oberfläche, während es nach der Ernte, wenn das Land unbearbeitet liegt, in der kürzesten Zeit sich außerordentlich vermehrt, namentlich auch seine Wurzeln tiefer in den Boden treibt. Von vielen englischen Landwirthen sind hierüber sehr sorgfältige Beobachtungen angestellt, die alle das überraschend schnelle Ueberhandnehmen der Wurzelkräuter nach der Ernte bestätigen.

Wird nun der Erstirpator sogleich, nachdem die Früchte das Feld geräumt haben, zum Umbruch der Stoppeln angewendet, so gelangen dadurch die Unkrautwurzeln möglichst vollständig an die Oberfläche und werden mit Hülfe der Egge und Walze leicht zerstört. Es erklärt sich hieraus, wie mit jedem Tage, welchen die Stoppeln länger liegen, die Schwierigkeit der Reinigung des Landes zunimmt.

Nasse Witterung und feuchter Boden befördern ungemein das Wuchern des Wurzelunkrautes; nichts aber schadet mehr, als die Bearbeitung des Landes in nassem Zustande mit dem Pfluge. Es bleiben alsdann die Unkrautwurzeln, mit einer dichten Erdschicht umgeben, in der Ackerkrume und finden in dem aufgepflügten Boden neue Nahrung. Bei einer etwas tiefern Bearbeitung des Landes, als für den Stoppelumbruch üblich ist, wird der Nachtheil noch größer, weil dann die Unkrautwurzeln nicht nur vor der zerstörenden Wirkung des Frostes geschützt sind, sondern auch bei nur einigermaßen günstiger Witterung um so eher neue Faserwurzeln durch die Erdmasse treiben. Wird dagegen das Wurzelunkraut durch den Exstirpator zur Oberfläche gebracht und von der anhaftenden Erde befreit, so kann man sicher auf dessen Zerstörung rechnen. Entweder stirbt es bei trockener Herbstwitterung bald nach der Bearbeitung des Landes ab, oder es geht durch die Witterungseinflüsse des Spätherbstes und Winters zu Grunde. Die Herren Tennant, Wilson, Miles u. A. haben wiederholt beobachtet, daß unter den angegebenen Verhältnissen das Unkraut zu dieser Zeit sicherer zerstört wird, als selbst im Sommer. Sie finden den Grund dieser Erscheinung in der geringen Lebenskraft der Pflanzen zur Zeit des Spätherbstes und Winters, wo die Unkrautwurzeln den Witterungseinflüssen, insbesondere dem Zutritt der Luft, nicht zu widerstehen im Stande seien. In der kräftigen Wachsthumsperiode des Sommers dagegen treibe selbst das kleinste Wurzelstück, in Berührung mit lockerer Erde, sogleich neue Faserwurzeln und wachse üppig fort. Diese Ansicht hat allerdings viel für sich und die Erfahrung steht ihr zur Seite.

So wurde in Mr. Wilson's Wirthschaft ein verunkrautetes Feld mit einem sandigen Lehmboden gleich nach der Ernte zweimal exstirpirt und tüchtig geeggt. Der eine Theil desselben, welcher noch im Herbst gedüngt werden sollte, wurde der schnellen Reinigung wegen zum drittenmale exstirpirt, wieder geeggt und das Unkraut fortgeschafft. Sodann ward der Dünger aufgefahren und noch im Spätherbst untergepflügt. Der andere Theil des Ackers erhielt dagegen außer dem zweimaligen Exstirpiren keine weitere Bearbeitung. Im Frühjahre ergab sich, daß die von der Erde befreiten Unkrautwurzeln durch die Einwirkung der Herbst- und Winterwitterung vollständig zerstört waren und untergepflügt werden konnten.

Die umfassendsten Erfahrungen während eines Zeitraums von 10 und mehr Jahren hat Mr. Tennant zu Shields hierüber gemacht. Es ist ihm gelungen, durch die ausschließliche Benutzung dieses Verfahrens den unkrautwüchsigen Boden seiner Wirthschaft in einen bewunderungswürdig reinen Zustand zu bringen. Als Bedingung der sichern Unkrautzerstörung durch den Exstirpator gilt aber, daß das Wurzelunkraut, von der anhaftenden Erde befreit, auf der Oberfläche des Bodens der Einwirkung der Witterung ausgesetzt ist. Dieses läßt sich nun leichter auf einem mehr sandigen, als auf strengem, bindigen Boden erreichen. Bei anhaltend nasser Herbstwitterung ist sogar auf Thonboden dieser Anforderung nicht zu entsprechen. In diesem Falle wurde in einzelnen Wirthschaften Großbritanniens, namentlich auf dem Gute des Marquis von Tweeddale zu Yester, des Mr. Grey zu Dilston und andern, die Reinigung des Ackers von Unkraut durch das sogenannte Doppelpflügen erreicht. Hierdurch wird das in der Oberfläche des Landes befindliche Wurzelunkraut in eine solche Tiefe in den Boden gebracht, daß dasselbe in Folge des behinderten Luftzutritts umkommen muß.

In allen andern Fällen, auf leichtem Boden und bei trockner Witterung, ist auf einem sehr verunkrauteten Felde allerdings ein wiederholtes Exstirpiren und Eggen erforderlich, dann aber auch die Wirkung sicher. Man könnte den Einwand machen, daß durch die Wiederholung dieser Arbeiten die Kosten sehr beträchtlich würden. Diese Besorgniß schwindet jedoch, wenn wir berücksichtigen, daß dieselbe Fläche mit geringerer Arbeitskraft mindestens dreimal exstirpirt, als einmal gepflügt werden kann. Bei den günstigen Erfolgen der Bearbeitung der Aecker vor Winter mittelst des Exstirpators, drängt sich uns die Frage auf, ob es überhaupt nicht zweckmäßiger sei, die Felder vor Winter zu exstirpiren, anstatt mit dem Pfluge zu bearbeiten. Es ist hierbei auf die Beschaffenheit des Ackers insbesondere auf dessen Reinheit von Unkraut Rücksicht zu nehmen. Sind die Felder sehr verunkrautet, und ist die Zerstörung des Unkrauts während des Herbstes nicht zu erlangen, so verdient das Exstirpiren unbedingt den Vorzug vor der gewöhnlichen Bearbeitung des Landes mit dem Pfluge, weil im letzteren Falle die Vermehrung des Unkrauts zu befürchten steht. Auf unkrautreinen Feldern, oder da, wo die Reinigung der Aecker im Herbst durch den Exstirpator oder andere Mittel gelingt, sollte dagegen eine tiefe Bearbeitung des Landes vor Winter nicht unterbleiben. Die günstige Einwirkung des Frostes auf den tief gelockerten Boden trägt, wie bekannt, in verschiedener Hinsicht zur größern Fruchtbarkeit desselben bei. Namentlich gilt dies von Feldern mit sehr bindigem Boden.

Beim Rückblick auf den vielseitigen Gebrauch des Exstirpators leuchtet es ein, daß derselbe nicht nur in einer beträchtlichen Ausdehnung die Pflugarbeit ersetzen kann, sondern selbst in manchen Fällen den Pflug in seiner Wirkung übertrifft. Dazu kommt die erhebliche Arbeitsersparniß. Man rechnet in England für Wirthschaften mit leichten Bodenarten, daß die für die Ackerbestellung erforderlichen Spannkräfte durch den häufigen Gebrauch des Exstirpators mindestens um ein Sechstel vermindert werden können. Für strenge Bodenarten schätzt man seinen Werth noch höher, weil dadurch die Einschränkung der reinen Brache erleichtert werde. Ich habe aus dem Munde vieler Farmer gehört, daß sie den lohnenden Anbau der Brachfrüchte auf dem strengen Thon- und Lehmboden hauptsächlich der Einführung und vielseitigen Benutzung des Exstirpators verdanken. Auch die dadurch erleichterte frühzeitige Bearbeitung und Bestellung des Feldes, deren Folge eine frühere und meist reichere Ernte ist, werden in ihrer vollen Bedeutung erkannt. Man darf es daher dem englischen Farmer nicht verdenken, wenn er diesem Werkzeug das reichste Lob spendet; denn durch die ergiebigen Ernten von Brachfrüchten wird die kräftige Ernährung eines zahlreichen Viehstandes ermöglicht, die Düngerproduction gesteigert und dadurch der Ertrag an Getreidefrüchten erhöht.

Vortheile einer ausgedehnteren Benutzung des Exstirpators in deutschen Wirthschaften.

Der Satz, daß die Arbeit eines Werkzeugs um so billiger wird, je vielseitiger seine Verwendung ist, hat für den Exstirpator die vollste Geltung. Außerdem fordert dieses Geräth bei der Führung keine sonderliche Fertigkeit und leistet gute und verhältnißmäßig viel Arbeit. Dies sind die Hauptgründe für den allgemeinen Gebrauch des Exstirpators in Großbritannien. In Deutschland dagegen hat derselbe bis jetzt noch lange nicht eine allgemeine Verbreitung erhalten. Es giebt viele Gegenden unseres Vaterlandes, wo dies Geräth noch sehr wenig gekannt ist, und selbst denjenigen Wirthschaften, wo wir uns desselben bedienen, gegenüber, zeigen uns die Engländer noch manche nachahmungswerthe Verwendung. Unter den Vortheilen stellen wir die Arbeitsersparniß in die erste Reihe, deren beträchtliche Höhe an bestimmten Beispielen nachgewiesen werden soll.

In der Wirthschaft des Mr. Wilson besteht auf dem größeren Theile der Felder mit mildem Lehmboden folgender Turnus:

1) Turnips;
2) Gerste mit Klee- und Grassamen;
3) Kleegrasgemenge;
4) desgl.;
5) Hafer.

Ein Schlag erhielt während dieses fünfjährigen Umlaufs folgende Bestellung: Nach der Turnipsernte wurde das Feld zunächst zweimal in entgegengesetzter Richtung exstirpirt, geeggt und gewalzt, worauf der Acker zum drittenmale mittelst eines mit kleinen Streichbrettern versehenen Exstirpators überzogen und die Gerste und der Kleesamen gesäet wurden. Der Gerste-Ertrag war eben so gut, als auf dem angrenzenden, mit dem Pfluge bearbeiteten Felde, während die Klee- und Grassaat die auf dem gepflügten Acker bei Weitem übertraf. Der Acker blieb nun 2 Jahre zur Weide liegen, worauf Hafer folgte. Die Vorbereitung zur Hafersaat wurde gleichfalls hauptsächlich durch den Exstirpator gegeben. Das Land erhielt nämlich nur eine Pflugfurche, und eben so wurde für die Turnipsbestellung nur einmal gepflügt, alle weitere Vorbereitung aber mit dem Exstirpator verrichtet. Auch die Hafer- und Turnipsernte war durchaus befriedigend. Dieser Schlag hatte also während fünf Jahre nur zwei Pflugfurchen erhalten, wobei sich derselbe am Schlusse des Turnus in einem unkrautreinen, vortrefflichen Zustande befand.

Mr. Tennant zu Shields *), giebt folgenden Kosten-Ueberschlag der Reinigung und Vorbereitung eines verunkrauteten Feldes für die Turnipssaat, sowohl nach seinem Verfahren, wie nach der sonst in England üblichen Weise:

a) Kosten der gewöhnlichen Unkrautreinigung und Vorbereitung des Ackers für Turnips per acre:

1) Umbruch der Stoppeln durch den Pflug	— *l.*	10 *s.*	— *d.*
2) Zweimal den Acker im Frühjahre zu exstirpiren à 2 *s.*	— „	4 „	— „
3) Dreimal den Acker doppelt zu eggen .	— „	5 „	— „
4) Das Unkraut abzurechen	— „	5 „	— „
5) Zweimal im Frühjahr zu pflügen à 10 *s.*	1 „	— „	— „
6) Für das Eggen und Walzen	— „	5 „	— „
Im Ganzen per acre	2 *l.*	9 *s.*	— *d.*

oder per Mgdb. Morgen 10 Thlr. 26 Sgr. 8 Pf.

b) Kosten der Ackerbestellung nach Mr. Tennant's Methode per acre:

1) Umbruch der Stoppeln durch den Exstirpator	— *l.*	2 *s.*	— *d.*
2) Zweimal zu eggen im Herbst	— „	2 „	— „
3) Zweimal im Frühjahr zu pflügen à 10 *s.*	1 „	— „	— „
4) Für das Eggen und Walzen	— „	5 „	— „
Im Ganzen per acre	1 *l.*	9 *s.*	— *d.*

oder per Magdb. Morgen 6 Thlr. 15 Sgr. 4 Pf.

*) Siehe British Farmers Magazine, January 1853. p. 440.

Es ergiebt sich hiernach zu Gunsten der letztern Ackerbestellung per Morgen eine Ersparniß von 4 Thlr. 13 Sgr. 4 Pf. Zu der Kostenberechnung von Mr. Tennant's Cultur-Verfahren muß jedoch bemerkt werden, daß ein einmaliges Exstirpiren im Herbst in manchen Fällen, namentlich auf bindigen Bodenarten nicht genügen wird, um dem Acker die erforderliche Lockerung zu geben und die Unkrautwurzeln vollständig zur Oberfläche zu bringen. Werden daher die Kosten für ein zweites Exstirpiren mit in Rechnung gesetzt, so beläuft sich die Gesammtausgabe per acre auf 1 *l.* 11 *s.* oder per Magd. Morgen auf 6 Thlr. 26 Sgr. 6 Pf. und die Ersparniß per Morgen beträgt immer noch 4 Thlr. Da wir nun aber eine vollständige Reinigung der Felder von Unkraut bei diesem Verfahren mit Sicherheit annehmen dürfen, so ist dieser Gewinn ausnehmend hoch. Ja selbst noch in dem Falle, wenn man aus Besorgniß das durch den Exstirpator an die Oberfläche gebrachte Unkraut abrecht und fortschafft, zeigt sich Mr. Tennant's Beackerung im günstigen Lichte. Denn werden für diese Arbeit, wie in obiger Berechnung 5 *s.* per acre angesetzt so bleibt per Morgen ein Gewinn von 2 Thlr. 26 Sgr. 8 Pf., der groß genug ist, um uns zu dieser Bestellungsweise aufzumuntern.

Wie viel Arbeitskraft durch die ausgedehnte Benutzung des Exstirpators in einer größern Wirthschaft erspart werden kann, dafür diene folgendes Beispiel. Zu diesem Zwecke ist zunächst die zur gewöhnlichen Ackerbestellung erforderliche Spannarbeit und dann die bei Benutzung des Exstirpators nöthige zusammenzustellen; dabei lassen wir diejenigen Arbeiten außer Rechnung, welche in beiden Bestellungsweisen sich gleich bleiben. Gesetzt, das Gut habe 700 Morgen Ackerland von mildem Lehmboden und werde nach folgender siebenschlägigen Fruchtfolge bewirthschaftet:

1) ½ Brache, ½ Futterroggen und Wickfutter.
2) Winterölfrucht.
3) Wintergetreide.
4) Hackfrüchte (Kartoffeln und Runkelrüben).
5) Sommerhalmfrucht mit Klee.

6) Klee.
7) Wintergetreide.

Die den folgenden Berechnungen zu Grunde liegenden Arbeitssätze per Tag sind:

1) Pflügen mit 2 Pferden . . .	2	Mgdb.	Morgen
2) Eggen, mit einem Pferde einmal zu überziehen	10	"	"
3) Walzen mit 2 Pferden . . .	15	"	"
4) Exstirpiren mit 2 Pferden . .	8	"	"

A. Spannarbeit-Bedarf bei der gewöhnlichen Bestellung.

Erster Schlag	50 Morgen Brache:			
	4mal zu pflügen . .	200	Pferdetage.	
	8mal zu eggen . .	40	"	
	3mal zu walzen . . .	20	"	
	25 Morgen Futterroggen			
	2mal zu pflügen. . .	50	"	
	4mal zu eggen . . .	10	"	
	25 Morgen Wickfutter			
	2mal zu pflügen . .	50	"	
	3mal zu eggen . . .	7	"	
	1mal zu walzen . .	3	"	
				380
Zweiter Schlag:	100 Morgen Winterölfrucht, und zwar:			
	50 Morgen in Brache, wofür die Bearbeitungskosten bereits bei Schlag I. berechnet sind.			
	50 Morgen nach Futterroggen und Wickfutter.			
	2mal zu pflügen	100	Pferdetage.	
	4mal zu eggen .	20	"	
	1mal zu walzen .	7	"	
				127
			Latus	507

			Pferdetage.
		Transport	507
Dritter Schlag: 100 Morgen Wintergetreide.			
2mal zu pflügen	200 Pferdetage.		
4mal zu eggen .	40 "		
1mal zu walzen	13 "		253
Vierter Schlag: 100 Morgen Hackfrüchte.			
3mal zu pflügen	300 Pferdetage.		
5mal zu eggen .	50 "		
2mal zu walzen	26 "		376
Fünfter Schlag: 100 Morgen Sommergetreide.			
2mal zu pflügen	200 Pferdetage.		
3mal zu eggen .	30 "		
1mal zu walzen	13 "		243
Sechster Schlag: 100 Morgen Klee.			
Siebenter Schlag: 100 Morgen Wintergetreide.			
3mal zu pflügen	300 Pferdetage.		
6mal zu eggen	60 "		360
		Summa der Pferdetage	1739

B. Spannarbeit-Bedarf bei Benutzung des Exstirpators:

			Pferdetage
Erster Schlag: 50 Morgen Brache.			
3mal zu exstirpiren	37 Pferdetage		
2mal zu pflügen	100 "		
8mal zu eggen	40 "		
4mal zu walzen	26 "		
50 Morgen Futterrogen und Wickfutter.			
1mal zu exstirpiren	12 "		
1mal zu pflügen	50 "		
4mal zu eggen	20 "		
1mal zu walzen	7 "		292
		Latus	292

			Pferdetage.
		Transport	292
Zweiter Schlag: 100 Morgen Winterölfrucht, davon: 50 Morgen in der Brache. 50 Morgen nach Futterroggen und Wickfutter.			
	2mal zu exstirpiren	25 Pferdetage	
	1mal zu pflügen	50 "	
	4mal zu eggen .	20 "	
	1mal zu walzen	7 "	
			102
Dritter Schlag: 100 Morgen Wintergetreide.			
	1mal zu exstirpiren	25 Pferdetage	
	1mal zu pflügen	100 "	
	4mal zu eggen .	40 "	
	1mal zu walzen	13 "	
			178
Vierter Schlag: 100 Morgen Hackfrüchte.			
	2mal zu exstirpiren	50 Pferdetage	
	2mal zu pflügen	200 "	
	5mal zu eggen .	50 "	
	2mal zu walzen .	26 "	
			326
Fünfter Schlag: 100 Morgen Sommergetreide.			
	3mal zu exstirpiren	75 Pferdetage	
	4mal zu eggen .	40 "	
	2mal zu walzen	26 "	
			141
Sechster Schlag: 100 Morgen Klee.			
Siebenter Schlag: 100 Morgen Wintergetreide.			
	2mal zu exstirpiren *)	50 Pferdetage	
	2mal zu pflügen .	200 "	
	5mal zu eggen .	50 "	
	1mal zu walzen .	13 "	
			313
		Summa der Pferdetage	1352

*) Wir haben bei dieser Winterfruchtbestellung angenommen, daß der

A. Zahl der Pferdetage bei der gewöhnlichen Bestellung 1739.
B. Zahl der Pferdetage bei Anwendung des Exstirpators 1352.

Aus den vorstehenden Arbeitsberechnungen ergiebt sich, daß zur Ackerbestellnng mit Benutzung des Exstirpators 387 Pferdetage weniger gebraucht werden, welche, den Pferdetag zu 25 Sgr. angenommen, einen Geldwerth von 322 Thlr. 15 Sgr. haben.

Bei einer nähern Prüfung der einzelnen Posten der aufgestellten Rechnung wäre höchstens Anstoß zu nehmen: 1) an dem nur einmaligen Exstirpiren der 50 Morgen Wintergetreidestoppeln des Schlages I. für Futterroggen und Wickfutter, wie der 100 Morgen Rapsstoppeln des Schlages III. für Wintergetreide, und 2) an der ausschließlichen Vorbereitung des Schlages V mit dem Exstirpator. Diese Einwendungen erscheinen jedoch nach den englischen Erfahrungen unbegründet; denn mit Ausnahme des sehr strengen und verunkrauteten Bodens, hat sich ein einmaliges Exstirpiren beim Stoppelumbruch als genügend erwiesen, und ebenso ist die ausschließliche Vorbereitung der Sommergetreidesaat mit dem Exstirpator nach tiefcultivirten Hackfrüchten von befriedigendem Erfolge gewesen. Nehmen wir aber selbst ein zweimaliges Exstirpiren beim Stoppelumbruch und ein einmaliges Pflügen für die Sommerfruchtbestellung an, so bleibt immer noch eine erhebliche Ersparniß an Arbeitskraft. Es sind nämlich erforderlich:

1) 150 Morgen zum zweitenmale zu exstirpiren	37 Pferdetage
2) 100 Morgen für Sommerfrucht 1mal zu pflügen	100 "
zusammen	137 Pferdetage.

Umbruch der Kleestoppeln mit dem Pfluge geschieht. Durch das darauf folgende zweimalige Exstirpiren und Eggen wird eine vollständige Zertheilung der Kleenarbe erlangt, so daß nun durch die zweite Pflugfurche die von der Erde befreiten Kleewurzeln in eine für die gleichmäßige Zersetzung günstige Lage in den Boden gebracht werden. Nach den in England gemachten Erfahrungen, welche sich in dem zur Poppelsdorfer Lehranstalt gehörigem Gute vollständig bewährt haben, hätte auf leichteren Boden der Umbruch der Kleestoppeln durch den Exstirpator angenommen werden können. Es wäre in diesem Falle nur ein einmaliges Pflügen erforderlich gewesen, wobei eine noch viel erheblichere Arbeitsersparniß sich ergeben hätte.

Bei der Anwendung des Pfluges auf Schlag V. für die Sommerfrucht genügt nun aber ein *zweimaliges* Exstirpiren, so daß 25 Pferdetage für das in der Berechnung angenommene *dritte* Exstirpiren in Abzug zu bringen sind. Durch diese Abänderungen in der Bearbeitung der Aecker wird die obige Arbeitsersparniß von 387 Pferdetagen auf 275 verringert.

Zur Feststellung des reinen Gewinnes sind nun die Kosten der Anschaffung, Abnutzung und Unterhaltung der für die Wirthschaft erforderlichen Zahl von Exstirpatoren in Rechnung zu bringen. In unserm Beispiele sind fünf Exstirpatoren für die angegebenen Arbeiten ausreichend. Der Preis sei 40 Thlr. per Stück, so daß die Anschaffungskosten der fünf Exstirpatoren 200 Thlr. betragen. Hiernach berechnen sich die jährlichen Ausgaben wie folgt:

	Thlr.	Sgr.	Pf.
1) Zinsen des Anschaffungskapitals zu 5%	10	—	—
2) für Abnutzung 10%	20	—	—
3) für die Unterhaltung kann nur eine geringe Summe berechnet werden, weil diese Ausgaben bei dem viel beschränkteren Gebrauche der Pflüge durch die geringeren Unterhaltungskosten der letzteren fast ganz kompensirt werden. Als Mehrkostenbetrag sei jedoch angenommen . .	20	—	—
Es sind somit die jährlichen Ausgaben	50	—	

Nach den obigen Berechnungen war die Ersparniß in Spannarbeit 387 Pferdetage à 25 Sgr. = 322 Thlr. 15 Sgr., bei den kleinen Abänderungen der Bearbeitung dagegen nur 275 Pferdetage à 25 Sgr. = 229 Thlr. 5 Sgr. Es verbleibt somit bei der von uns angenommenen Bewirthschaftung jener 700 Morgen Ackerland, nach Abzug der jährlichen Ausgabe von 50 Thalern für Abnutzung und Unterhaltung der Exstirpatoren im ersteren Falle ein reiner Gewinn von 272 Thalern 15 Sgr., im letztern von 179 Thalern 5 Sgr.

Der Vortheil wird sich aber in der Wirklichkeit noch höher stellen; denn außer der Arbeitsersparniß hat diese Beackerungsweise manche Vorzüge vor der, mit ausschließlicher Benutzung des Pfluges. Die dadurch erleichterte rechtzeitige Bestellung selbst bei ungünstigen Witterungsverhältnissen, wie die mehr gesicherte Reinhaltung der Aecker, werden vom günstigsten Einflusse auf den Ertrag der Früchte sein. Der Wunsch einer allgemeinen Einführung und eines recht vielseitigen Gebrauchs des Erstirpators in unsern deutschen Wirthschaften, ist nach dieser auf bestimmte Erfahrungen fußenden Betrachtung, eben so gerechtfertigt wie dringend.

III. Der Weizenbau.

Die Zahl der landwirthschaftlichen Culturgewächse Großbritanniens, im Vergleich zu denen unserer Wirthschaften, ist verhältnißmäßig gering, weil dort der Anbau der genannten Handelsfrüchte beschränkt ist. Um so größere Sorgfalt finden wir auf die Cultur der Futter- und Getreidefrüchte verwendet. Unter den letztern nimmt nun bekanntlich der Weizen, als Hauptbrodfrucht, die erste Stelle ein. Die Cultur desselben hat in nicht großem Zeitraum bedeutende Fortschritte gemacht, wozu namentlich die Aufhebung der Korngesetze viel beitrug. Nach Arthur Young war im Jahre 1770 der Durchschnittsertrag des Weizens in 26 Grafschaften Englands 23 Bushels per acre, während das mittlere Erträgniß im Jahre 1850—51 in denselben Grafschaften nach Caird sich auf 26½ Bushels stellt, also um 3½ B. oder 15% gesteigert ist. Muß schon eine Mehreinnahme von 15% im Großen und Ganzen als ein günstiges Resultat bezeichnet werden, so ist die Ertragserhöhung in der Wirklichkeit noch viel größer. Zur Zeit Arthur Young's war nämlich der Weizenbau lange nicht so ausgedehnt, als jetzt. Es wurde damals nur der am meisten geeignete Boden hierzu verwendet, während zur Zeit auch Bodenarten geringerer Beschaffenheit mit Weizen bestellt werden. Wir dürfen daher mit allem Rechte die Steigerung des Ertrags mindestens auf 25—30% setzen.

Der Vergleich der Weizenernten von früher und jetzt in vielen Wirthschaften Großbritanniens liefert den Beweis für die Richtigkeit dieser Annahme. In der Wirthschaft des Mr. George Hope zu Fenton Barns z. B. betrug der Weizenertrag von 175 acres im Durchschnitt der vier Jahre von 1828 – 1831, 385 Quarters oder per acre 17½ Bushel, während von derselben Fläche in den 4 Jahren von 1832—1835, 607 Quarters oder per acre 27½ Bushels geerntet wurden. Der Ertrag von 133 acres im Jahre 1852 war sogar 750 Quarters oder circa 45 Bushels per acre. Nicht minder günstig ist die allmählige Zunahme der Weizenernten in der Susser-Farm der Mr. Blyth bei Burnhain in Norfolk. Der Durchschnittsertrag von 7 Ernten (1832—39) war 25 Bushels per acre; in den folgenden 7 Ernten bis 1846 dagegen 29 Bushels per acre; und in 2 Ernten (1847 und 1848) sogar 36 Bushels per acre. Diese Ertragssteigerung hat um so mehr Gewicht, als in dieser Wirthschaft der Weizenbau durch häufigere Wiederholung in der Fruchtfolge immer mehr ausgedehnt wurde. Während in den ersten 7 Ernten jährlich nur 214 acres damit bestellt waren, hatte der Weizenacker in den folgenden 7 Jahren eine Ausdehnung von 268 acres, in den letzten zwei Ernten sogar von 340. Eine erhebliche Vermehrung der Erträge finden wir ferner auf dem Gute des Mr. John Brodie zu Abbey-Mains in Ost-Lothian. Der Durchschnittsertrag von 9 Ernten (1827 – 36) war 29 Bushels per acre, während in den Jahren von 1847—52 im Mittel 39 Bushels erzielt wurden.

Im Folgenden wollen wir versuchen, die Gründe der größern Ergiebigkeit der Weizenernten festzustellen, wobei sich manches für uns Wichtige und Nachahmungswürdige ergeben wird. Wir werden uns dabei hauptsächlich auf den Winterweizenbau beziehn, da die Cultur des Sommerweizens in Großbritannien sehr beschränkt ist. Mit Ausnahme von Lincolnshire und den angrenzenden südlichen Grafschaften findet derselbe nur auf wenigen Gütern von Mid-Lothian und Northumberland statt.

Wahl der Weizenart. Beschaffenheit des Saatgutes.

Da die einzelnen Weizenarten für ihren lohnenden Anbau verschiedene Ansprüche an den Boden, die Lage und das Klima machen, wie dies die englischen Erfahrungen auf's Schlagendste beweisen, so verdient die für die betreffende Localität passende Wahl der Weizensorte volle Aufmerksamkeit des Landwirthes. Grade in dieser Hinsicht sollte uns das von dem englischen Farmer gegebene Beispiel anspornen, recht viel Sorgfalt darauf zu verwenden. Nur zu häufig hängt ja in unsern Wirthschaften die Wahl einer bestimmten Art oder Varietät des Getreides von der hergebrachten Gewohnheit oder gar vom Zufall ab.

Unter den Männern, welche sich in Großbritannien um die Einführung und Verbreitung vorzüglicher Varietäten der landwirthschaftlichen Culturgewächse, insbesondere der Weizenarten, verdient gemacht haben, steht Mr. Peter Lawson zu Edinburg oben an. Seine langjährigen Bemühungen haben in den weitesten Kreisen allgemeine Anerkennung gefunden, und man darf mit vollem Recht behaupten, daß durch ihn die englische Landwirthschaft wesentlich gefördert worden ist. Nächst ihm lenkte der Capitain le Couteur durch seine, im Jahre 1836 herausgegebene Schrift über die Eigenschaften der Weizen-Varietäten *) die Aufmerksamkeit der Landwirthe auf diesen Gegenstand. Le Couteur hatte während fünf Jahre viele Versuche über die Ertragsfähigkeit einer großen Zahl von Weizen-Arten ausgeführt, und es war ihm gelungen, durch eine richtige Auswahl die Erträge seiner Felder auf das Doppelte zu steigern. Diese Schrift verfehlte ihren Zweck nicht. Versuche in den verschiedensten Grafschaften wurden angestellt, dadurch der Vortheil einzelner neuer Varietäten ermittelt und durch deren allgemeine Einführung die Weizenproduction im Ganzen gesteigert.

Bei dem regen Sinn des englischen Farmer für Verbesserungen kann es nicht wundern, daß die Zahl der versuchsweise angebauten Weizensorten sehr bedeutend ist; viele wurden jedoch bald als ungeeignet erkannt und deren Anbau aufgegeben, so daß die Zahl derjenigen, die einen besondern Ruf haben und auf ausgedehnten Flächen angebaut werden, verhält-

---

*) On the Varieties, Properties and Classification of Wheat, by John le Couteur.

nißmäßig nicht sehr beträchtlich ist. Wenn auch Boden, Lage und Klima auf die Ergiebigkeit der einzelnen Varietäten *) den entscheidendsten Einfluß haben, so ist dennoch die Kenntniß der in Großbritannien am meisten verbreiteten Sorten für den deutschen Landwirth nicht ohne Interesse und Nutzen **).

---

*) Der bedeutende Einfluß der Jahreswitterung auf die Erträge unserer Culturgewächse ist hinreichend bekannt. Recht augenscheinlich zeigt sich derselbe in den Versuchen des Mr. Lawes zu Rothamsted. Auf einem Felde, welches ungedüngt 10 Jahre hintereinander Weizen trug, war bei durchaus gleicher Bestellung und Pflege der Ertrag:

im Jahre	1844	1845	1846
	16 Bushels	25 B.	17 B. 3 P. 3 Gallons.

Zwischen den Erträgen von 1844 und 1845 schwankte der Ertrag nahe um $^1/_3$, was ausschließlich der Verschiedenheit der Jahreswitterung zuzuschreiben ist. Besonders wichtig für die Ergiebigkeit der Ernte sind die Feuchtigkeit und die Wärme. Der Weizen erfordert nämlich eine geringe Menge Regen, wie dies Australien, wo bekanntlich mit der beste Weizen der Welt gebaut wird, beweist. Der Regenfall zu Adelaide beträgt in den Monaten Mai, Juni, Juli und August nur 3,88 Zoll, in London dagegen während dieser Zeit durchschnittlich 8,49 Zoll. Die Zahl der Regentage in gedachtem Zeitraume ist in Australien durchschnittlich 19, in London dagegen 60. Die mittlere Temperatur dieser Monate beträgt ferner in Adelaide 26° c., in London 15° c. Es ist keinem Zweifel unterworfen, daß die Wärme und Feuchtigkeit grade dieser Monate auf die Ergiebigkeit der Ernte großen Einfluß haben. In den oben erwähnten Versuchen des Mr. Lawes zeigte sich auch hinsichtlich der Schwere der Körner, je nach der Jahreswitterung, ein Unterschied. So wog im Jahr 1845 bei einer mittleren Temperatur jener Monate von 14° c. der Bushel $56^1/_2$ ℔, 1846 bei einer mittleren Temperatur von 17° c. dagegen $63^3/_4$ ℔. Wir haben also hier bei einem Temperatur-Unterschiede von 3° c. eine Schwankung des Körner-Gewichts per Bushel von $7^1/_4$ ℔.

Das Klima Englands ist hiernach wegen seiner größern Feuchtigkeit im Ganzen weniger für den Weizenbau geeignet als Spanien, Sicilien, Polen, selbst Deutschland. Hiermit steht auch die Erfahrung ganz im Einklang. Der Danziger rothe Weizen z. B. hat, selbst wenn er in den fruchtbarsten Gegenden Schottlands angebaut wird, nicht die gute Qualität, wie der in Preußen producirte. Der Weizen verliert an Schwere und Mehlreichthum.

**) Es wäre gewiß lohnend, wenn von den landwirthschaftlichen Vereinen

Guter Weizen soll, nach der Ansicht des englischen Farmers fest und womöglich kurz im Stroh sein, damit er eine starke Düngung vertrage, ohne sich zu lagern *), er soll ferner von der Witterung und Krankheiten wenig leiden, und dabei einen reichen Körnerertrag von guter Qualität liefern.

Für die Beurtheilung der Weizenvarietäten ist der Unterschied in weiße und rothe in sofern von Wichtigkeit, als erfahrungsmäßig der weiße Weizen im Ganzen von besserer Qualität ist, als der rothe, welcher letzterer auch ungefähr 10% niedriger im Preise steht. Andererseits verlangt der weiße Weizen mit geringer Ausnahme einen bessern Boden und ein günstigeres Klima. Bei der ausgedehnten Weizenproduction Großbritanniens finden wir übrigens diese Cultur noch auf großen Flächen eines solchen Bodens, der nach unseren Ansichten nicht mehr dazu lohnend erscheint. Bestellung, richtige Auswahl der Weizensorten, passende Düngung rc. machen aber dort, selbst unter solchen ungünstigen Verhältnissen einen reichen Ertrag möglich.

Fast sämmtliche Weizen-Varietäten, sowohl die weißen wie die rothen, welche eine irgend erhebliche Verbreitung gefunden haben, gehören zu Triticum vulgare, und zwar sind sie fast alle Kolbenweizen. Der Bartweizen (Tri-

---

Deutschlands oder von einzelnen Privaten mit den vorzüglichsten Weizensorten Englands genaue comparative Versuche in den verschiedensten klimatischen und Boden-Verhältnissen angestellt würden. In ausgezeichneter Qualität sind dieselben aus der Samenhandlung des Mr. Peter Lawson zu Edinburg zu beziehen. In der Poppelsdorfer Gutswirthschaft wurden hiermit ausgedehnte Anbau-Versuche angestellt, auf die ich mich im Folgenden mehrfach beziehen werde.

*) Das Gewichtsverhältniß des Strohertrags zu dem der Körner wird in den englischen Wirthschaften durchschnittlich wie 3 : 2, bei uns dagegen wie 5 : 2 angenommen. Daß in Großbritannien die Halmfrüchte, und insbesondere der Weizen, geringere Stroherträge, als bei uns bringen, ist hauptsächlich der Auswahl der Varietäten von geringer Strohwüchsigkeit zuzuschreiben. Einigen Einfluß hierauf hat jedoch auch der durch die Nähe des Meeres bedingte große Salzgehalt des Bodens, welcher nach übereinstimmender Erfahrung den Strohwuchs behindert.

ticum durum) und der polnische (Trit. polonicum) werden im Großen gar nicht, Triticum turgidum, der sogenannte englische Weizen, dagegen nur in wenigen Wirthschaften angebauet. Die beschränkte Verbreitung des letzteren liegt in der geringeren Qualität der Körner. Sie haben meist eine dicke Hülse und geben ein Mehl, welches sich nicht sehr gut verbacken läßt. Außerdem kommen sie etwas später zur Reife und beanspruchen deshalb eine längere Vegetationszeit. Andererseits zeichnen sie sich dadurch aus, daß sie wenig von ungünstiger Witterung und Krankheiten leiden, sowie reiche Körnererträge und ein sehr festes, dem Lagern nicht unterworfenes Stroh liefern. Die ergiebigsten Ernten werden auf einem reichen, humosen Thon- oder Lehmboden erzielt, wo andere Weizensorten zu sehr ins Stroh wachsen und Lagergetreide geben würden. Als die besten Spielarten des Triticum turgidum sind zu nennen:

1) St. Helena*), ein weißer, sammtartiger englischer Weizen, eingeführt von der Insel St. Helena. Aehren sehr lang und dicht geschlossen, mit einem vollen und schweren Korn. Stroh lang, sehr steif und zum Lagern nicht geneigt. Er gehört zu den ergiebigsten Sorten und eignet sich besonders für den reichen Diluvialboden.

2) Pains-Defiance, ein blauer sammtartiger englischer Weizen mit langem aber sehr festem Stroh. Korn von mittlerer Größe, rother Farbe und bedeutendem Gewichte **). Macht keine großen Bodenansprüche; auf reichem Boden eine der sichersten und lohnendsten Weizensorten.

3) Rivet, Aehren mittellang und ziemlich gedrängt, mit röthlichen Grannen und sammtartig; Stroh lang und fest; Korn von mittlerer Größe und schwer. Nimmt mit geringem Boden, namentlich mit dem strengen Klai verlieb.

---

*) Der St. Helena-Weizen ist seit fünf Jahren auf dem Poppelsdorfer Gute im Großen angebaut, wo er in einzelnen Jahren 22 Scheffel per Mgdb. Morgen ertrug.

**) In dem Anbau-Versuche zu Poppelsdorf wog Pains-Defiance 98 ℔ per Scheffel.

Von den zu Trit. vulgare gehörigen Abarten werden wir mehrere anführen, welche in botanischer Hinsicht den Namen einer Varietät kaum verdienen, die aber wegen ihrer verschiedenen Eigenschaften hinsichtlich der Dicke der Schale, Zeit der Reife, Ergiebigkeit, Stärkegehalt ꝛc. in landwirthschaftlicher Beziehung von verschiedenem Werthe, und deshalb als landwirthschaftliche Cultur-Varietäten wohl zu unterscheiden sind. Wir machten oben auf den in der Praxis so wichtigen Unterschied der Weizensorten in weiße und rothe aufmerksam; in Folgendem sollen nun die Varietäten des Trit. vulgare, hiernach getrennt, beschrieben werden.

a) Weißer Kolbenweizen.

1) Chiddam-Weizen (Cheltham) von Mark-Lane durch Mr. Robb zu Georgie-Mains bei Edinburg unter diesem Namen eingeführt. Mittellange Aehren und langes, aber festes Stroh. Das Korn ist von sehr dünner Schale, großem Mehlreichthum und erheblichem Gewicht. Er wird zu den schwersten Weizensorten gerechnet und erreicht in günstigen Jahren ein Gewicht von 96 — 97 ℔ per Scheffel. Hinsichtlich des Bodens macht er große Ansprüche, am geeignetsten ist ein reicher milder Lehm, wo er sich stark bestockt und sehr ergiebig ist.

2) Fenton-Weizen, nach dem Gute des Mr. George Hope zu Fenton-Barns, wo der Weizen zuerst angebaut wurde, benannt. Die Aehre ist von mittlerer Länge und ziemlich gedrängt; das Korn dünnschalig und voll. Das Stroh mittellang und sehr fest. Verlangt einen guten Boden, wo er selbst bei reicher Düngung dem Lagern höchst selten ausgesetzt ist und grade dieserhalb in vielen Fällen, namentlich dem Hunter's-Weizen vorgezogen wird. Sein Anbau ist in Ost-Lothian recht häufig.

3) Rough chaffed Essex *). Ein in neuerer Zeit

---

*) Bei den Anbau-Versuchen in Poppelsdorf gehörte dieser Weizen zu den lohnendsten.

empfohlener und schon vielfach angebauter Weizen. Aehren lang und sehr dicht. Korn voll, schwer und mehlreich. Stroh kurz und steif. Auf reichen Bodenarten, wo Lagerfrucht zu befürchten steht, ist dieser Weizen wegen seines äußerst ergiebigen und sichern Ertrags zu empfehlen.

4) Chevalier-Ten-Rowed, gilt als verbesserte Varietät des sog. Salmon-Weizen. Aehre mittellang und sehr gedrängt, das Korn voll, dünnschalig und mehlreich. Das Stroh hat mittlere Länge, ist sehr stark und lagert sich selten. Bei günstigem Klima und auf reichem Boden bringt er hohe Erträge.

5) Woolly-Eared. In Sussex und Kent besonders häufig cultivirt. Aehre von mittlerer Länge, gedrängt und sammtartig, mit sehr mehlreichem, dünnhülsigem Korn von mattweißer Farbe bis ins Bräunliche übergehend. Stroh kurz und fest. Verlangt einen reichen lehmigen Boden, wo er dann sehr ergiebig ist. Wegen der sammtartigen Beschaffenheit der Aehre hauptsächlich nur für ein mehr trockenes Klima geeignet.

6) Hopetoun-Weizen, gilt als eine Untervarietät von Hunter's, durch Mr. Reid zu Drem in Ost-Lothian verbreitet. Aehre lang, voll und gedrängt. Das Korn dünnschalig und von gutem Gewicht. Langes, aber sehr steifes, dem Lagern selten unterworfenes Stroh. Macht geringere Bodenansprüche, namentlich für einen sehr strengen, in guter Cultur befindlichen Boden geeignet. In Ost-Lothian bis jetzt im Ganzen nicht sehr verbreitet, doch vermehrt sich sein Anbau von Jahr zu Jahr.

7) Archer's Prolific, steht hinsichtlich der Beschaffenheit des Korns wie in der Länge und Festigkeit des Strohs, dem Hopetoun-Weizen ziemlich nahe. Die Aehre ist jedoch etwas kürzer und lockerer und daher nicht ganz so ergiebig. Sein Anbau ist im Vergleich zum Hopetoun geringer.

8) Hunter's Weizen*). So benannt nach Mr. Hun-

---

*) Bei dem versuchsweisen Anbau der englischen Weizensorten in der

ter zu Tynefield in Ost-Lothian, welcher diesen Weizen in seiner Wirthschaft mit besonderer Sorgfalt cultivirt. Die Aehre von mittlerer Größe und gedrängt. Das Korn von mattweißer Farbe bis ins Hellbräunliche übergehend, von den Müllern und Bäckern sehr gesucht. Macht geringe Bodenansprüche, selbst auf einem schlechtern strengen Lehm oder leichteren sandigen Boden liefert er immer noch befriedigende Erträge. Auf einem reichen Diluvialboden ist Lagergetreide zu befürchten. In Schottland namentlich in den östlichen Grafschaften sehr verbreitet.

9) Brodie's-Weizen, zuerst von Mr. Brodie zu Orniston angebaut und nach ihm benannt. Ausgezeichnet durch Ergiebigkeit, gute Qualität der Körner und frühe Reife. Hinsichtlich der Güte des Körnerertrags steht er Hunter's Weizen mindestens gleich, von manchem Farmer wird er selbst diesem vorgezogen. Andererseits ist aber Brodies Weizen zu lang im Stroh und deshalb dem Lagern häufig ausgesetzt und macht größere Bodenansprüche als Hunters. In Schottland, namentlich in Berkwickshire wird er häufig angebaut.

10) Morton's Red-Strawed White. Aehre von mittlerer Länge und ziemlich gedrängt. Korn dünnschalig und schwer. Stroh lang und fest. Von Mr. John Morton zu Whitefield in Glouceſtershire zuerst angebaut und nach ihm benannt. Obgleich dieser Weizen gegen Witterung hart ist und für Bodenarten, die den Strohwuchs nicht sehr befördern, als besonders geeignet gehalten wird, hat derselbe doch im Ganzen keine ausgedehnte Verbreitung gefunden.

11) Whittington-Weizen. Ausgezeichnet durch lange Aehren, mit vollem, aber etwas dickhülsigem Korn. Stroh sehr lang, weich und dem Lagern häufig unterworfen. Nimmt mit geringeren Bodenarten verlieb und ist gegen die Witterung hart. Sein Anbau hat sich in den letzteren Jahren erheblich vermindert und findet hauptsächlich nur noch auf Boden von

---

Poppelsdorfer Wirthschaft litt Hunters Weizen durch die Einflüsse der Winterwitterung.

geringerer Fruchtbarkeit statt, wo Lagergetreide nicht zu befürchten ist.

12) White Irish-Weizen, vorzüglich in Irland und in den rauhen Lagen von Schottland angebaut. Aehre sehr lang aber locker, das Korn voll, schwer und von guter Qualität. Die Farbe desselben geht ins Bräunliche über. Bestockt sich stark und hat ein langes Stroh. Als besonderer Vorzug dieses Weizens gilt, daß er rauhes Klima erträgt und mit geringen Bodenarten, sowohl leichteren, wie sehr gebundenen verlieb nimmt. Unter solchen Verhältnissen wird er für die sicherste und einträglichste Weizensorte gehalten.

13) Talavera-Weizen, im Jahre 1814 von Spanien nach England eingeführt. Die lange, aber lockere Aehre hat ein dünnschaliges und mehlreiches Korn. Das Stroh ist von mittlerer Länge und fest. Verlangt einen mehr leichten, aber kräftigen Boden, ist auf schwerem Klaiboden unsicher. Reift früh, bei voller Reife findet ein erheblicher Körnerausfall statt. Sein Anbau hat sehr abgenommen, weil er leicht von der Witterung leidet, und bei schwacher Bestockung einen verhältnißmäßig geringen Körner-Ertrag in Quantität liefert.

14) Uxbridge-Weizen wurde zuerst aus der Gegend von Uxbridge in Middlesex bezogen und danach benannt. Verlangt guten Boden. Die Aehre ist lang und ziemlich gedrängt, die Körner von weißer Farbe und mehlreich. Das Stroh von mittlerer Länge und fest. Sein Anbau ist nicht sehr verbreitet und namentlich in den letzteren Jahren vermindert worden.

15) Snow Drop. Von Mr. Hillgard zu Thorplands bei Northampton, unter diesem Namen eingeführt. Steht dem Uxbridge-Weizen in der Beschaffenheit der Aehre, des Korns und des Strohs sehr nahe, macht jedoch etwas geringere Bodenansprüche und ist härter.

16) Mummy-Weizen*). Ausgezeichnet durch eine lange gedrängte Aehre mit vollem schweren Korn. Stroh lang und

*) Unter den englischen Weizensorten, welche in Poppelsdorf versuchsweise angebaut wurden, lieferte der Mummy einen ganz befriedigenden Ertrag.

fest. Verlangt guten Boden und ein günstiges Klima. Unter diesen Verhältnissen liefert er aber hohe Erträge. Sein bis jetzt in England beschränkter Anbau erweitert sich.

17) Hard-Castle. Eine in neuerer Zeit empfohlene Varietät, die bis jetzt wenig Verbreitung erhalten hat. Aehre lang, aber nicht gedrängt, mit gelblich-weißem Samen. An Klima und Boden macht dieser Weizen geringe Ansprüche, namentlich begnügt er sich mit einem leichten Boden.

18) White Irump. Aehre lang und dicht, mit mehlreichem Korn. Stroh lang und fest.

19) Jaunton-Dean. Aehre mittellang und gedrängt, mit vollem dünnhülsigem Korn. Stroh kurz und sehr stark. Diese und die vorhergehende Weizensorte sind neuere Varietäten, die nach den angestellten Anbau-Versuchen recht ertragsfähig zu sein scheinen.

b) Rother Kolbenweizen.

1) Spaldings Prolific, gilt allgemein für eine der besten englischen rothen Weizensorten und hat eine außerordentlich große Verbreitung. Aehre lang und dicht gedrängt, Korn rund, voll und schwer, Stroh lang, aber sehr stark und dem Lagern selten unterworfen. Gegen ungünstige Witterung ist er nicht sehr empfindlich, auch macht er keine hohen Ansprüche an den Boden, namentlich ist er für den Thonboden geeignet.

2) Kessingland, Aehre von mittlerer Länge und wenig kompact, mit großem Korn von dunkel gelblicher Farbe und ziemlich dicker Hülse. Stroh lang und fest. Macht geringe Ansprüche an Klima und Boden, namentlich nimmt er mit einem wenig gebundenen Boden verlieb. Sein Anbau hat besonders in den Districten Englands mit leichtem Boden vielfache Verbreitung gefunden, wo er als ein ergiebiger und sicherer Weizen gilt.

3) Burwell, benannt nach dem Kirchspiel Burwell in Cambridgeshire, wo er zuerst angebaut wurde. Aehre mittellang und ziemlich kompact, Stroh von mittlerer Länge, aber fest. Macht keine großen Ansprüche an Klima und Boden

und reift zeitig. Die Qualität des Korns wird von den Händlern nicht sehr geschätzt. Hat keine große Verbreitung erlangt, sein ziemlich ausgedehnter Anbau in Northamptonshire wird in neuester Zeit durch andere Sorten ersetzt.

4) Clover's Red, eingeführt durch Mr. John Clover zu Kirkling in Cambridgeshire. Aehre lang und ziemlich gedrängt, mit vollem schweren Korn. Stroh von mittlerer Länge und sehr fest, so daß Lagergetreide, selbst auf reichem Boden, selten ist. Wird auf sehr verschiedenen Bodenarten angebaut, ist gegen ungünstige Witterung wenig empfindlich und durch starke Bestockung ausgezeichnet. Seine Verbreitung hat in den letzten Jahren sehr zugenommen und ist durch ihn in vielen Wirthschaften, namentlich der Burwell-Weizen verdrängt worden.

5) Lammas-Weizen ist eine in England geschätzte Weizensorte, während seine Verbreitung in Schottland verhältnißmäßig sehr gering ist. Aehre lang, aber ziemlich locker, mit einem großen und schweren Korn, welches bei voller Reife leicht ausfällt und deshalb frühzeitigen Schnitt erfordert. Er hat ferner eine bedeutende Länge des Strohs, von welchem er eine große Masse liefert. Nimmt mit geringen Bodenarten verlieb. Gegen die Witterung ist er nicht so hart, als der gewöhnliche rothe englische Weizen. Sein Anbau ist besonders in dem südlichen und westlichen Theile Englands häufig.

6) Waterloo hat ein sehr starkes Stroh und schwere, dünnhülsige Körner. Verlangt ein günstiges Klima und einen fruchtbaren Boden, wo er aber recht ergiebig ist. Auf dem reichen Thonboden von Cheshire wird er ziemlich häufig cultivirt, sonst ist sein Anbau im Ganzen beschränkt.

7) Haighs Prolific *). Aehre lang und dicht gedrängt mit vollem und mehlreichem Korn. Kurz und außer-

*) Unter sämmtlichen englischen Weizensorten, welche in Poppelsdorf einem versuchsweisen Anbau unterworfen wurden, nahm Haighs Prolific die erste Stelle ein.

ordentlich fest im Stroh. Sehr ergiebig im Ertrage, besonders für reiche Bodenarten geeignet.

8) Red Kent, ausgezeichnet durch eine lange und dicht gedrängte Aehre mit kurzem und sehr festem Stroh, so daß er die stärkste Düngung erträgt, ohne sich zu lagern. Das Korn ist voll und mehlreich. Auf fruchtbaren, strohwüchsigen Bodenarten wird dieser Weizen als sehr ergiebig und sicher geschätzt.

9) Piper's Thickset, Aehre kurz, aber sehr gedrängt, mit einem dünnschaligen, vollen Korn lichterer Farbe, welches in Qualität dem bessern rothen Weizen mindestens gleichzustellen ist. Er gehört zu denjenigen englischen Weizensorten, welche das kürzeste und festeste Stroh besitzen, bei welchem selbst auf dem reichsten Boden und bei der stärksten Düngung Lagerfrucht nicht zu befürchten ist. Bei voller Reife findet leicht ein Abbrechen der Aehren statt, weshalb die Ernte beschleunigt werden muß. Diesem Umstande wie dem Ausfalle an Stroh ist es zuzuschreiben, daß Pipers Thickset eine im Ganzen beschränkte Verbreitung erhalten hat. Auf humosen, strohwüchsigen Bodenarten verdient derselbe jedoch die vollste Beachtung.

10) Berwick-Red, Aehre mittellang und ziemlich gedrängt; sein Stroh lang und kräftig; das Korn von mittlerer Größe, mehlreich und ergiebig. Beansprucht ein günstiges Klima und kräftigen Boden. Im Ganzen ziemlich verbreitet.

11) Hickling's Prolific. Aehre kompact, Stroh ziemlich lang, aber fest und deshalb zum Lagern nicht geneigt. Verlangt einen guten Boden. Sein früher sehr ausgedehnter Anbau hat in den letzteren Jahren wegen der geringen Qualität des Mehls bedeutend abgenommen.

12) Browick's-Red, Aehre mittellang mit vollem mehlreichem Korn. Stroh von mittlerer Länge und fest. Auf guten Bodenarten ziemlich häufig gebaut.

13) Nottingham-Red*), Aehre lang und gedrängt,

---

*) Bei den Anbauversuchen in Poppelsdorf litt der Nottingham-Weizen durch die Winterwitterung.

Stroh mittlerer Länge und fest. Verlangt ein günstiges Klima und guten Boden. Im Ganzen wenig Verbreitung.

14) Blood-Red, Aehre lang und ziemlich gedrängt; Korn voll und ergiebig, jedoch wenig bei den Bäckern beliebt und deshalb niedriger im Preise; Stroh lang und fest. Macht keine großen Bodenansprüche. Sein in Schottland sehr verbreiteter Anbau hat sich in der letztern Zeit vermindert.

15) Marigold, Aehre von mittlerer Länge mit einem vollen, schweren Korn. Liefert auf fruchtbarem Boden gute Erträge, doch ist derselbe in seiner früheren großen Verbreitung durch andere Sorten erheblich beschränkt worden.

16) Australian-Weizen wurde von Australien nach England eingeführt, wo er bald eine ziemliche Verbreitung erhielt, jetzt aber durch andere Sorten wieder fast verdrängt ist. Seine Ansprüche an den Boden sind nicht groß, namentlich ist er noch sicher auf leichterem sandigen Boden, wenn solcher sich im guten Culturzustande befindet. Aehre lang und ziemlich gedrängt mit vollem Korn und mittellangem starken Stroh.

17) Golden-Drop steht in seinen Eigenschaften dem Blood-Red sehr nahe. Als Unterschied gilt, daß die Aehre etwas lockerer und das Stroh kürzer ist, wogegen die Qualität der Körner etwas höher, als vom Blood-Red geschätzt wird. Sein Anbau hat sich in letzterer Zeit erheblich vermindert.

18) Woodley-Superb *) hat im Ganzen wenig Verbreitung, obgleich er unter günstigen klimatischen und Boden-Verhältnissen ganz befriedigende Erträge giebt. Er hat eine lange, ziemlich geschlossene Aehre mit gelblich-röthlichem Korn und ziemlich langem Stroh.

19) Harvey's Prolific **). Aehre mittellang und gedrängt mit vollem schweren Korn und langem Stroh. Wenig verbreitet, gilt aber als recht ergiebig.

---

*) Der in Poppelsdorf mit Woodley Superb angestellte Versuch ergab ein recht günstiges Resultat.

**) Nach den hier angestellten Versuchen gehört Harvey's Prolific mit zu den besten Sorten.

Von den mit Grannen versehenen Abarten des Triticum vulgare verdient hauptsächlich der Fern- oder April-Weizen hervorgehoben zu werden, welcher 1849 durch Mr. James Roß zu Moorhall in Schottland eingeführt wurde. Er wird als Sommerfrucht gebaut und zeichnet sich durch eine lange, geschlossene Aehre mit vollem, mehlreichen Korn wie ins Bräunliche übergehender Farbe aus. Das Stroh ist lang, fest und dem Lagern selten ausgesetzt. Ende März oder Anfang April gesäet, kommt er mit dem Winterweizen zugleich zur Reife. Seine Ansprüche an den Boden sind gering, selbst auf einem leichten sandigen Boden bringt er recht ergiebige Erträge. Unerwähnt darf jedoch nicht bleiben, daß nach den in Schottland gemachten Erfahrungen beim Farn-Weizen ein zeitweiser Saatwechsel nothwendig wird.

In obiger kurzen Beschreibung der Weizensorten sind die Haupteigenschaften derselben zusammengestellt; bei einer noch engeren Auswahl der als Winterfrucht gebauten Kolbenweizensorten verdienen, auf Grund der im großen gemachten Erfahrung, für unsere Verhältnisse vornehmlich folgende genannt zu werden:

1) Für Boden von hoher Fruchtbarkeit — humoser reicher Thon und Lehm, humusreicher Kalk- und Kreideboden — unter den weißen Weizensorten:

Chiddam,
Fenton,
Rough chaffed Essex,
Chevalier-Ten-Rowed,

unter den rothen Sorten:

Waterloo,
Haighs Prolific,
Red Kent.

auf sehr strohwüchsigem Boden besonders

Piper's Thickset.

2) Für Boden mittlerer Fruchtbarkeit — gewöhnlicher Lehm und Thon, sandiger Lehm ꝛc. —

unter den weißen Varietäten:

Hopetoun,
Hunters,
Morton's Red Strawed White,
Snow Drop.

unter den rothen Sorten:

Spaldings,
Kessingland,
Clover's Red,
Lammas Red.

3) Auf Boden von geringer Fruchtbarkeit — strenger Thon, kiesiger Lehm, sandiger Boden 2c. —

Whittington.

und ganz besonders

White Irish.

Hat man sich für die, den localen Verhältnissen angemessenste Weizenart entschieden, was immer nur durch Anbau-Versuche am sichersten zu erlangen ist, so achtet man mit aller Sorgfalt darauf, daß dieselbe unvermischt erhalten werde. Es erfordert dies viel Aufmerksamkeit, da, wie bereits angedeutet wurde, einzelne Varietäten sich botanisch sehr schwer oder gar nicht von einander unterscheiden lassen, vielmehr der Unterschied häufig nur in den verschiedenen Ansprüchen an Boden und Klima oder in der verschiedenen Reifezeit, Ergiebigkeit 2c. besteht. Der Nachtheil eines nicht rein erhaltenen Saatgutes zeigt sich nur zu schnell in der Schmälerung des Ertrages und insbesondere darin, daß niemals ein Product von gleichmäßiger Beschaffenheit erzielt wird. Nur wenige Körner einer andern Varietät dem Saatweizen beigemischt, werden durch ihre Vermehrung den Nachtheil einer ungleichmäßigen Reife und Ergiebigkeit von Jahr zu Jahr fühlbarer machen, während wir durch die sorgfältige Reinhaltung der Saat uns lange Zeit des oft mit großen Kosten verbundenen Samenwechsels überheben können.

Die Saat soll ferner vollständig reif, rein von Unkraut und nicht von Feldern genommen sein, die frisch gedüngt wurden. Endlich giebt man dem Saat-

weizen von der vorjährigen Ernte den Vorzug*), obgleich in diesem Falle das Aussaatquantum etwas stärker zu nehmen ist, weil einzelne Körner die Keimkraft verloren haben. Die Mehrkosten einer stärkern Saat werden jedoch durch die andererseits erlangten Vortheile bei Weitem überwogen. Die Pflanzen entwickeln sich kräftiger und leiden weniger vom Wetter, von Krankheiten und von Insekten. So versichert unter Andern Mr. John Morton zu Chesterhill in Gloucestershire, welcher seit Jahren Saatweizen von der vorjährigen Ernte gebraucht, daß seine Weizenäcker nie vom Brande litten, während die Felder seiner Nachbarn, trotz des Einbeizens der Saat, häufig dadurch verheert wurden. Er schreibt diesen günstigen Erfolg ausschließlich der Anwendung

---

*) Ueber den günstigen Erfolg des ältern Saatweizens, wie eines solchen, zu dem nicht frisch gedüngt wurde, läßt sich folgende wissenschaftliche Erklärung geben. Von den wichtigsten Bestandtheilen der Getreidekörner — dem Kleber und der Stärke — wird unter den zur Keimung günstigen Verhältnissen, der Kleber in einen Stoff (Diastase) verwandelt, durch dessen Einwirkung die Stärke sich in Zucker umbildet, welcher bekanntlich die erste und geeignetste Nahrung für den Embryo ist. Für den Keimungs- und Entwickelungsproceß der Pflanze kommt es darauf an, das die Zuckerbildung nicht rasch verlaufe und möglichst gleichmäßig sei. Der gleichmäßige Verlauf wird hauptsächlich durch Klebergehalt bedingt; je größer nämlich derselbe ist, um so schneller die Umbildung der Stärke in Zucker, welcher aber in dem Samenkorn nicht aufgespeichert bleibt, sondern in weitere, für Pflanzenernährung nicht geeignete Zersetzungsproducte übergeführt wird. Hieraus folgt, daß Weizen mit geringem Klebergehalte sich zur Aussaat besonders eignet. Nach einer frischen Düngung, namentlich nach einer stickstoffhaltigen, nimmt aber die Menge des Klebers im Weizen zu, woraus sich der Nachtheil eines solchen Saatgutes erklärt.

Beim längeren Liegen des Getreides trocknet das Korn aus, und die Bestandtheile desselben werden härter. Der Kleber erlangt in diesem erhärteten Zustande bei der Keimung des Saatkornes langsamer seine Umbildung in Diastase, in Folge dessen die Umwandlung der Stärke in Zucker gleichfalls nur allmählig stattfindet. Es wird somit das ältere Saatgetreide eine länger anhaltende Nahrungsquelle für die sich entwickelnden Pflanzen sein, als das frische Saatkorn, wo der noch weiche Kleber die Zuckerbildung sehr beschleunigt.

des ältern Saatguts zu. Zum Schutz gegen den Brand werden die verschiedensten Mittel angewendet. Am häufigsten gebraucht man den Kupfervitriol, wobei man auf 24 Scheffel Saat 4—5 ℔ rechnet.

Art der Aussaat.

Von den verschiedenen Methoden der Weizenbestellung — breitwürfige Saat, Drillen, Dibbeln und Versetzen junger Pflanzen — kommt in Großbritannien die breitwürfige und Drillsaat am häufigsten in Anwendung, während das Dibbeln im Ganzen viel seltener und das Versetzen junger Pflanzen auf wenige Versuche beschränkt ist.

In Deutschland trifft man häufig die Ansicht, als sei die Drillsaat des Getreides auf jenem Insellande ganz allgemein eingeführt, während doch in der Wirklichkeit besonders in Schottland die breitwürfige Saat vorherrschend ist. Bekanntlich führte Jethro Tull 1731 den Anbau der Pflanzen in parallelen Reihen — die Drillcultur — in England ein. Sein Verfahren erhielt für die Wurzelgewächse in kürzester Zeit die allgemeinste Aufnahme, wogegen die Drillcultur des Getreides nicht den gehegten Erwartungen entsprach, und deshalb nur beschränkte Anwendung fand. Tull's System wurde später durch Mr. Coke zu Holkham in Norfolk wesentlich verbessert und von dieser Grafschaft aus weiter verbreitet. Man hielt früher nur die trocknen, leichten Bodenarten dazu geeignet, da man auf strengem, nassem Boden fast durchgängig ungünstige Resultate erzielte. Gegenwärtig, wo die Trockenlegung der Aecker so allgemein ist, hat die Drillcultur gerade auf bindigen Bodenarten den größten Erfolg. Das Drillen geschieht mit Maschinen, welche in neuerer Zeit sehr vervollkommt sind; die von Garrett construirte gilt für die beste.

Unter den Halmfrüchten eignet sich nun der Weizen am meisten für die Drillsaat, weil er sich stark bestaudet, und bei seiner späteren Entwickelung im Frühjahr die Bearbeitung der Zwischenräume längere Zeit gestattet.

Bei der Drillcultur ist der Abstand der Saatreihen von einander von großem Gewicht. Es sind hierüber in vielen Wirthschaften comparative Versuche angestellt.

Mr. Wolfe *) zu Wood Hall bei Newport in Essex drillte den Weizen auf einem schweren Thonboden von mittlerer Ertragsfähigkeit in einer Entfernung von 6½, 8 und 9 Zoll, und erhielt folgende Resultate:

	Aussaat per acre Pecks.	Ertrag per acre Bushl.	Pcks.	Gewicht per Bushl. ℔
Gedrillt 6½ Zoll weit . . .	7	41	2	62½
Gedrillt 8 Zoll weit . . .	6	43	2	63
Gedrillt 9 Zoll weit . . .	5	42	2	62

Die Entfernung der Reihen zu 8 Zoll hatte in diesem wie in später wiederholten Versuchen den Vorzug. Mr. Wolfe hält deshalb auf allen Bodenarten von nicht hoher Fruchtbarkeit diesen Zwischenraum am lohnendsten, während er auf reichem Boden eine Entfernung von 9—10 Zoll empfiehlt.

Mr. Barclay wählte den Abstand der Reihen auf einem Lehmboden mit Kreideunterlage zu 9 und 12 Zoll. Das Ergebniß war:

Gedrillt 9 Zoll weit	2390 ℔	Körner	und	3492 ℔	Stroh	p. acre
Gedrillt 12 Zoll weit	1560 „	„	„	2544 „	„	„ „

Zu Gunsten der Drillsaat zu 9 Zoll ergiebt sich ein Mehrertrag von 830 ℔ Körner und 948 ℔ Stroh.

Der Versuch von Mr. Dean hatte ferner folgendes Resultat:

Gedrillt 6 Zoll weit	36 Bushel per acre
Gedrillt 9 Zoll weit	38 „ „ „

Die Drillsaat zu 9 Zoll gab einen Mehrertrag von 2 Bushels per acre.

In Arborfield Hall, dem Gute des Mr. Sir John Conroy, wurde der Weizen auf einem sehr reichen, tiefen Boden während mehrerer Jahre theils 9, theils 12 Zoll weit gedrillt,

*) Siehe Farmers Magazine, 1850. St. 323.

wobei der größere Abstand der Reihen stets einen höheren Ertrag ergab.

Mit diesen Versuchsresultaten übereinstimmend, finden wir in den englischen Wirthschaften den üblichen Zwischenraum der Saatreihen von 8 – 12 Zoll wechselnd. Eine Entfernung, von 12 Zoll ist nur für einen ausnehmend reichen Boden, wo der Weizen sich sehr stark bestaudet, lohnend, während auf Bodenartrn von mittlerer Fruchtbarkeit ein Abstand der Reihen von 8 oder 9 Zoll gewöhnlich ist. Ein noch kleinerer Zwischenraum war überall nachtheilig, und wird schon deshalb verworfen, weil dann die Bearbeitung der Pflanzenreihen während der Vegetation sehr erschwert ist *).

Ueber den Vortheil der Drillsaat im Vergleich zur breitwürfigen liegen uns Resultate zahlreicher Versuche vor, wovon wir nur einzelne hervorheben:

Mr. Amos **) erhielt:

vom gedrillten Weizen (9 Zoll Entfernung der Reihen) . . . . 36 Bushels p. acre
vom breitwürfig gesäeten . . . . . . 30 „ „

Zu Gunsten des Drillens ein Mehrertrag von 6 Bushels.

In einem zweiten Versuch ergab der gedrillte Weizen . . . . 42 Bushels p. acre
der breitwürfig gesäete dagegen . . . 36 „ „
so daß auch in diesem Versuch die Drillcultur einen Mehrertrag von . . . . 6 Bushels lieferte.

Mr. Verson Harcourt erzielte:

*) In der Poppelsdorfer Gutswirthschaft, in welchen die Drillcultur seit 4 Jahren eingeführt ist, wurde für den Weizen eine größere Reihe von komparativen Versuchen angestellt. Auf dem hiesigen tiefgründigen, milden Lehmboden hat sich unter den verschiedenen Entfernungen von 7, 9 und 12 Zoll der 9zöllige Abstand sowohl hinsichtlich der Quantität wie Qualität des Ertrages am lohnendsten erwiesen.

**) Siehe Cyclopedia of Agriculture by John Morton Part. 10 St. 719.

	Körner.	Stroh.
von gedrilltem Weizen per acre	. 40 Bush. - Gall.:	2773 ℔
von breitwürfig gesäetem . . .	. 33 „ 3 „	2576 „
Also zu Gunsten des Drillens ein Mehrertrag von	6 Bush. 5 Gall.	197 ℔

In dem von Mr. Pawlet *) zu Beeston bei Biggleswade angestellten Versuche lieferte:

die Drillsaat	34 Bush.	3 Pecks	p. acre
die breitwürfige dagegen	33 „	1 „	„
Mithin zum Vortheil der Drillcultur	1 Bushel	2 Pecks	p. acre.

Dieser Mehrertrag deckte kaum die größern Kosten der Bestellung; der Boden des Versuchsstücks war leicht und rein von Unkraut.

In einem Versuche des Mr. Kenyon Parker **) wurde erhalten:

	Aussaat per acre	Ertrag per acre	Gewicht per Bush.
Gedrillt 12 Zoll weite Reihen	1 Bsh. 2 Pcks.	35 B.—P. 1 Gall.	63 ℔
Breitwürfig gesäet .	1 „ 3 „	31 „ — „ 1 „	62 „

Mithin zur Gunsten der Drillsaat ein Mehrertrag von 4 Bushels per acre. Außerdem war der gedrillte Weizen 1 ℔ per Bushel schwerer, als der breitwürfig gesäete, und endlich wurde dabei 1 Peck Saat per acre erspart. Das Versuchsstück war von milder Bodenbeschaffenheit und hatte Klee getragen.

Das Resultat des Mr. Barclay in Surrey mit der Drill- und breitwürfigen Saat nach einer Kleebrache mit Pferchdüngung war:

	Aussaat per acre	Ertrag an Körnern	Ertrag an Stroh per acre
Gedrillt 9 Zoll weite Reihen	2½ Bshels	2395 ℔	3492 ℔
Breitwürfig gesäet „	2½ „	2593 „	4190 „

*) Siehe Farmers Magazine, January 1853. p. 33.

**) Siehe Book of the farm, by Stephens P. II. §. 35. 37.

Der Ertrag der breitwürfigen Saat ist somit um 203 ℔ Körner und 698 ℔ Stroh größer.

Mr. James Dean in Essex erhielt bei gleichmäßiger Stärke der Aussaat von 2 Bushels per acre

von der breitwürfigen Saat . . .	36 Bushels	6 Gallons	
von der Drillsaat dagegen . . .	38 "	—	"

Mithin für die Drillcultur ein Mehrertrag von 1 Bushel 2 Gallons per acre.

Mr. Brodie zu Scoughall in Ost-Lothian bestellte 150 acres eines milden Lehmbodens, zur Hälfte breitwürfig, zur Hälfte gedrillt. Die letztere Saat gab 42 Bushels per acre, die breitwürfige dagegen nur 35 Bushels.

Ueberblicken wir diese Versuchsergebnisse, so zeigt sich im Ganzen eine große Verschiedenheit in der Höhe der Erträge. In einzelnen Fällen ist der Mehrertrag der Drillsaat sehr beträchtlich, in andern dagegen gering, nicht selten liefert sogar die breitwürfige Saat einen gleich hohen, ja selbst höhern Ertrag. Nach solchen Erfahrungen kann es daher nicht wundern, die Drillcultur nicht unter allen Verhältnissen ausgeführt zu sehen.

Auffallend war es mir, auf einzelnen Gütern die Drillcultur des Weizens zu finden, wo dieselbe, im Vergleiche zu der früheren breitwürfigen Saat, keinen erheblichen Mehrertrag bringt. Als ich in Rücksicht auf die größern Culturkosten meinen Zweifel über den Vortheil der Drillsaat unter solchen Verhältnissen aussprach, verwies man mich einmal auf die beträchtliche Saatersparniß, dann aber ganz besonders auf den vollkommen unkrautreinen und gelockerten Zustand des Bodens nach einer gleichmäßig durchgeführten Drillcultur. Es lasse sich diese Beschaffenheit des Ackers bei der Drillsaat aller Früchte, mit Ausschluß des Klee's, leichter herstellen, und während des Umlaufs der Fruchtfolge im Ganzen mit weniger Arbeit erhalten, als in den Fällen, wo nur bei einzelnen Früchten der Rotation die Reihensaat und das damit verbundene Behacken angewendet werde. Man geht dabei von dem Grundsatz aus, daß eine geringe Menge Arbeit für jede Frucht in dem Turnus zur rechten Zeit gegeben, von sicherer Wirkung und sparsamer sei, als wenn man die durchgreifende Lockerung und Reinigung des Ackers während des ganzen Umlaufs auf ein Jahr, sei es auf die Brache oder die Hackfrucht, beschränkt. Wir enthalten uns des Urtheils über die Richtigkeit dieser Annahme, da hierüber für die betreffende Lokalität nur bestimmte Versuche und Berechnungen entscheiden können.

Bei sonst geeigneter, d. h. mehr ebener und von größeren Steinen freier Beschaffenheit der Ländereien findet im Allgemeinen die Drillcultur auf dem bindigen und unkrautwüchsigen Boden die ausgedehnteste Anwendung, wo durch die spätere Bearbeitung der Zwischenräume sowohl die erforderliche Lockerung wie auch die Unkrautzerstörung erzielt wird. Nächstdem trifft man die Drillsaat häufig auf Aeckern leichterer Bodenbeschaffenheit, die gleichfalls zur Verunkrautung neigen, in geringer Ausdehnung aber auf unkrautreinen Feldern sandigen Bodens, wo dann die wiederholte Bearbeitung der Zwischenräume unterbleibt.

Fassen wir schließlich alle Vortheile zusammen, welche der Drillcultur beigemessen werden, so ergeben sich folgende Punkte:

1) Es wird eine Saatersparniß erreicht, welche im Vergleich zur breitwürfigen Bestellung auf $^2/_5$, mindestens aber auf $^1/_3$ angenommen werden kann.

2) Die Saat kommt zu einer entsprechenden Tiefe in den Boden, geht regelmäßig auf und liefert Pflanzen, welche ungünstiger Witterung — Kälte und Trockenheit — viel besser Trotz bieten, als die unregelmäßig bewurzelten Pflanzen der breitwürfigen Saat.

3) Die Zwischenräume der Reihen erlauben eine durchgreifende Bearbeitung des Bodens mittelst der Pferde- oder Handhacke, wodurch nicht blos das Unkraut zerstört, sondern auch die durch starken Regen, Wind und Sonne gebildete Erdkruste aufgebrochen und zertheilt wird. Die vollständige Reinigung und Lockerung des Landes ist allein schon für manchen Farmer hinreichender Grund zur Drillcultur des Ge-

treides, selbst wenn der Mehrertrag der Reihensaat zweifelhaft ist.

4) Das in Reihen gewachsene Getreide hat steiferes und festeres Stroh, lagert sich deshalb viel seltener und liefert ein schwereres Korn.

5) Die Ernte des gedrillten Getreides ist leichter und billiger, wobei häufig auch mehr Stroh erhalten wird, weil die Frucht kürzer am Boden geschnitten werden kann, als das breitwürfig gesäete Getreide.

6) Der Körnerertrag ist meistens größer als bei der breitwürfigen Saat.

Das Dibbeln besteht in dem Legen einzelnen Körner in Löcher, welche zu einer bestimmten Tiefe und regelmäßigen Entfernung von einander in der Reihe gemacht sind. Es unterscheidet sich von dem Drillen dadurch, daß die Saatkörner nicht in ununterbrochener Linie, sondern in bestimmten Zwischenräumen in den Reihen zu liegen kommen. Die Löcher werden 2—4 Zoll tief und 4 Zoll in der Reihe voneinander entfernt gemacht, und in jedes meist 3 Körner gelegt, welche durch leichtes Uebereggen die Erdbedeckung erhalten. Der Abstand der Saatreihen wechselt wie bei der Drillsaat. Das Dibbeln geschieht entweder durch Handarbeit mittelst kleiner Dibbelhölzer, oder durch Maschinen. Von den Dibbelmaschinen sind die von Mr. James Wilnot zu Hook Norton in Oxfordshire und die von Dr. Samuel Newington zu Knole Park in Kent construirten, besonders zu empfehlen. Namentlich zeichnet sich die letztere Maschine bei guter Arbeitsleistung durch große Billigkeit aus, sie kostet 2 *l.* 10 *s.* Die Ausgabe für das Dibbeln durch Handarbeit wechselt, je nach der Bodenbeschaffenheit und Entfernung der Reihen, per acre von 5 *s.* bis 7 *s.* 6 *d.* oder per Morgen von 1 Rthlr. 3 Sgr. 4 Pf. bis 1 Rthlr. 20 Sgr. Bei Anwendung von Maschinen ist die Arbeit bedeutend billiger; sie kömmt ungefähr auf ⅓ der Handarbeit zu stehen.

Auch mit dem Dibbeln des Weizens im Vergleich zur breitwürfigen und der Drillsaat sind zahlreiche Versuche angestellt, von welchen einige hier Platz finden mögen.

Mr. Hunter zu Tynefield erzielte:
vom breitwürfig gesäeten Weizen . . 34 Bushels per acre
vom gedibbelten dagegen . . . . . . 40 „ „ „
Es ergiebt sich hiernach zu Gunsten des Dibbelns ein Mehrertrag von 6 Bushels per acre.

In dem Versuche des Mr. Kenyon Parker wurde folgendes Resultat erhalten:

	Aussaat per acre Bush.	Pecks	Ertrag per acre B.	Gall.	Gewicht per Bushel ℔
Gedrillt, 12 Zoll weit . . .	1	2	35	1	63
Gedibbelt 12 Zoll weit . .	1	—	35	—	63½

Der Unterschied im Ertrage ist so gering, daß er wohl kaum der verschiedenen Bestellungsart zugeschrieben werden kann.

Mr. Barclay hatte folgendes Ergebniß:

	Aussaat per acre Bushel	Ertrag per acre an Körnern	an Stroh
Gedrillt, 9 Zoll weit .	2½	2390 ℔	3492 ℔
Gedibbelt, 9 Zoll weit .	1¾	2263 „	3592 „

Zu Gunsten der Drillsaat ergiebt sich ein Mehrertrag von 127 ℔ Körner, wogegen der gedibbelte Weizen 100 ℔ Stroh mehr lieferte.

In der Versuchswirthschaft, der Landwirthschafts-Gesellschaft zu Southampton wurden auf ausgedehnten Flächen während 5 Jahre die Drillcultur und das Dibbeln geprüft. Der Unterschied des Ertrages zwischen dem gedrillten und gedibbelten Weizen war so gering, daß man keinem der Verfahren einen entschiedenen Vorzug geben konnte.

In dem Versuche des Mr. Wolfe zu Wood Hall bei Newport stellte sich der Ertrag des gedibbelten Weizens ebenfalls fast ganz gleich dem des gedrillten. Das Resultat war:
Gedrillt 8 Zoll weit . . . . . 43 Bushels 2 Pecks à 63 ℔
Gedibbelt 8 Zoll weit . . . . . 44 „ — „ „ 61 ℔

Mr. Hay *) zu Whitterigg in Roxbourghshire endlich

*) Siehe Book of the Farm by Stephens P. II. §. 35. 33.

verwendete bei der Dibbelcultur eine verschiedene Saatmenge, so daß bei einem gleichen Abstande der Löcher auf den einzelnen Stücken die Zahl der Körner per Quadratfuß 144, 432 und 864 betrug. In derselben Stärke wurde der Weizen auf den angrenzenden Versuchsstücken von gleicher Beschaffenheit gedrillt.

Es gingen auf:

	Von 144 Körnern per □ Fuß		Von 432 Körnern per □ Fuß		Von 864 Körnern per □ Fuß		Mithin im Durchschnitt
	Zahl der Körner	mithin %	Zahl der Körner	mithin %	Zahl der Körner	mithin %	%
Gedibbelt . .	97	67	296	69	616	71	69
Gedrillt . .	105	75	327	73	652	75	74

Dieser Versuch ergiebt beim Drillen einen geringeren Verlust an Saat als beim Dibbeln.

Das Dibbeln des Weizens fand in England großen Anklang und wurde in vielen Wirthschaften, namentlich von Suffolk, Norfolk und Essex, auf großen Flächen ausgeführt. In neuerer Zeit hat es jedoch sehr abgenommen, weil man, in Uebereinstimmung mit den obigen Versuchsresultaten, die Erfahrung machte, daß der gedibbelte Weizen im Vergleich zum gedrillten nur wenig mehr ergab, ja in vielen Fällen die Erträge sich ganz gleichstellten. Der Hauptvortheil besteht in der Saatersparniß, welche im Verhältniß zur Drillsaat durchschnittlich auf 3 Pecks per acre oder circa 4¼ Metze per Mgdb. Morgen angenommen wird. Man empfiehlt daher das Dibbeln vornehmlich bei hohen Getreidepreisen. Bringt man jedoch die größeren Arbeitskosten in Rechnung, so wird selbst in diesem Falle der Gewinn nicht erheblich sein. Auf die gute Ausführung des Dibbelns ist die Beschaffenheit des Bodens von bedeutendem Einfluß. Hat der leichte sandige Boden nicht einen gewissen Grad von Festigkeit, so füllt der Sand die mit der Dibbelmaschine gemachten Löcher, bevor das Saatkorn niedergelegt ist. Andererseits werden in einem bindigen und feuchten Acker die Wandungen der Saatlöcher leicht so erhärten, daß sie von den zarten Pflanzenwurzeln schwer zu durchdringen sind, oder es sammelt sich das Wasser darin, welches den jungen Pflanzen gleichfalls sehr nachtheilig wird. Der gebundene Boden muß sich deshalb in einem sehr mürben und trockenen Zustande befinden. Außerdem geht das Dibbeln langsamer von Statten, als das Drillen, so daß man Gefahr laufen kann, in den vielleicht nur wenigen, zur Bestellung günstigen Tagen die Saat nicht zu vollenden. In allem diesen ist es zu suchen, daß die Dibbelcultur gegenwärtig immer mehr beschränkt wird.

Eine Methode endlich, noch mehr Saatgetreide zu sparen, als beim Dibbeln, ist das Verpflanzen des Weizens welches zuerst von Mr. Marshall empfohlen und von Mr. Palmer *)

*) Hinsichtlich der Ausführung und Kosten dieses Culturverfahrens theilt Mr. Palmer folgendes Beispiel mit: Angenommen, daß 440 Körner auf das Samenbeet gebracht werden und daß jedes Korn keimt, so sind bei der, Anfang August vorgenommenen Zertheilung jedes Weizenstockes in 4 Pflänzlinge, 1760 Pflanzen zu erhalten. Werden nun diese Pflanzen in dem Samenbeete wiederholt versetzt und zertheilt, so tritt folgende Vermehrung der Pflanzen ein:

Ende August	5,280	Pflanzen.
im September	14,080	„
im November	21,120	„

Die zum Säen der Körner und zum wiederholten Zertheilen und Versetzen der Pflanzen erforderliche Zeit berechnet Mr. Palmer wie folgt:

			Stunden.	Minuten.
Im Juli, das Säen von . .	440	Körnern . . .	—	20
Anfang August, das Ausheben von	440	Pflanzen . . .	—	20
das Zertheilen in	1760	„ . . .	1	—
das Versetzen von	1760	„ . . .	3	—
Ende August, das Ausheben von	1760	„ . . .	1	28
das Zertheilen in	5280	„ . . .	3	30
das Versetzen von	5280	„ . . .	10	33
September, das Ausheben „	5280	„ . . .	4	24
das Zertheilen in	14080	„ . . .	9	23
das Versetzen von	14080	„ . . .	28	9
November, das Ausheben „	14080	„ . . .	11	44
das Zertheilen in	21120	„ . . .	14	4
das Versetzen von	21120	„ . . .	42	14
		Zusammen	130 St.	9 M.

in einer großen Reihe von Versuchen geprüft wurde. Auf besondern Beeten wird in ziemlich engen Reihen die Saat Anfang Juli ausgesäet, worauf die Pflanzen, sobald sie sich etwas bestockt haben, herausgenommen, zertheilt und weiter verpflanzt werden. Jeder Weizenstock giebt gewöhnlich 4 Pflänzlinge; man wiederholt dieses Zertheilen der immer von Neuem versetzten Weizenpflänzchen viermal, so daß aus einer sehr geringen Saatmenge hinreichende Pflanzen für ein verhältnißmäßig großes Stück Land gewonnen werden. Obgleich es bei diesem Verfahren gelang, gut bestandene Weizenfelder herzustellen, so fand diese Culturmethode dennoch keine Verbreitung, weil sie zu viel Arbeitskräfte erforderte.

Das Verpflanzen des Weizens kommt in England ausschließlich nur bei ungleichmäßigem Stande der Drill- oder Dibbelsaat in Anwendung. Zeigen sich im Frühjahr, vielleicht in Folge ungünstiger Witterungseinflüsse, einzelne Fehlstellen, so werden aus den dicht stehenden Saatreihen Weizenpflanzen ausgehoben und dorthin versetzt. Es geschieht dies am besten im Monat April.

Beim Rückblicke auf die Erfahrungen, welche über die verschiedenen Methoden der Weizenaussaat gemacht sind, kommen wir zu dem Schlusse, daß die Drillcultur unter sonst ge-

---

oder ungefähr 13½ Arbeitstag à 10 Arbeitsstunden. Von dieser Arbeitszeit sind für das Ausheben und Zertheilen der Weizenpflanzen 5 Frauentage à 6 Sgr. zu rechnen, während der Rest 8½ Tag für das Versetzen der Pflanzen als Männertage à 10 Sgr. anzunehmen ist, so daß die Arbeitskosten:

5 Frauentage à 6 Sgr. . . .	1 Thlr.	— Sgr.	— Pf.
8½ Männertag à 10 Sgr. . .	2 „	25 „	— „
	3 Thlr.	25 Sgr.	— Pf.

betragen. Bei einer Entfernung der Reihen von 9 Zoll und der Pflanzen in der Reihe von 4 Zoll, sind nun 103680 Pflanzen per Morgen erforderlich. Es berechnet sich hiernach die Ausgabe für die Gewinnung und das Versetzen der Pflänzlinge per Morgen auf 19 Thlr. 2 Sgr. 7 Pf. Das für den Morgen erforderliche Saatquantum ist äußerst gering. Es besteht, wenn nach Palmer's Annahme 440 Körner 21120 Pflanzen liefern, in 2118 Körnern, also kaum 2 ℔.

eigneten Verhältnissen die meisten Vortheile bietet und für die höhere Bodencultur alle Beachtung verdient.

Stärke der Aussaat.

Ueber die passendste Stärke der Aussaat sind in vielen Wirthschaften comparative Versuche angestellt worden, ohne dadurch zu einer allgemein gültigen Regel zu gelangen. In der That ist dies auch unmöglich, da so viele wechselnde Momente darauf Einfluß haben. Wie verschieden muß schon das Aussaatquantum sein, je nach der Art des Säens, der Zeit der Bestellung, der Art und Beschaffenheit des Saatweizens, der natürlichen Fruchtbarkeit des Bodens, der Vorbereitung des Ackers, der Stärke der Düngung, der Stelle in der Fruchtfolge u. s. w.

In früherer Zeit säete man möglichst stark; ein Aussaatquantum von 3 Bushels per acre oder 1¼ Scheffel per Morgen war gewöhnlich. Berechnungen über die Körnerzahl eines so starken Saatquantums ergaben, daß hierbei viel Saatgut verschwendet wurde *). In verschiedenen Wirthschaften wurden Versuche mit einer schwächern Aussaat angestellt, die meist einen überraschend günstigen Erfolg hatten. Solche, zur allgemeinen Kenntniß der Landwirthe gelangten, lohnenden Resultate gaben Veranlassung, auf den meisten Gütern das Aussaatquantum zu verringern **), was um so größern Erfolg

*) Ein Quentchen Weizen hat durchschnittlich 87 Körner, mithin ein Pfund 11,136, so daß der Scheffel à 90 ℔ 1,002,240 Körner enthält. Bei einer Aussaat von 1¼ Scheffel kommen mithin 1,255,331 Körner auf den Morgen. Gesetzt nun, jedes Korn liefere nur eine Aehre à 32 Körner, so würde der Ertrag per Mgd. Morgen c. 40 Scheffel sein. Die höchsten Weizenerträge in den fruchtbarsten Theilen Schottlands übersteigen nicht 64 Bushels per acre oder 26,7 Scheffel per Morgen, so daß selbst bei der ergiebigsten Ernte 33%, bei einem guten Durchschnittsertrage von 40 Bushels per acre oder 16 Scheffel per Morgen 56% Verlust an Saatkorn sich herausstellt.

**) Eine Ausnahme hiervon fand ich in der Wirthschaft des Mr. Beasely zu Overstone bei Northampton. Das Aussaatquantum des im October gesäeten Weizens beträgt 2½ Bushel per acre, bei dem hatte, je sorgfältiger die Bestellung und je reiner der Acker war.

Die ausgedehntesten Versuche während 15 Jahre machte Mr. Hewitt Davis zu Spring-Park bei Croydon in Surrey. Der Boden seines Gutes ist ein mit Kies untermischter Lehm, der auf Kreide ruht. Schon die ersten Versuche überzeugten Mr. Davis von der Möglichkeit einer verhältnißmäßig großen Verringerung des Aussaatquantums, und beim Verfolg seiner Untersuchungen kam er endlich zu dem Resultat, die Saatmenge gegen früher auf $\frac{1}{3}$ zu reduciren. Statt der früher üblichen Weizenaussaat von 2 – 3 Bushels per acre gebraucht er jetzt bei der Drillsaat nur 3 Pecks, wobei der Durchschnittsertrag sich auf 40 Bushels per acre stellt.

Mr. Mechi zu Tiptree Hall in Essex säete per acre theils 1, theils 2 Bushels. Die dünne Aussaat hatte den Vorzug; der Mehrertrag wechselte in den verschiedenen Jahren von 1 bis 3 Bushels 3 Pecks per acre.

Mr. Hay zu Whitterigg säete den Weizen nach Turnips in einer Stärke von $1\frac{1}{4}$ Bushel und 3 Bushels per acre. Die Körnererträge waren sich ziemlich gleich, so daß der Gewinn in der Saat-Ersparniß bestand.

Mr. John Harton zu Drunnod in Fifeshire, welcher früher für die breitwürfige Saat 4 Bushels per acre verwen-

---

später (im November) bestellten Weizen sogar 3 Bushels. Der Weizen wird gedrillt in einer Entfernung der Reihen von 8 Zoll. Mr. Beasely erklärte den aus einer starken Aussaat hervorgehenden Vortheil in folgender Weise. Bei einem dünnen Stande der Pflanzen bestauden sich dieselben und treiben mehrere Halme und Aehren, wodurch nach seiner Ansicht die Hauptpflanze geschwächt und ein schlechtes, mattes Korn erzeugt werde. Dabei sei es unvermeidlich, daß die aus den Seitensprößlingen hervorgehenden Aehren nicht gleichmäßig zur Reife kämen, wodurch auch die Qualität des Ertrags verschlechtert werde. Endlich aber leide die dünngesäete Frucht mehr von Insecten und ungünstiger Witterung. Bei der starken Aussaat dagegen brächten die dicht neben einander stehenden Pflanzen allerdings nur immer eine Aehre hervor, die aber ein volles, schweres Korn liefere und zu gleicher Zeit reife.

dete, hat nach und nach dieses Saatquantum auf $2\frac{1}{2}$ Bushel vermindert und dabei sowohl in Qualität wie Quantität höhere Erträge erzielt.

In der Wirthschaft des Sir John Conroy zu Arborfield Hall wurde bei der Drillcultur das Saatquantum von 2 Bushels per acre auf 1 Bushel reducirt und dadurch der Weizenertrag beträchtlich gesteigert.

Diese Versuche wie die Erfahrung im Großen beweisen hinlänglich den Vortheil einer schwächern Aussaat. Es ist dabei übereinstimmend beobachtet worden, daß die Pflanzen bei einem dünneren Stande tiefer mit ihren Wurzeln in den Boden dringen, und hierdurch befähigt werden, ungünstigen Verhältnissen besser Trotz zu bieten.

Der Nachtheil einer zu starken Aussaat ist bei der Drillsaat weit größer, als bei der breitwürfigen. Bei letzterer werden nämlich die Saatkörner zu verschiedener Tiefe in den Boden gebracht, so daß die Pflanzen sich ungleichmäßig bewurzeln. Im Fall des zu dichten Standes werden die schwächern Pflanzen, welche einen geringern, hauptsächlich in der obern Erdschicht befindlichen Wurzelstock haben, leicht von den stärker entwickelten überwältigt und verdrängt. Bei der Drillsaat dagegen, wo die Saat zu gleicher Tiefe in den Boden gebracht wird, findet eine gleichmäßige Bewurzelung der Pflanzen statt, so daß bei einer zu starken Aussaat die kräftige Entwickelung der zu dicht nebeneinander stehenden Pflanzen beeinträchtigt wird.

Die Verminderung des Saatquantums verlangt jedoch gleichfalls Vorsicht, da mehrfache Versuchsergebnisse vorliegen, wo bei einer zu großen Beschränkung Verlust eintrat.

Mr. Hunt zu Basingstoke z. B. bestellte auf einem Kleestück den Weizen breitwürfig und nahm auf der einen Hälfte des Stücks 10 Pecks Aussaat per acre, auf der andern nur 6 Pecks; die breitwürfige Saat zu 6 Pecks ergab 40 Bushels per acre, während die stärkere Aussaat 48 Bushels lieferte.

Mr. James Dean erzielte bei gleicher Entfernung der Pflanzenreihen und gleicher Cultur, je nach der verschiedenen Aussaat folgende Resultate:

	Aussaat per acre	Ertrag per acre
Gedrillt 9 Zoll weit	2 Bushels	38 Bushels — Gallon
Gedrillt 9 Zoll weit	1¾ „	36 „ 7½ „
Gedrillt 9 Zoll weit	1 „ 4 Gallons	35 „ — „

Auch über den Einfluß der Bestellungszeit auf die Stärke der Aussaat sind comparative Versuche angestellt, von welchen wir nur die von Mr. Hay*) zu Whitterigg in Boxburgshire ausgeführten, erwähnen. Der Boden war ein strenger Thon mit undurchlassendem Untergrunde, die Weizen-Varietät Hunter's.

Tag der Aussaat	Art der Aussaat.	Saatquantum p. acre Bushel.	Vorfrucht.	Tag der Ernte.	Körner-Ertrag p. acre Bushel.	Stroh-Ertrag p. acre ℔.
31. August	Gedibbelt	¾	Brache	1. September	31,6	5376
20. September	Breitwürfig	1	Brache	26. August	29,6	4816
27. September	Gedibbelt	¾	Kartoffeln	22. September	28,8	5040
9. October	Breitwürfig	1	Turnips	22. September	36,0	5376
14. October	Breitwürfig	1½	Wicken	10. September	31,2	4529
7. November	Breitwürfig	2	Turnips	20. September	32,4	5376
29. December	Breitwürfig	2¾	Wicken	23. September	26,8	4144
13. Februar	Breitwürfig	2¾	Gras	6. October	29,6	4928
13. Februar	Breitwürfig	2¾	Gras	6. October	34,0	5040

Zu diesen Resultaten ist zu bemerken, daß sie nicht ausschließlich der verschiedenen Saatzeit und der verschiedenen Stärke der Aussaat, sondern auch der jedesmaligen Vorfrucht zuzuschreiben sind. Jedenfalls aber hat zu dem günstigen Ergebniß des später bestellten Weizens die stärkere Aussaat wesentlich beigetragen. Uebrigens befolgt der englische Farmer allgemein die Regel, das Aussaatquantum bei einer späteren Bestellung zu verstärken und umgekehrt. So beträgt unter andern in der schon oft erwähnten Overstone Farm die Aussaat des Anfang October bestellten Weizens 2½ Bushel, während für den später gesäeten 3 Bushels genommen werden.

Unter den gewöhnlichen Verhältnissen, also auf Boden

*) Siehe British Farmers Magazine, October 1852. St. 206.

mittlerer Fruchtbarkeit und bei rechtzeitiger Bestellung, ist in der Mehrzahl der englischen Wirthschaften das Aussaatquantum des Weizens folgendermaßen anzunehmen:

1) Für das Dibbeln . .	2—4 Pecks per acre oder	
	$3^1/_3$—$6^2/_3$ Metzen per Morgen.	
2) Für die Drillsaat . .	5—7 Pecks per acre oder	
	$8^1/_2$—11 Metzen per Morgen.	
3) Für die breitwürfige Saat	8—13 Pecks per acre oder	
	$13^1/_2$—20 Metzen per Morgen.	

Wie stark soll die Saat mit Erde bedeckt werden?

Die Tiefe, zu welcher die Saat in den Boden gebracht wird, hat auf die gleichmäßige Keimung, kräftige Bestockung und den Ertrag unserer Culturgewächse bedeutenden Einfluß. Der Vortheil einer angemessenen Erdbedeckung der Saatkörner macht sich unter den Halmfrüchten namentlich beim Weizen geltend.

Bei der Keimung des Korns entwickelt sich das Würzelchen nach der Tiefe, während der Blattkeim zu dem oberirdischen Halme hervortritt. Dieser treibt ungefähr $^1/_4$—$^1/_2$ Zoll unter der Oberfläche des Bodens aufs Neue Wurzeln, die mehr horizontal in der obersten Erdschicht als nach der Tiefe sich verbreiten. Wir können hiernach zwei Arten von Wurzeln — die sogenannten Samen- und Kronenwurzeln — unterscheiden. Bei dieser eigenthümlichen Wurzelbildung ist es bemerkenswerth, daß die sog. Kronenwurzeln, unabhängig von der stärkern Erdbedeckung des Saatkorns, sich stets in der erwähnten Tiefe von $^1/_4$—$^1/_2$ Zoll unter der Oberfläche entwickeln. Es ist somit das Verbindungsstück der Kronen- und Samenwurzeln, je nach der tieferen oder seichteren Lage der Saat im Boden von verschiedener Länge, und fehlt gänzlich, sobald die Saat nur $^1/_4$—$^1/_2$ Zoll mit Erde bedeckt ist. Je nach der Tiefe der Unterbringung der Saat zeigt sich hinsichtlich der Zeit des Auflaufens der Frucht der Unterschied, daß die tiefer bestellte Saat einige Tage später zum Vorschein kommt, als die mit leichter Erdbedeckung. Bei der weiteren Entwickelung der Pflanzen findet man die für die Praxis wichtige Erscheinung, daß sich die tiefer bestellte Saat im Allgemeinen durch eine kräftigere Wurzelbildung sowohl in der Oberfläche wie nach der Tiefe des Ackers auszeichnet.

Bei der Bestimmung der geeignetsten Tiefe, zu welcher die Weizensaat in den Boden gebracht werden soll, ist auf mancherlei Verhältnisse, insbesondere auf die Bodenbeschaffenheit Rücksicht zu nehmen. Die Tiefe der Unterbringung darf in keinem Falle soweit gehn, daß dadurch die Keimkraft des Saatkorns irgendwie leidet, was bei dem gebundenen Boden eher eintritt, als bei dem leichtern. Selbst eine solche Tiefe der Saat, wo das Keimen noch von Statten geht, erscheint in den meisten Fällen für die Entwickelung der Pflanze nicht besonders günstig, weil in Folge des erheblich langsameren Auflaufens der Frucht die Pflanzen nicht kräftig genug in den Winter kommen.

Nach den von Stephens angestellten Versuchen erträgt der Weizen auf strengem bindigen Boden eine Erdbedeckung von 3—4 Zoll, auf leichtem von 4—6 Zoll, ohne daß die Keimfähigkeit des Korns beeinträchtigt wird. Auf den verschiedenen Bodenarten, darf unter Berücksichtigung der vorerwähnten Verhältnisse die Einsaat in folgender Tiefe als die geeignetste gelten: auf einem strengen gebundenen Boden 2—2½ Zoll, auf einem milden Lehmboden und sandigen Lehm 2½—3 Zoll, und auf den leichteren sandigen Bodenarten 3—5 Zoll tief.

Die gleichmäßige Erdbedeckung der Saat geschieht ohne Zweifel am sichersten beim Drillen oder Dibbeln, wo die Säemaschinen leicht zu der erforderlichen Tiefe gestellt werden können. Beit der breitwürfigen Saat dagegen ist je nach dem Boden die Unterbringung mit dem Exstirpator oder das seichte Unterpflügen zu empfehlen.

Die Vortheile einer tieferen Erdbedeckung der Weizensaat ergeben sich nun hauptsächlich in folgenden Punkten. Das Auflaufen der Saat geht, wenn auch einige Tage später, sehr regelmäßig von Statten, weil den Bedingungen zur Keimung möglichst vollständig entsprochen wird. Ein Verlust an Saatkorn tritt weniger ein, als bei einer nur ganz oberflächlichen Erdbedeckung durch die Egge, wo manches Korn ganz unbedeckt bleibt und dem Vogelfraß anheim gegeben ist. Bei der weitern Entwicklung erträgt die kräftiger und tiefer wurzelnde Weizenpflanze anhaltende Trockenheit längere Zeit und bietet den nachtheiligen Einwirkungen des Frostes besser Trotz. In letzterer Hinsicht ist ein Ausheben der Pflanzen in dem aufgefrornen Boden nicht so leicht zu befürchten. Endlich aber ist dabei nicht ganz zu übersehn, daß die Frucht einen festeren Stand hat und weniger zum Lagern neigt. Auch wird die tiefwurzelnde Weizenpflanze aus der unteren Erdschicht Nahrungsstoffe aufnehmen und die Ackerkrume weniger erschöpfen*).

---

*) Der Verfasser hat über diesen Gegenstand seit dem Jahre 1854 in der Poppelsdorfer Gutswirthschaft vielfache Beobachtungen gemacht und eine Reihe komparativer Versuche zur Feststellung der zweckmäßigsten Erdbedeckung der Weizensaat angestellt. Auf dem dortigen tiefgründigen Lehmboden ergab sich, daß das Saatkorn 3—4 Zoll tief gesäet im Vergleich zur oberflächlichen Erdbedeckung von ½—1 Zoll zwar 4—8 Tage später, aber sehr regelmäßig aufging. Die Bewurzelung des tiefer gesäeten Weizens war hier durchgängig kräftiger und tiefer, als bei der seichten Saat. Bei den Untersuchungen fand ich weiter, daß die sog. Samenwurzeln bis zu den späteren Wachsthumstadien lebensfähig blieben und nur erst bei der herannahenden Reife der Frucht abstarben. Die komparativen Versuche ergaben auf dem oben bezeichneten Boden als die passendste Tiefe der Einsaat 3 Zoll, welche auch jetzt für die gesammte Weizencultur des hiesigen Guts eingehalten wird. In jenen Versuchen, wo auch die breitwürfige Saat zum Vergleich ausgeführt wurde, zeigte sich im Jahre 1855 in recht auffallender Weise, daß die tief bestellte Saat den ungünstigen Witterungseinflüssen des Winters vollständig Trotz bot, während die breitwürfig gesäete, nur oberflächlich bestellte dadurch gänzlich zu Grunde ging. So lieferte ferner das letztverflossene Jahr 1857 den Beweis, daß der Weizen bei stärkerer Erdbedeckung selbst die äußerste Trockenheit weit besser erträgt als die in gewöhnlicher Weise oberflächlich bedeckten Saaten.

Das tiefere Unterbringen der Weizensaat ist auch in andern deutschen Wirthschaften mit gutem Erfolge versucht worden. So ließ Landes-Oekonomie-Rath Weyhe auf der Domaine Wegeleben, während mehrerer Jahre den Weizen seicht unterpflügen und erzielte dadurch reiche Erträge.

Dr. Pullen zu Wevelinghoven im Kreise Grevenbroich fand bei

Beschaffenheit des Saatackers.

Mit welcher Sorgfalt der englische Farmer den Saatacker zubereitet und wie er dabei durch viele vortreffliche Ackergeräthe aufs Beste unterstützt wird, ist zur Genüge bekannt. Wir wollen nicht auf alle Einzelnheiten der Vorbereitung der Felder für die Weizensaat eingehen, sondern nur einen Punkt — die Zusammendrückung des Ackers vor der Aussaat — näher besprechen.

Der tief gelockerte Boden soll, bevor die Einsaat geschieht, einen gewissen Grad von Festigkeit wieder erlangt haben. Man nennt diesen Zustand des Feldes ein gutes Saatbett, und findet darin hauptsächlich folgende Vortheile:

1) Der Boden hält länger die zur Keimung und weiteren Entwickelung der jungen Pflanzen nöthige Feuchtigkeit.

2) Ungünstige Witterungseinflüsse — große Trockenheit und kaltes Wetter — haben weniger nachtheiligen Einfluß.

3) Die Pflanzenwurzeln sind nicht der Gefahr ausgesetzt, von ihrer Erddecke entblößt zu werden. Die in einen frischgedüngten, sehr lockern Boden gebrachte Saat verbreitet nämlich bald in der obern Erdschicht ihre feinen Wurzelfasern. Nach und nach setzt sich das lockere Erdreich und die anfangs bedeckten leichten Würzelchen werden der zerstörenden Einwirkung der Trockenheit und des Frostes preisgegeben.

Auf welche Weise sucht man denn nun den Pflanzen ein gutes Saatbett zu verschaffen? Der einfachste Weg ist das längere Liegenlassen des Feldes nach der letzten Furche, bevor es besäet wird. Der Zeitpunkt, wo der Acker nach der letzten

---

der Uebernahme seines Guts die Felder in sehr verunkrautetem Zustande: die Weizenäcker waren bald nach der Bestellung mit Unkraut so überfüllt, daß er sich entschloß, die Saat umzupflügen und die Aecker für eine Sommerfrucht vorzubereiten. Im Frühjahr des folgenden Jahres war zu seiner nicht geringen Verwunderung das umgepflügte Ackerstück mit kräftigen Weizenpflanzen dicht bestanden und die Ernte ergab einen lohnenden Ertrag. Dr. Pullen pflügt nun, hiedurch veranlaßt, seit dieser Zeit die Weizensaat regelmäßig unter, wobei die Erträge ergiebig und sicher sind.

Bearbeitung sich gesetzt hat, ist je nach der Beschaffenheit des Bodens und der Art der Vorfrucht und Bestellung verschieden. Es gilt in dieser Hinsicht, daß auf sandigem, humosem, überhaupt leichtem Boden und nach Vorfrüchten, wie Turnips, Runkelrüben ꝛc., welche den Acker in einer staubigen, sehr lockern Beschaffenheit lassen, längere Zeit dazu erforderlich ist. Die Bestellungsweise der Saatäcker hat insofern darauf Einfluß, als durch ein in kurzen Zeiträumen wiederholtes Pflügen der Boden außerordentlich zertheilt und gelockert wird, der sich dann aber nur langsam wieder setzt. Auf sandigen Aeckern giebt man deshalb der einfurchigen Weizenbestellung den Vorzug.

Als Regel gilt im Allgemeinen, die Aecker nach der letzten Furche 14 Tage bis 3 Wochen liegen zu lassen. Bei dem in England üblichen Fruchtwechsel, wo der Weizen meistens nach Klee, theilweise auch nach Turnips folgt, ist dies jedoch selten gestattet, weil man im ersten Falle beim frühzeitigen Umbruch der Kleefelder zu viel von deren Nutzung verlieren, im letzteren aber bei der an und für sich spätern Hackfruchternte, die Herbstsaat zu sehr hinausschieben würde. Man hilft sich nun hier damit, daß man den frischgepflügten Acker wiederholt mit schweren Walzen überzieht und ihm so die zur Einsaat nöthige Festigkeit giebt. Entweder bedient man sich der gewöhnlichen schweren Walzen mit glatter Oberfläche, oder benutzt die s. g. Preßwalze (presser roller). Die letztere besteht aus einer größeren Zahl eiserner Scheiben, die auf eine gemeinsame Achse geschoben sind; sie unterscheidet sich von der Ringelwalze nur dadurch, daß sie einen größeren Durchmesser hat und schwerer ist. Außer der Preßwalze, wodurch die Oberfläche des Bodens gleichmäßig zusammengedrückt wird, verwendet man nicht selten die sog. Drillwalze (drill presser). Auf einer Achse sind in der Entfernung der Saatreihen 3—4 große eiserne Räder aufgeschoben. Die Räder mit einem konisch verjüngten Rande haben einen Durchmesser von 4 Fuß und wiegen durchschnittlich 2 Ctr. per Stück. An dem hinteren Theile des Walzengestells ist gewöhnlich ein Saatkasten angebracht, von welchem sofort die Saat in die von den Rädern gemachten Rinnen eingestreut wird. Ich sah mittelst dieser Maschine in der Park-Farm des Herzogs von Bedford Felder von sehr leichter Beschaffenheit mit Weizen bestellen. Die Arbeit ließ nichts zu wünschen übrig.

Auf sandigen Feldern giebt man endlich der Saat ein gutes Bett durch Uebertreiben derselben mit Schafen. In der erwähnten Park-Farm, wie in verschiedenen Wirthschaften Norfolks, ist dies ganz gebräuchlich. Man theilt die Heerde, um ein möglichst gleichmäßiges Festtreten zu erzielen, in mehrere Abtheilungen und giebt jeder einen Führer. M. Thom. Bennet, der Verwalter der Park-Farm, versicherte mich, daß dies Verfahren auf allen leichtern Feldern ein überaus günstiges Resultat gehabt habe, daß er sogar dasselbe in mancher Hinsicht der Saat mit der Drillwalze vorziehe. Er läßt deshalb die Schafe nicht selten selbst auf den mit der Drillwalze bestellten Acker treiben.

Düngung.

Bei der Wahl der für die Halmfrüchte geeignetsten Düngungsmittel müssen die im Großen unter den verschiedensten klimatischen und Bodenverhältnissen gemachten Erfahrungen dem praktischen Landwirth hauptsächlich zur Richtschnur dienen. Die praktischen Verfahrungsweisen werden geläutert durch Anwendung der Gesetze der Wissenschaft, wie insbesondere durch Anstellung genauer komparativer Versuche. Letztere verdienen um so mehr Beachtung, wenn sie längere Zeit, und nicht vereinzelt durchgeführt sind. Die Zahl der in England zur Ermittelung der geeignetsten Weizendüngung angestellten Versuche ist verhältnißmäßig groß; unter diesen verdienen die durch Mr. Lawes *) zu Rothamsted und durch Mr. Keary **) zu Holkham ausgeführten, besondere Beachtung. In Folgendem mögen deshalb die Hauptresultate derselben mitgetheilt werden.

---

*) Siehe Journal of the royal agric. Society of England, vol. XII. part. I.

**) Siehe dasselbe Journal vol. XIII. part. I. pag. 207.

Zu den Lawes'schen Versuchen wurden 14 acres (22⅕ Mgn.) von gleichmäßiger Bodenbeschaffenheit verwendet, welche Gerste, Erbsen, Weizen und Hafer nach gedüngtem Turnips getragen hatten, und sich somit beim Beginne der Versuche (Herbst 1843) in einem ziemlich erschöpften Zustande befanden. Der Boden des Versuchsfeldes war ein strenger Lehm von 4—6 Fuß Tiefe, ruhend auf einer Kreideunterlage, die jedoch keinen weitern Einfluß auf die Fruchtbarkeit des Bodens hatte, als daß das Land nicht an Nässe litt. Von den einzelnen Abtheilungen dieses Feldes blieb eine während der ganzen Versuchsdauer vom Herbst 1843—1850 ungedüngt, während die andern, bei sonst gleicher Bestellung mit verschiedenen Düngungsmitteln versorgt wurden.

Es sind im Ganzen sieben Versuchs-Abtheilungen zu unterscheiden, nämlich:

Abtheilung I. ungedüngt.

Abtheilung II. alljährlich mit 174 Ctr. Stallmist gedüngt.

Abtheilung III. erhielt, mit Ausnahme des ersten Versuchsjahres, ausschließlich Ammoniaksalze.

1844.	Ueberphosphorsaurer Kalk	342 ℔
	Kieselsaures Kali	134 „
1845.	Schwefelsaures Ammoniak	105 „
	Salmiak	105 „
1846.	Schwefelsaures Ammoniak	137 „
1847.	Schwefelsaures Ammoniak	92 „
	Salmiak	92 „
1848.	Schwefelsaures Ammoniak	92 „
	Salmiak	92 „
1849.	Schwefelsaures Ammoniak	122 „
	Salmiak	122 „
1850.	Schwefelsaures Ammoniak	122 „
	Salmiak	122 „

Abtheilung IV. blieb ein Jahr ungedüngt, während der übrigen Versuchsjahre wurden verschiedene Düngungen gegeben — Mineraldünger und Ammoniaksalze, theils allein, theils in Verbindung —.

1844.	Ueberphosphorsaurer Kalk	312 ℔
	Kieselsaures Kali	134 „

1845.	Schwefelsaures Ammoniak	103 K
	Salmiak	103 „
1846	Ungedüngt.	
1847.	Schwefelsaures Ammoniak	92 „
	Salmiak	92 „
1848.	Mineraldünger (phosphorsaures, schwefelsaures und kieselsaures Kali, Natron, Magnesia und Kalk) . .	580 „
	Schwefelsaures Ammoniak	92 „
	Salmiak	92 „
1849.	Schwefelsaures Ammoniak	122 „
	Salmiak	123 „
1850.	Mineraldünger	580 „
	wie im Jahr 1848, aber ohne Zusatz von Ammoniaksalzen.	

Abtheilung V. wurde mit **Mineraldünger** in Verbindung mit **Ammoniaksalzen** gedüngt.

1844.	Phosphorsaurer Kalk, Magnesia, Natron, Kali und kieselsaures Kali	419 K
	Schwefelsaures Ammoniak und Salmiak	134 „
1845.	Phosphorsaurer Kalk	205 „
	Schwefelsaures Ammoniak und Salmiak	136 „
1846.	Verschiedene mineralische Nahrungsstoffe	403 „
	Schwefelsaures Ammoniak und Salmiak	136 „
1847.	Phosphorsaurer Kalk	61 „
	Schwefelsaures Ammoniak und Salmiak	184 „
1848.	Verschiedene mineralische Nahrungsstoffe	488 „
	Schwefelsaures Ammoniak und Salmiak	184 „
1849.	Dieselbe Menge Mineraldünger als im Jahre 1848, und schwefelsaures Ammoniak und Salmiak . . .	244 „
1850.	Mineraldünger und Ammoniaksalze wie im Jahre 1849.	

Abtheilung VI. erhielt **Mineraldünger** in Verbindung mit **Ammoniaksalzen**. Art und Menge der in den einzelnen Jahren verwendeten Düngstoffe war gleich der Abtheilung V. mit Ausnahme von 1846, wo der Mineraldünger allein verwendet wurde.

Abtheilung VII. erhielt **Mineraldünger**, namentlich phosphorsaure Verbindungen, nebst **Ammoniaksalzen**.

1844.	Ueberphosphorsaurer Kalk, phosphorsaure Magnesia, Natron, Kali, kieselsaures Kali	419 ℔
	Schwefelsaures Ammoniak	40 „
1845.	Ueberphosphorsaurer Kalk	137 „
	Rapskuchen	171 „
	Schwefelsaures Ammoniak und Salmiak	133 „
1846.	Verschiedene mineralische Substanzen, phosphorsaure, schwefelsaure und kieselsaure Verbindungen . . .	403 „
	Schwefelsaures Ammoniak	136 „
1847.	Gebranntes Knochenmehl	61 „
	Schwefelsäure	61 „
	Schwefelsaures Ammoniak und Salmiak	244 „
1848.	Verschiedene mineralische Stoffe, phosphorsaure, schwefelsaure und kieselsaure Verbindungen	580 „
	Schwefelsaures Ammoniak und Salmiak	244 „
1849.	wie 1848.	
1850.	wie 1848 und 1849.	

Die Erträgnisse dieser Versuchsstücke sind in folgender Tabelle (Seite 129) zusammengestellt.

Zur leichteren Uebersicht der Erfolge lassen sich die in der Tabelle aufgeführten 49 Ernteerträge, je nach ihrer besonderen Behandlung der Versuchsstücke in folgende Gruppen bringen:

	Mittlerer Ertrag per Morgen		Mehrertrag durch die Düngung per Morgen	
	Körner. ℔	Stroh. ℔	Körner. ℔	Stroh. ℔
8 Ernten ohne Düngung	694	1050	—	—
7 Ernten nach Stallmist	1105	1813	411	763
4 Ernten nach löslichen phosphorsauren Erden und Alkalien	712	907	18	143
9 Ernten nach Ammoniaksalzen	1126	1888	432	838
6 Ernten nach Ammoniaksalzen und löslichen phosphorsauren Erden . .	1292	2418	598	1368
15 Ernten nach Ammoniaksalzen und löslichen phosphorsauren Erden und Alkalien	1123	1868	429	818
Zus. 49 Ernten.				

Erträge per Magdeburger Morgen.

Versuchsjahr.	Abtheilung I. Ungedüngt. ℔	Abtheilung II. 174 Ctr. Stallmist per Jahr. Ertrag ℔	Mehrert. üb. Abt. I. ℔	Abtheilung III. Ammoniaksalze mit Ausnahme von 1844. Ertrag ℔	Mehrert üb. Abt I. ℔	Abtheilung IV. Mineraldüngung und Ammoniaksalze, theils allein, theils in Verbindung. Ertrag ℔	Mehrert. üb. Abt. I. ℔	Abtheilung V. Mineraldünger mit Ammoniaksalzen. Ertrag ℔	Mehrert üb Abt. I. ℔	Abtheilung VI. Mineraldünger mit Ammoniaksalzen excl. 1846. Ertrag ℔	Mehrert. üb. Abt. I ℔	Abtheilung VII. Mineraldünger mit Ammoniaksalzen. Ertrag ℔	Mehrert. üb. Abt. I. ℔
A. Körnererträge.													
1844.	564	774	210	616	52	616	52	836	272	836	272	758	194
1845.	880	1202	322	1210	330	1210	330	1251	371	1251	371	1279	399
1846.	737	1116	379	1130	393	743	6	1251	514	900	163	1243	506
1847.	686	1210	524	1040	354	1042	356	1320	634	1240	554	1414	728
1848.	582	1042	460	815	233	980	398	1060	478	1102	520	1189	607
1849.	750	1254	504	1308	558	1317	567	1321	571	1370	620	1380	630
1850.	611	1137	526	1050	440	715	104	1187	576	1127	516	1198	587
Summa	4810	7735	2925	7169	2360	6623	1813	8226	3416	7826	3016	8461	3651
Jahres-Mittel	687	1105	418	1024	337	946	259	1175	488	1118	431	1209	522
B. Stroherträge.													
1844.	684	902	218	679	5	679	5	1080	396	1080	396	869	185
1845.	1657	2392	735	2607	950	2607	950	2333	676	2333	676	2338	681
1846.	924	1499	575	1371	447	889	35	1734	810	1157	233	1701	777
1847.	1162	2217	1055	1766	604	1756	594	2354	1192	2544	1382	2603	1441
1848.	1046	1858	812	1446	400	1788	742	1793	747	1867	821	2031	985
1849.	986	1836	850	1744	758	1811	825	2195	1209	2308	1322	2357	1370
1850.	1050	1983	933	1887	837	1114	140	2400	1350	2348	1298	2464	1414
Summa	7509	12687	5178	11500	4001	10644	3291	13889	6380	13637	6128	14363	6853
Jahres-Mittel	1073	1813	740	1643	571	1521	470	1984	911	1948	875	2052	979

Die Versuche des Mr. Keary zu Holkham*) wurden auf einem Felde ausgeführt, dessen Bodenbeschaffenheit von dem tiefgründigen strengen Lehm des Lawes'schen Versuchsackers sich wesentlich unterschied.

Das in Holkham dazu verwendete Land war ein leichter, ziemlich flacher sandiger Lehm, ruhend auf einem sehr kalkhaltigen Mergel, ein Boden, der früher als zu leicht für den Weizenbau gehalten wurde, jetzt aber bei dem intensiven Betriebe, wegen der leichteren Bearbeitung wie der schnellen und sichern Wirkung des Düngers als außerordentlich ergiebig und dankbar gilt. Die zu den Versuchen gewählte Feldabtheilung war seit langer Zeit nach dem Vierfeldersystem bewirthschaftet, und hatte als letzte Frucht vor Beginn der Versuche Turnips in frischer Düngung (Stallmist und Guano) getragen. Es wurden 7 Versuchsabtheilungen gebildet von je ½ acre Größe.

Abtheilung I. blieb während der Versuchszeit von 1851—1854 ungedüngt.

Abtheilung II. erhielt Mineraldünger und zwar alljährlich folgende Substanzen per Morgen:

Schwefelsaures Kali	. . . .	200 ℔
„ Natron	. . . .	133 „
„ Magnesia	. . . .	67 „
Ueberphosphorsauren Kalk	. . . .	233 „

(bestehend aus 133 ℔ gebranntes Knochenmehl und 100 ℔ Schwefelsäure.)

Abtheilung III. alljährlich im Herbst gedüngt mit Ammoniaksalzen und zwar:

Schwefelsaures Ammoniak	. . . . .	133 ℔
Salpetersaures Ammoniak	. . . . .	133 „

Abtheilung V. gedüngt alljährlich mit Mineraldünger und Ammoniaksalzen, und zwar mit denselben Quantitäten der betreffenden Düngungsmittel wie in Abtheilung II. und III. angegeben.

Abtheilung VI. gedüngt mit Rapskuchen und zwar alljährlich mit 1333 ℔.

---

*) Wie es scheint, wurden diese Versuche nach Angaben des Mr. Lawes, der ihre Resultate auch veröffentlicht hat, angestellt.

Abtheilung VII. erhielt alljährlich 187 Ctr. Stallmist.

Die Erträgnisse der Versuchsstücke während der Versuchsdauer finden sich in folgender Tabelle (Seite 132) zusammengestellt *).

Die in der Tabelle näher bezeichneten 28 Ernteerträge mögen auch bei dieser Versuchsreihe zur besseren Veranschaulichung der Erfolge, je nach der besondern Behandlung der Versuchsstücke im Mittel des Korn- und Strohertrags zusammengestellt werden:

	Mittlerer Ertrag per Morgen.			Mehrertrag durch die Düngung per Morgen.		
	Körner		Stroh	Körner		Stroh
	Schffl	Metz.	℔	Schffl.	Metz.	℔
4 Ernten ohne Düngung . .	10	6⅞	858⅔	—	—	—
4 Ernten nach löslichen phosphorsauren Erden u. Alkalien	10	4¾	1133⅓	—	—	274⅔
4 Ernten nach Ammoniaksalzen, im Herbst angewendet	14	1	1493⅓	3	10⅛	634⅔
4 Ernten nach Ammoniaksalzen im Frühjahr angewendet .	13	13½	1495	3	6⅝	636⅓
4 Ernten nach löslichen phosphorsauren Erden, Alkalien und Ammoniaksalzen . . .	16	3	1892⅓	5	1⅛	1033⅔
4 Ernten nach Rapskuchen .	16	7⅞	1831⅓	6	1	972⅔
4 Ernten nach Stallmist . .	15	1¼	1737⅔	4	10⅜	879

Beim näheren Eingehen auf die Resultate der Hauptabtheilungen jener Versuchsreihen ergiebt sich das Folgende:

1. Die Erträge, welche beim fortgesetzten Weizenanbau ohne jede Düngung erzielt wurden.

Auf einem Theile des Lawes'schen Versuchsfeldes, das nach gedüngten Turnips drei Körnerfrüchte getragen hatte, wurden 7 aufeinander folgende Weizenernten ungedüngt genommen, wobei in der siebenten Ernte kein Anzeichen einer abnehmenden Fruchtbarkeit sich zeigte. Während nämlich der

*) Es ist zu bedauern, daß von dem Versuchs-Ansteller Mr. Keary der Strohertrag des ersten Versuchsjahres nicht angegeben wurde.

Erträge pro Magdeburger Morgen.

Versuchsjahr.	Abtheilung I. Ungedüngt. Ertrag.		Abtheilung II. Mineraldünger. Ertrag.		Abtheilung II. Mehrertr. üb. Abth. I.		Abtheilung III. Ammoniaksalze im Herbste angewendet. Ertrag.		Abtheilung III. Mehrertr. üb. Abth. I.		Abtheilung IV. Ammoniaksalze im Frühjahr gebraucht. Ertrag.		Abtheilung IV. Mehrertr. üb. Abth. I.		Abtheilung V. Mineraldünger und Ammoniaksalze. Ertrag		Abtheilung V. Mehrertr üb. Abth I.		Abtheilung VI. Rapskuchen. Ertrag.		Abtheilung VI. Mehrertr. üb. Abth I.		Abtheilung VII. Stallmist. Ertrag.		Abtheilung VII. Mehrertr. üb. Abth. I.	
	Scheff	Metz.	Sch.	Mtz.	Sch.	Mtz.	Sch.	Mtz	Sch	Mtz	Sch.	Mtz.	Sch.	Mtz	Sch	Mtz.	Sch.	Mtz.	Sch.	Mtz.	Sch.	Mtz.	Sch	Mtz	Sch	Mtz.
A. Körnererträge.																										
1851.	17	13	15	$9\frac{1}{4}$	—	—	20	1	2	4	18	$9\frac{1}{2}$	—	$12\frac{1}{2}$	21	4	3	7	23	$11\frac{1}{2}$	5	$14\frac{1}{2}$	19	12	1	15
1852.	6	15	8	$7\frac{1}{4}$	1	$8\frac{1}{4}$	13	$9\frac{1}{2}$	6	$10\frac{1}{2}$	12	$6\frac{1}{4}$	5	$7\frac{1}{4}$	13	$15\frac{3}{4}$	7	$\frac{3}{4}$	14	$12\frac{3}{4}$	7	$13\frac{3}{4}$	13	12	6	13
1853.	9	8	8	13	—	—	12	$1\frac{1}{2}$	2	$9\frac{1}{2}$	13	$15\frac{1}{4}$	4	$7\frac{3}{4}$	13	$4\frac{1}{4}$	3	$12\frac{1}{4}$	13	$9\frac{1}{2}$	4	$1\frac{1}{2}$	13	$9\frac{1}{2}$	4	$1\frac{1}{2}$
1854.	7	$7\frac{1}{2}$	8	$5\frac{3}{4}$	—	$14\frac{1}{4}$	10	8	3	$\frac{1}{2}$	10	$6\frac{3}{4}$	2	$15\frac{1}{4}$	16	4	8	$12\frac{1}{2}$	13	14	6	$6\frac{1}{2}$	13	$3\frac{1}{2}$	5	12
Summa	41	$11\frac{1}{2}$	41	$3\frac{1}{4}$	2	$6\frac{1}{2}$	56	4	14	$8\frac{1}{2}$	55	$6\frac{1}{4}$	13	$10\frac{3}{4}$	64	12	23	$\frac{1}{2}$	65	$15\frac{3}{4}$	24	$4\frac{1}{4}$	60	5	18	$9\frac{1}{2}$
Jahres-Mittel	10	$6\frac{7}{8}$	10	$4\frac{3}{4}$	—	$9\frac{5}{8}$	14	1	3	$10\frac{1}{8}$	13	$13\frac{1}{2}$	3	$6\frac{5}{6}$	16	3	5	$12\frac{1}{6}$	16	$7\frac{7}{8}$	6	1	15	$1\frac{1}{4}$	4	$10\frac{3}{8}$

Versuchsjahr.	Abth. I. Ertrag	Abth. II. Ertrag	Abth. II. Mehrertr.	Abth. III. Ertrag	Abth. III. Mehrertr.	Abth. IV. Ertrag	Abth. IV. Mehrertr.	Abth. V. Ertrag	Abth. V. Mehrertr.	Abth. VI. Ertrag	Abth. VI. Mehrertr.	Abth. VII. Ertrag	Abth. VII. Mehrertr.
B. Stroherträge.	Pfunde.	Pfd.	Pfd.	Pfd.	Pfd.	Pfd.	Pfd.	Pfd.	Pfd.	Pfd.	Pfd.	Pfd.	Pfd.
1852.	$622\frac{2}{3}$	1028	$405\frac{1}{3}$	$1517\frac{1}{3}$	$894\frac{2}{3}$	$1450\frac{2}{3}$	828	$1606\frac{2}{3}$	984	1732	$1109\frac{1}{3}$	1620	$997\frac{1}{3}$
1853.	$1126\frac{2}{3}$	$1322\frac{2}{3}$	196	$1541\frac{1}{3}$	$414\frac{2}{3}$	1840	$713\frac{1}{3}$	$1865\frac{1}{3}$	$738\frac{2}{3}$	$1857\frac{1}{3}$	$730\frac{2}{3}$	1860	$733\frac{1}{3}$
1854.	$826\frac{2}{3}$	$1049\frac{1}{3}$	$222\frac{2}{3}$	$1421\frac{1}{3}$	$594\frac{2}{3}$	$1194\frac{2}{3}$	368	$2204\frac{2}{3}$	1378	$1904\frac{2}{3}$	1078	$1732\frac{2}{3}$	906
Summa	2576	3400	824	4480	1904	$4485\frac{1}{3}$	$1909\frac{1}{3}$	$5676\frac{2}{3}$	$3100\frac{2}{3}$	5494	2918	$5212\frac{2}{3}$	$2636\frac{2}{3}$
Jahres-Mittel	$858\frac{2}{3}$	$1133\frac{1}{3}$	$274\frac{2}{3}$	$1493\frac{1}{3}$	$634\frac{2}{3}$	1495	$636\frac{1}{3}$	$1892\frac{1}{3}$	$1033\frac{2}{3}$	$1831\frac{1}{3}$	$972\frac{2}{3}$	$1737\frac{2}{3}$	879

Ertrag der ersten Ernte 564 ℔ Körner und 684 ℔ Stroh ist, beträgt das Mittel aller sieben Ernten 687 ℔ Körner und 1075 ℔ Stroh, also erheblich mehr als in dem ersten Jahre.

In den Versuchen von Keary ist der Ertrag des ungedüngten Stücks im ersten Jahre allerdings erheblich höher, was hauptsächlich dem dungkräftigen Zustande des Bodens nach Turnips zuzuschreiben ist.

In den folgenden Versuchsjahren stellen sich die Erträge niedriger, halten sich aber auf ziemlich gleicher Höhe.

Diese günstigen Erfolge des fortgesetzten Weizenbaues sind vornehmlich der Bodenbeschaffenheit der Versuchsäcker zuzuschreiben, und berechtigen nicht zu einer gleichen Annahme unter andern Verhältnissen. Der tiefgründige Lehm des Versuchsfeldes zu Rothamsted ist reich an wichtigen Mineralsubstanzen und hat durch den Kreide-Untergrund eine vortreffliche Lage. Der Versuchsacker zu Holkham besitzt eine nicht minder günstige Beschaffenheit, welche bei der zwar flachen Oberkrume eines sandigen Lehms vorzüglich durch den darunter lagernden reichen, sehr kalkhaltigen Mergel bedingt ist. Dennoch aber finden wir in jenen Versuchen einen neuen Beleg dafür, daß durch den fortgesetzten Getreide-Anbau ohne Düngung bei sorgfältiger Bearbeitung und Reinhaltung des Landes eine vollständige Erschöpfung des Bodens nicht so schnell eintritt, als man erwarten sollte.

Noch auffallender beweist dies das am Schlusse dieses Abschnittes beschriebene Lois Weedoner Cultur-Verfahren.

2. Die Erträge, welche bei ausschließlicher Anwendung von mineralischen Substanzen gewonnen wurden.

Der mittlere Ertrag von 4 Ernten nach phosphorsauren Erden und Alkalien in den Lawes'schen Versuchen ergiebt über das Durchschnittserzeugniß der ungedüngten Abtheilung ein Mehr von 18 ℔ Körnern, was zu gering ist, um es der Wirkung des Mineraldüngers zuschreiben zu können. Der Strohertrag ist sogar um 143 ℔ niedriger. Nicht günstiger stellt sich das Verhältniß in den Versuchen von Keary, indem hier der Durchschnitts-Körnerertrag von 4 Ernten gegen das ungedüngte Stück um $2^1/_8$ Metze niedriger ist, während der Strohertrag sich im Mittel um 274 ℔ erhöht.

Zeigt sich hiernach die ausschließliche Mineraldüngung für den Weizen erfolglos, so ist dies den Bodenverhältnissen jener Versuchsäcker hauptsächlich mit zuzuschreiben und kann dieses Resultat für andere Bodenarten keineswegs absolut maßgebend sein.

3. Die durch eine Düngung mit Ammoniaksalzen erzielten Erträge.

Die ausschließliche Zuführung von Ammoniaksalzen hatte in beiden Versuchsreihen einen ausnehmend günstigen Erfolg. In den Lawes'schen Versuchen wurde dadurch im Mittel von 9 Ernten über das ungedüngte Versuchsstück ein Mehrertrag von 432 ℔ Körner und 838 ℔ Stroh erzielt.

Eine ziemlich gleiche Höhe des Mehrertrages finden wir in den Versuchen von Keary. Zu Gunsten der stickstoffhaltigen Düngung ergiebt sich nämlich im Durchschnitt von 4 Ernten bei Anwendung der Ammoniaksalze im Herbst ein Mehr von 3 Scheffel $10^1/_8$ Metze Körner und $634^1/_3$ ℔ Stroh und bei der Aufbringung im Frühjahr eine Ertragssteigerung gegen das ungedüngte Stück, von 3 Scheffel $6^5/_8$ Metzen Körner und $636^1/_3$ ℔ Stroh.

Diese gleichmäßige, bedeutende Vermehrung der Erträge läßt den Stickstoffgehalt des Düngers, im Vergleich zur Düngung mit phosphorsauren und andern Mineralsalzen von erheblich größerem Einfluß auf die Weizencultur erscheinen, selbst wenn man der oben angedeuteten günstigen Bodenbeschaffenheit der Versuchsäcker volle Rechnung trägt.

4. Die Erträge nach Ammoniaksalzen und phosphorsauren Erden und Alkalien.

Die vereinte Wirkung dieser Düngungsmittel hatte in Lawes'schen wie in den Keary'schen Versuchen die höchsten Erträge zur Folge. In den ersteren wurde dadurch im Mittel von 6 Ernten ein Mehrertrag von 598 ℔ Körner und 1368 ℔ Stroh, und in den letzteren Versuchen im Durchschnitt von 4 Ernten eine Ertragssteigerung von 5 Scheffel $1^2/_8$ Metze

Körner und 1033⅔ ℔ Stroh über das ungedüngte Stück erzielt. Vergleichen wir hiermit die Erträge der blos mit Ammoniaksalzen gedüngten Felder, so stellt sich der Mehrertrag über die letztern in den Lawes'schen Versuchen auf 166 ℔ Körner und 530 ℔ Stroh; in den Keary'schen dagegen auf 1 Scheffel 7⅛ Metze Körner und 399 ℔ Stroh, welcher Ueberschuß der Wirkung der phosphorsauren Salze beizumessen ist. Die Ertragssteigerung bei gleichzeitigem Gebrauch von Ammoniaksalzen und Mineraldünger, welcher letzterer bei alleiniger Anwendung wirkungslos blieb, ist in den Versuchen von ganz besonderem Interesse und practischer Bedeutung. Diesem entsprechend günstige Erfolge wurden auch von der Stallmist- und Rapskuchendüngung in jenen Versuchsreihen erlangt; insofern beide Düngerarten, hinsichtlich der organischen Bestandtheile durch den Stickstoffgehalt, und in Bezug auf die unorganischen durch den Gehalt an Phosphorsäure und andern wichtigen Mineralsubstanzen ausgezeichnet sind. Die Mehrerträge der Stallmistdüngung über die ungedüngten Stücke sind nämlich in den Versuchen von Lawes 411 ℔ Körner und 763 ℔ Stroh, in den andern Versuchsreihen von Keary dagegen 4 Scheffel 10⅜ Metze Körner und 879 ℔ Stroh. Noch günstiger stellt sich das Ergebniß bei der Rapskuchendüngung, welche über das ungedüngte Feld, im Mittel von 4 Ernten einen Ueberschuß von 6 Scheffel 1 Metze Körner und 972⅔ ℔ Stroh lieferte.

Gegen Plan und Ausführung der Lawes'schen und Keary'schen Versuche läßt sich allerdings mancher, nicht unwesentlicher Einwand erheben. So namentlich in den Lawes'schen Versuchen die wechselnde Anwendung verschiedener theils mineralischer, theils stickstoffhaltiger Düngungsmittel innerhalb derselben Versuchsabtheilungen, ferner der Gebrauch der Dungstoffe in zu großen Quantitäten; ebenso läßt sich in den von Keary angestellten Versuchen als mangelhaft geltend machen, außer der Anwendung der Düngerstoffe in verhältnißmäßig zu großer Menge, namentlich der Umstand, daß der Versuchsacker vor Beginn der Versuche zu Turnips mit Stallmist und Guano gedüngt wurde und sich deshalb nicht in einem hinreichend abgetragenen Zustande befand. Wenn wir hierdurch veranlaßt sind in den Folgerungen aus diesen Versuchs-Resultaten nicht zu weit zu gehn, so sind dieselben dennoch sehr werthvoll, indem sie einerseits vielfache, in der Praxis gemachte Beobachtungen bestätigen, andererseits aber auch manche practische Winke für die lohnendste Weizendüngung geben.

Ohne auf alle Einzelnheiten einzugehn, kann als das wichtigste Resultat jener Versuche die sichere kräftige Wirkung der stickstoffhaltigen Düngungsmittel gelten, deren reichliche Zuführung mit möglichst geringen Kosten in Form eines Ammoniak- oder salpetersauren Salzes eine Hauptaufgabe für den lohnenden Weizenbau sein wird. Die gleichzeitige Benutzung der mineralischen Substanzen, namentlich der phosphorsäurehaltigen, wird den Ertrag des Weizens noch steigern. Dem Mangel an Mineralsubstanzen kann auf den bessern, namentlich bindigen Bodenarten durch eine fleißige Bearbeitung und Reinhaltung des Landes längere Zeit entgegen getreten werden.

In der That finden wir in den Wirthschaften Großbritanniens die Verwendung entweder blos stickstoffhaltiger oder stickstoff- und gleichzeitig phosphorsäurehaltiger Düngungsmittel für den Weizen am verbreitetsten.

Eine frische Düngung mit Stallmist ist selten, weil dadurch der Gruud zu manchen Pflanzenkrankheiten, namentlich zum Brande gelegt wird. Komposterde dagegen wird öfter verwendet, und ein guter Erfolg davon erzielt. Häufiger, als diese Düngung, besonders auf leichten Bodenarten, ist der Hordenschlag, wodurch das Land zu gleicher Zeit eine wünschenswerthe Festigkeit erhält und die Saat außerdem von verheerenden Insecten verschont bleiben soll.

Ausgedehnte Anwendung macht man von den Hülfsdüngerarten, welche sich durch einen verhältnißmäßig großen Stickstoffgehalt auszeichnen. Es gehören hierher: Guano, Natronsalpeter, Ruß, Oelkuchen, Hornspäne, wollene Lappen, Malzkeime, ammoniakhaltiges Gaswasser, Blut rc. Unter diesen Düngungsmitteln finden besonders der Guano und der Salpeter sehr ausgedehnte Verwendung. In der ersten Abtheilung dieser Schrift sind die Gebrauchs-Vorschriften näher angegeben, weshalb wir uns hier darauf beschränken, einzelne, auf die Weizendüngung ausschließlich bezügliche Angaben zu machen. Je nach der Bodenkraft des Ackers wechselt die aufzubringende Menge Guano von 1½ — 3 Ctr. per acre was 1—2 Ctr. per Morgen. Auf magern Aeckern wird das stärkere Quantum verwendet und zwar 1 Ctr. im Herbst bei der Saat, der Rest dagegen im Frühjahr, Ende März oder Anfang April. Auf kräftigerem Boden unterläßt man die Ueberdüngung im Herbst und verwendet im Frühjahr nur 1 — 1½ Ctr. per Morgen. Die Ertragssteigerung des Weizens durch die Guanodüngung ist von den klimatischen und Boden-Verhältnissen abhängig und lassen sich dafür keine allgemeingültigen Sätze geben. Mr. Lawes hält für seine lokalen Verhältnisse 5 ℔ Ammoniak, unter Berücksichtigung des Verlustes durch Verflüchtigung ꝛc., für einen Bushel Weizen ausreichend. Nach seinen zahlreichen Versuchen genügt 1 Ctr. peruanischer Guano für die Production von 4 Bushels oder $2,_{64}$ Scheffel Körner. Der Ertrag seines Ackers ohne Düngung von 16 Bushels per acre, ist hiernach durch 2 Ctr. Guano um die Hälfte zu steigern, durch 4 Ctr. zu verdoppeln. Die Grenze für die Stärke der Guanodüngung setzt das Klima, indem bei feuchter Witterung die Strohwüchsigkeit und das Lagern sehr befördert wird. Es bleibt der Einsicht des Farmers anheimgestellt, unter Berücksichtigung der betreffenden klimatischen Verhältnisse, das richtige Maaß der Düngung zu bestimmen. Nach Mr. Lawes' Erfahrungen ist der Weizenertrag am ergiebigsten bei einem Gewichtsverhältniß der Körner zum Stroh von 7 : 10, während das Verhältniß von 5 : 10 selten lohnt.

Die von dem Salpeter aufzubringende Menge wechselt je nach dem Kraftzustande des Bodens von 40—80 ℔ per Morgen. Man theilt dieses Quantum in zwei Portionen und giebt den einen Theil Mitte März, den zweiten 3 Wochen später. Auf die Ertragssteigerung hat auch bei diesem Düngungsmittel die

Jahreswitterung und Bodenbeschaffenheit erheblichen Einfluß; im Durchschnitt vieler Versuche stellt sich der Mehrertrag bei einer Kopfdüngung von 80 ℔ auf $2\frac{1}{4}$—3 Scheffel Körner und 3 - 5 Ctr. Stroh. Hinsichtlich der beim Gebrauche des Salpeters zu beachtenden Vorsichtsmaßregeln verweisen wir auf das in der ersten Abtheilung dieser Schrift darüber Gesagte und bemerken nur, daß bei dem jetzigen Preisverhältniß des Guano's und Salpeters der letztere für die Kopfdüngung des Weizens die vollste Beachtung verdient.

Unter den sonstigen Düngungsmitteln findet in Großbritannien der Ruß ausgedehnte Anwendung. In der Nähe größerer Fabrikstädte giebt es viele Güter, auf welchen alljährlich mehrere Tausend Bushels Ruß zur Düngung verwendet werden. Die mit Heu, Stroh und Getreide beladenen, zum Markte geführten Wagen erhalten als Rückfracht den Ruß. So kauft z. B. Mr. Dimmery zu Stinchcombe in Gloucestershire für seine Wirthschaft, welche nur 200 acres Ackerland hat, aus den Fabriken von Gloucester, Bristol und Cheltenham alljährlich mindestens 3000 Bushels Ruß und verwendet denselben für Weizen und Kartoffeln.

Der Werth dieses Düngungsmittels wechselt nach dem verwendeten Brennmaterial — Kohlen, Holz, Torf — wie nach der Verbrennung selbst. Die Dungkraft des Steinkohlen-, Holz- und Torfrußes ist jedoch nicht erheblich verschieden. Gemäß den von Mr. Malcolm*) angestellten comparativen Versuchen, wie nach der sonst gemachten Erfahrung, ist im Allgemeinen dem Steinkohlenruß der Vorzug zu geben, was dem größern Stickstoffgehalte dieses Brennmaterials zuzuschreiben ist. Derselbe hat zwar auch wieder einen verschiedenen Werth, je nach der Beschaffenheit der Steinkohle. So giebt die New-Castle einen werthvolleren Ruß, als die von Staffordshire, welche einen größeren Schwefelgehalt besitzt und eine weiße Asche liefert. Der Preis des ersteren Rußes beträgt per Bushel 6—8 *d.*, der des letztern nur 3—4 *d.*

Den Einfluß der Verbrennungsart der Kohlen auf die

*) Siehe The British Husbandry, p. 337.

Güte des Rußes zeigt uns recht schlagend der verschiedene Preis desselben in den Fabriken von Gloucester und Bristol, wo dieselben Kohlen gebraucht werden. Mr. Dimmery in Stinchcombe bezahlt nämlich den Ruß aus Gloucester mit 6 *d.* per Bushel, den von Bristol dagegen mit 9 *d.* und findet bei dem hohen Preise des letztern recht gut seine Rechnung. Den höhern Werth desselben schreibt er der vollständigeren Verbrennung zu, welche in jenen Fabriken durch die viel größere Höhe der Schornsteine bedingt ist.

Die günstige Wirkung auf Weizen beruht nun hauptsächlich in dem Gehalte an Ammoniaksalzen, welcher im Mittel vieler Untersuchungen 1–5% vom Gewicht des Rußes beträgt. Außerdem besitzt derselbe noch andere werthvolle Pflanzennährstoffe *).

Vor anderm stickstoffhaltigen Dünger soll der Ruß sich dadurch auszeichnen, daß er den Körnerertrag, nicht aber in

*) Nach Professor Völker zu Cirencester (Siehe Journal der Hochlands-Gesellschaft von Schottland März 1851) hatte der Steinkohlenruß von den Wirthschaftsgebäuden der dortigen landwirthschaftlichen Lehranstalt folgende Zusammenstellung:

	Im natürlichen Zustande.	Im trocknen Zustande.
Feuchtigkeit	10,620	—
Organische Substanz	44,736	50,051
Chlorammonium	0,933	1,043
Schwefelsaures Ammoniak	3,580	4,005
Chlornatrium	0,231	0,258
Chlorkalium	0,503	0,562
Eisenoxyd und Thonerde	15,691	17,555
Gyps	11,051	12,364
Phosphorsaurer Kalk	0,530	0,593
Kohlensaurer Kalk	1,129	1,263
Kalk (mit Kieselsäure verbunden)	2,290	2,562
Magnesia (mit Kieselsäure verbunden)	0,389	0,435
Lösliche Kieselsäure	4,014	4,490
Unlösliche Kieselsäure	4,159	4,653
	99,856	99,834

gleicher Weise den Strohwuchs befördert. Je nach der Bodenkraft und der Beschaffenheit des Rußes wechselt das aufzubringende Quantum von 20—50 Bushels per acre, oder 9—22 Scheffel per Morgen. Die üblichste Menge ist 25—40 Bushels per acre, oder 11—18 Scheffel per Morgen. Als die beste Zeit zum Aufstreuen hält man Mitte März bis Anfang April. Nur ausnahmsweise wird er zur Zeit der Saatbestellung eingeeggt. Bei der Kopfdüngung des Rußes benutzt man feuchte Witterung, weil derselbe im entgegengesetzten Falle leicht ätzend auf die jungen Pflanzen wirkt. Ebenso ist das Ausstreuen bei Windstille vorzunehmen, da bei windigem Wetter der umherfliegende Rußstaub bei den Arbeitern leicht Augen- und Nasen-Entzündungen veranlaßt.

Von den zahlreichen comparativen Versuchen über die Rußdüngung mögen nur einige erwähnt werden. Mr. John Hannam zu North Deighton erhielt auf Kalkboden mittlerer Güte folgendes Resultat per acre:

Mit 70 Bushels Ruß . .	2059 ℔	Körner u.	2611 ℔	Stroh.
Ungedüngt	1813 „	„	„ 2545 „	„
Also zu Gunsten der Düngung ein Mehrertrag von	246 ℔	Körner u.	66 ℔	Stroh.

Lord Blantyre *) zu Erskine erzielte mit einer Düngung

von nur 10 Bushels Ruß per acre . .	54	Bushels	Körner
ungedüngt dagegen	44	„	„
Mithin ein Mehrertrag von	10	Bushels	Körner.

*) Nach Lord Blantyre's Erfahrung ist die Wirkung des Rußes auf das Getreide und die Gräser am größten. Unter den andern Früchten eignet sich derselbe noch am besten für Kartoffeln. In einem comparativen Versuche stellte sich auf einem Grasfelde die Wirkung des Rußes im Vergleich zum Salpeter und Guano folgendermaßen:

Ungedüngt	28	Centner	Heu.
Gedüngt mit 40 Bushels Ruß . .	35	„	„
Gedüngt mit 160 ℔ Salpeter . .	39	„	„
Gedüngt mit 160 ℔ Guano . .	42	„	„

Mit Rücksicht auf den Kostenpunkt erweist sich der Ruß in diesem Versuche am günstigsten. Siehe Johnston's Lectures on agric. Chemistry p. 770.

Wichtiger als das Resultat dieser Versuche sind die, aus der Erfahrung im Großen hervorgegangenen Annahmen über die Ertragsvermehrung. In der Stunchcombe Farm des Mr. Dimmery wird der Ruß seit länger, als 30 Jahren für die Weizendüngung benutzt. Bei einer Verwendung von 25—30 Bushels per acre war der Weizenertrag im Durchschnitt der letzten 10 Jahre 32 Bushels, während in dortiger Gegend, bei gleicher Bodenbeschaffenheit und Bestellung, das mittlere Erträgniß 25 Bushels nicht übersteigt. Hiernach ergeben 25—30 Bushels (16½—20 Scheffel) Ruß einen Mehrertrag von 7 Bushels Weizen (4,6 Scheffel). Im Einklange mit diesen Resultaten stehen die Erfahrungen des Mr. Burnham zu Cottage Farm bei Birkenhead, welcher seit längerer Zeit für die Kopfdüngung des Weizens große Mengen Ruß aus Liverpool bezieht. Bei der geringeren Qualität des von ihm gebrauchten Rußes (3 – 4 *d.* per Bushel) werden durchschnittlich 30 —45 Bushels per acre verwendet und ein Mehrertrag von 6—8 Bushels Körner erzielt.

Der Bushel Ruß wird gewöhnlich mit 5—6 *d.* und nur bei ganz vorzüglicher Güte mit 8—9 *d.* bezahlt, so daß im Durchschnitt der Scheffel höchstens 8 Sgr. kostet. Bei diesem Preise liefert die Rußdüngung, im Vergleich zum Guano, ein günstiges Resultat. In den Lawes'schen Versuchen war der Mehrertrag von 1 Ctr. Guano 4 Bushels Körner, während auf je 20 Scheffel Ruß mindestens ein Mehrertrag von 8 Bushels zu rechnen ist. Von gleichem Erfolge werden hiernach 1¾ Ctr. Guano und 20 Scheffel Ruß anzuschlagen sein.

Die Kosten dafür betragen:

1¾ Ctr. Guano à 4⅓ Rthlr.	8 Rthlr.	5 Sgr.
20 Scheffel Ruß à 8 Sgr. .	5 Rthlr.	10 Sgr.

so daß sich die Ruß-Düngung 2 Rthl. 25 Sgr. billiger stellt.

Bei 12¼ Sgr. per Scheffel sind die Kosten der Ruß- und Guano-Düngung gleich, und erst wenn dieser Preis erheblich überschritten wird, ist der Vortheil in Frage gestellt. Bei den jetzigen Preisen der sog. künstlichen Düngungsmittel verdient der Ruß alle Beachtung, und sollten die Güter in der Nähe großer Städte die Gelegenheit zum Ankauf desselben nicht unbenutzt lassen.

Außer dem Ruß werden häufig zur Weizen-Düngung gepulverte Rapskuchen verwendet. Man bringt das Rapskuchenmehl entweder zugleich mit der Saat in den Boden, oder gebraucht es im Frühjahr zur Kopfdüngung; letzteres ist gewöhnlicher. Dieses Dungmittel erfordert zur vollständigen Wirkung viel Feuchtigkeit, weshalb sehr leichte, trockene Bodenarten sich nicht dazu eignen. Thoniger Boden dagegen, bei mäßig feuchter Witterung, sichert einen guten Erfolg. Das anzuwendende Quantum wechselt von 5—16 Ctr. per acre oder circa $3\frac{1}{2}$—10 Ctr. per Morgen. Zu Lennox Lowe *) in Ost-Lothian wurde im Jahre 1842, wo eine trockene Witterung vorherrschte, der Weizen überdüngt:

mit 16 Ctr. Rapskuchenmehl . . .	51 Bushels per acre.
Ungedüngt	$47\frac{1}{2}$ „ „ „

Der Mehrertrag von $3\frac{1}{2}$ Bushel Körner per acre steht in keinem Verhältniß zu der theuren Kopfdüngung.

In derselben Wirthschaft wurde das Rapskuchenmehl in verschiedener Menge verwendet:

Mit 7 Ctr. gedüngt	26 Bushels per acre
„ 10 „ „	28 „ „ „
„ 15 „ „	$29\frac{1}{2}$ „ „ „
„ 26 „ „	$27\frac{3}{4}$ „ „ „
Ungedüngt	$22\frac{1}{4}$ „ „ „

Wir finden in diesem Versuche eine Verminderung des Ertrags, sobald mehr als 15 Ctr. Rapskuchenmehl verwendet wurden. Am günstigsten stellt sich die Ertrags-Vermehrung bei einer Verwendung von 7 Ctr. per acre.

Ein Versuch des Mr. T. Pemperton **) zu Leigh in Kent ergab folgendes Resultat:

5 Ctr. Rapskuchenmehl	38 Bush.	3 G. Körn.	1872 ℔ Stroh	p. acr.
Ungedüngt . . .	29 „	2 „ „	1472 „ „	„
Mehrertrag	9 Bush.	1 G. Körn.	400 ℔ Stroh	p. acr.

*) Siehe Johnston's Lectures on agric. Chemistry p. 764.

**) Siehe Journ. of royal agric. Soc. vol. 5 p. 605.

Mr. Alexander Gardner*) zu Barrochan in Benfrewshire erzielte von der Kopfdüngung des Weizens mit Rapskuchen auf einem strengen Boden:

Gedüngt mit 5 Ctr. Rapskuchen	$48^1/_4$	Bush.	Körner	per	acre.
Ungedüngt	32	"	"	"	"
Zu Gunsten der Kopfdüngung	$16^1/_4$	Bush.	Körner	per	acre.

Bemerkenswerth für die Rapskuchendüngung ist es, daß, wie in den mitgetheilten Versuchen, so auch beim Gebrauch im Großen, die Mehrerträge sehr schwanken. Es liegt dies hauptsächlich darin, daß auf die Wirkung dieses Düngers, wie oben erwähnt, die Witterung außerordentlichen Einfluß hat.

In unsern deutschen Wirthschaften wird die Verwendung der Rapskuchen zur Düngung gewiß nur in seltenen Fällen vortheilhaft sein; es sei denn, daß sich Gelegenheit bietet, solche, die bei der Aufbewahrung oder sonstwie gelitten haben und sich nicht mehr zur Fütterung eignen, billig zu kaufen. Guano, Salpeter oder Ruß werden unter den gewöhnlichen Verhältnissen den Vorzug haben.

Bei den meisten stickstoffhaltigen Düngungsmitteln zeigt sich ein starker Strohwuchs, was häufig eine Schmälerung des Körnerertrags in Qualität und Quantität zur Folge hat. Es gilt dies namentlich in feuchten Jahren. Diesem Uebelstande sucht man durch eine gleichzeitige Ueberdüngung mit Kochsalz vorzubeugen. Zunächst mögen einzelne Versuche der alleinigen Düngung mit Kochsalz erwähnt werden.

Mr. Sinclair**)	11 Bushels Kochsalz	22	Bush.	Körn.	p.	acre.
	Ungedüngt . .	16	"	"	"	"
Derselbe . . .	$6^1/_2$ Bush. Kochsalz	21	"	"	"	"
	Ungedüngt . .	$11^1/_2$		"	"	"
Derselbe . . .	$6^1/_2$ Bush. Kochsalz	$17^3/_4$		"	"	"
	Ungedüngt . .	16		"	"	"

*) Siehe Transact. of the Highl. and agric. Society. October 1846. p. 406.

**) Siehe Johnston's Lectures on agric. Chemistry p. 606.

Mr. Johnston zu Great Totham in Essex

5 Bushels Kochsalz	26¼ Bsh.	Körn.	p.	acr.
Ungedüngt . .	13½	"	"	"

Mr. Flemming zu Barochan

160 ℔ Kochsalz	25	"	"	"	"
Ungedüngt . .	32	"	"	"	"

Diese Erträge sind sehr schwankend; nicht besser ist das Ergebniß anderer Versuche. Man betrachtet daher das Kochsalz, zur alleinigen Düngung verwendet, von unsicherer Wirkung, wogegen dasselbe als Beidünger zu anderen Düngungssubstanzen, insbesondere zu stickstoffhaltigen, in den englischen Wirthschaften ziemlich ausgedehnte Anwendung findet.

Mr. Payet zu Buddington Grange in Nottinghamshire gebraucht alljährlich auf den stark gedüngten Weizenfeldern 2 Ctr. Kochsalz per acre, welches er im Frühjahr breitwürfig ausstreut. Hierdurch gelingt es ihm, der Strohwüchsigkeit und dem Lagern der Frucht vorzubeugen.

Ein stärkeres Quantum, 8 Ctr., und zwar 4 Ctr. im Herbst und 4 Ctr. im Frühjahr, wird in Overstone Farm des Mr. Beasely verwendet. Nach den hier gemachten Erfahrungen wirkt die Kochsalzdüngung nicht nur auf die stärkere Ausbildung der Halme, sondern ist auch als Schutzmittel gegen den Rost und Brand wirksam, und trägt zur Zerstörung des Unkrautes bei.

Ausgedehnte Anwendung davon macht ferner Mr. John Ellis zu Artington bei Guildford. Auf einem Weizenacker von sandigem Lehm mit kiesigem Untergrunde stellte er folgende Versuche an *): Das Feld hatte Klee getragen und war mit 8 Fuder Stalldünger à 20 Ctr. gedüngt worden. Ein Theil des Ackers erhielt Mitte März 2 Ctr. Kochsalz per acre. Das Resultat war:

Gedüngt mit 2 Ctr. Kochsalz .	2556 ℔	Körner per acre
Ungedüngt	2176 "	" " "
Zu Gunsten der Kochsalzdüngung	380 ℔	Körner per acre.

*) Siehe Journal of the royal agric. Society vol. 14. p. 1. St. 91.

Das Stroh des mit Kochsalz gedüngten Stückes zeichnete sich durch eine feste, rohrartige Beschaffenheit aus. Gleiche Erfolge, wie die eben mitgetheilten, sind in vielen andern Wirthschaften erzielt worden.

Fassen wir die unter sehr verschiedenen Verhältnissen über die Kochsalzdüngung gemachten Erfahrungen zusammen, so läßt sich Folgendes feststellen:

1) Die Hauptwirkung des Kochsalzes für die Halmfrüchte besteht in dem Fester- und Steiferwerden des Strohs wie in der vollkommeneren Ausbildung der Körner. Außerdem soll dasselbe sowohl gegen Krankheiten — Rost und Brand — und gegen Insectenfraß schützen, als auch viel Unkraut zerstören.

2) Unter den Halmfrüchten ist diese Düngung für den Weizen am lohnendsten; nicht so sicher ist die Wirkung auf Hafer und Gerste. Bei letzterer Frucht wurde in einzelnen Fällen beobachtet, daß das Stroh zwar an Festigkeit zunahm, die Körner aber von geringerer Qualität blieben.

3) Hinsichtlich der Bodenbeschaffenheit eignen sich am besten die leichteren trockenen Bodenarten, vornehmlich sandiger Lehm, Sand und kalkhaltiger Boden. Auf Thonboden wurde ein ungünstiger Einfluß wahrgenommen. Der Weizen hatte ein krankhaftes Ansehen.

4) Die passendste Stärke der Kopfdüngung ist 2—4 Ctr. per acre oder $1\frac{1}{3}$—$2\frac{2}{3}$ Ctr. per Morgen.

5) Hinsichtlich der Zeit der Düngung giebt man dem Aufstreuen im Frühjahr den Vorzug. Das Anwenden des Kochsalzes zur Zeit der Weizenaussaat war bisweilen nachtheilig, indem dadurch das Auflaufen der Saat verzögert und viele Pflanzen zerstört wurden. Am üblichsten ist das Ausstreuen im März, wobei eine verderbliche Einwirkung nicht wahrgenommen wurde.

Wir schließen diese Untersuchungen mit der Frage, zu welcher Zeit die sog. künstlichen Düngungsmittel am vortheilhaftesten anzuwenden sind? Die Zuführung des Düngers zugleich mit der Aussaat, oder kurz nachdem die Frucht aufgegangen ist, findet, im Vergleich zur Kopfdüngung im Frühjahr, viel seltener statt. Die Anwendung im Herbst beschränkt sich hauptsächlich auf die Fälle, wo wegen geringer Bodenkraft eine gesunde, kräftige Entwickelung der Saatpflanze nicht zu erwarten steht, oder wo in Folge sehr ungünstiger Herbstwitterung die Saat leidet. Aber selbst dann giebt man zu dieser Zeit meist nur die Hälfte des aufzubringenden Düngers und verwendet den Rest im Frühjahr. Die Aufgabe besteht eben darin, im Herbst eine Saatpflanze zu erziehen, die stark genug ist, den Einflüssen des Winters Trotz zu bieten, welcher Anforderung eine sich allmählig entwickelnde, gesunde Pflanze viel besser entspricht, als die zu üppig emporgewachsene. Vermeidet man schon dieserhalb eine größere Menge schnell wirkenden Düngers im Herbst auf einmal zu geben, so tritt noch der Umstand hinzu, daß durch nasse Herbst- und Winterwitterung leicht ein Theil des Düngers aus dem Bereich der Pflanzenwurzeln gebracht werden kann. Die gewöhnliche Zeit der Kopfdüngung auf gut bestellten Saatäckern ist im Frühjahr, im Monat April und Mai, wo die Pflanze die meisten Seitentriebe macht. Häufig giebt man selbst hier noch das Düngerquantum in 2—3 Portionen, in Zwischenräumen von 14 Tagen bis drei Wochen, damit weder der jungen Saat zu viel Nahrung auf einmal geboten werde, noch auch ein etwaiger Verlust an düngenden Substanzen durch Regen stattfinde. Die Zweckmäßigkeit der Kopfdüngung im Frühjahr leuchtet um so mehr ein, wenn man berücksichtigt, daß gerade zu dieser Zeit die sog. Kronenwurzeln des Weizens, also diejenigen Organe sich am meisten entwickeln, durch welche der Pflanze die in der Oberfläche des Ackers befindlichen Nahrungsstoffe zugeführt werden.

Pflege während der Vegetation.

Von den verschiedenen Arbeiten während der Vegetation: Jäten, Schröpfen, Zerstören schädlicher Insecten ꝛc., sei nur das Walzen, Aufeggen und Behacken der jungen Weizensaat näher erwähnt. Was das Walzen betrifft, so wurde schon früher darauf hingewiesen, daß die Weizenpflanze einen zwar tiefbearbeiteten mürben, aber dennoch wieder mäßig festgesetzten Boden liebt. Zu diesem Zwecke wird nun der Acker von leichterer Beschaffenheit nicht nur unmittelbar vor und nach der Aussaat im Herbst gewalzt, sondern auch, wenn es irgend die Witterung erlaubt, im Frühjahr. Mr. Blyth zu Burnham in Norfolk fand in seiner Wirthschaft, welche einen sandigen, mit Kies untermischten Lehmboden hat, daß der im Frühjahr nicht gewalzte Weizen stets schlechter stand und einen geringern Ertrag brachte. Ebenso ist es in der Park-Farm des Herzogs von Bedford Regel, den Weizen auf den sandigen Feldern im Frühjahr wiederholt zu walzen.

Nicht weniger erfolgreich ist das Walzen des Weizens im Frühjahr auf schweren Bodenarten, wenn diese durch den Frost sehr gelockert sind. Die Pflanzenwurzeln haben nämlich in dem aufgefrornen Erdreiche ihre Verbindung und Zusammenhang damit theilweise verloren, und würden bei der freien Einwirkung der Luft sehr leiden. Wird in diesem Falle der Acker, sobald er abgetrocknet ist, gewalzt, so erhalten die Wurzeln wieder ihre Verbindung mit dem Erdreiche und können sich kräftig weiter ausbreiten. Für diese Arbeit findet besonders die Croskill-Walze die ausgedehnteste Anwendung. Es wird dadurch der schwere Boden mäßig zusammengedrückt, ohne daß sich dabei eine feste Kruste bildet. Von den vielen Gütern, wo diese Walze im Gebrauche ist, sei nur die schon oft erwähnte Overstone Farm des Mr. Beasely angeführt, wo sie selbst auf Feldern mit dem strengsten Lehmboden im Frühjahr angewendet wird. Der Weizen auf den nicht gewalzten Stücken litt mehr von der Witterung, bestockte sich nicht so kräftig und brachte einen geringern Ertrag.

Das Aufeggen des Weizens im Frühjahr wird bei der breitwürfigen Bestellung in dem Falle ausgeführt, wenn sich auf der Oberfläche des Bodens, in Folge starker Regen, eine Kruste gebildet hat. Bei der Drillsaat wird dieser Zweck durch das Behacken der Saatreihen mittelst eigends hierzu construirter Hand- oder Pferdeinstrumente erreicht. Von den zahlreichen Constructionen dieser Werkzeuge hat Garrett's*)

---

*) Die Pferdehacke von Garrett zu Leiston Works in Suffolk kostet je nach ihrer Größe:

Pferdehacke auf den größern Gütern, und die von Smith*) in mittleren und kleineren Wirthschaften die meiste Verbreitung und Anerkennung gefunden. Namentlich verdient die letztere wegen ihres geringen Preises und der leichten Führung für kleinere Güter empfohlen zu werden. Durch das Behacken der Zwischenräume der Pflanzenreihen zerstört man zugleich das Unkraut, giebt den Pflanzen in der fein zertheilten Erde neue Nahrung und befördert die stärkere Bestockung der Saat. Um diese Zwecke möglichst vollständig zu erreichen, soll das Behacken zu wiederholten Malen, gewöhnlich einmal im Herbst, und ein- bis zweimal im Frühjahr ausgeführt werden. Diese Vorschrift wird jedoch in vielen Wirthschaften nicht streng befolgt, ja in manchen Fällen unterläßt man das Behacken der Drillsaat gänzlich. Nach der Erfahrung des englischen Farmers ist das Bearbeiten der Drillsaat nur auf unkrautwüchsigen, bindigen Bodenarten von großem sicheren Erfolge, auf unkrautreinen, fruchtbaren Aeckern von milderer Beschaffenheit dagegen zweifelhaft, auf leichten, sandigen Feldern meist sogar nachtheilig. Wir finden z. B. in der Grafschaft Norfolk das Behacken des Weizens auf den sandigen Aeckern höchst selten. Man hat hier übereinstimmend die Erfahrung gemacht, daß dadurch der Ertrag meistens geschmälert wurde; namentlich fand man eine schlechtere Qualität der Körner. Mr. Blyth, einer der ausgezeichnetsten Landwirthe Norfolk's, versicherte mich, daß, wenn das Behacken des Weizens im ganzen Lande gleichmäßig durchgeführt würde, nach seiner Erfahrung der Vortheil, den diese Cultur-Arbeit auf bindigem

für die Bearbeitung von . .	6	Reihen	14 *l.*	10 *s.*	—	*d.*
„ „ „ „ . .	7	„	15	„ „	—	„
„ „ „ „ . .	8	„	16	„ „	—	„
„ „ „ „ . .	9	„	17	10 „	—	„
„ „ „ „ . .	10	„	19	„ „	—	„
„ „ „ „ . .	11	„	20	„ „	—	„

*) Der Preis der von William Smith zu Northampton construirten Pferdehacke beträgt dagegen, je nach der Größe, nur 4—5 *l.* 10 *s.* Dieses Instrument wird in der Poppelsdorfer Gutswirthschaft für die Bearbeitung der Drillsaaten mit großem Vortheile benutzt.

Boden habe, reichlich durch den, auf leichtern Feldern stattfindenden Nachtheil aufgewogen werden würde. Als Beleg dafür, wie die Bearbeitung der Saatreihen, selbst auf einem Lehmboden, je nach der Jahreswitterung, von unsicherer Wirkung ist, erwähnen wir die Versuche des Mr. Pawlett *) zu Beeston bei Biggleswade. Auf dem Versuchsstücke, dessen Boden ein, mit wenig Kies untermischter Lehm war, folgte der Weizen nach Klee. Das Land war rein von Unkraut. Die Bestellungsarbeiten wurden auf dem ganzen Stück gleichmäßig ausgeführt, nur daß die eine Hälfte sorgfältig behackt wurde, während die andere unbehackt blieb. Das Resultat des Versuchs ergab im Jahr 1850:

Weizen behackt	30 Bushels	2 Pecks	per acre.	
„ unbehackt . . .	28 „	1 „	„	„
Mithin zu Gunsten des Behackens	2 Bushels	1 Peck	per acre	

Im Jahre 1851 wurde der Versuch auf einem Felde gleicher Bodenbeschaffenheit wiederholt und dabei erzielt:

Weizen behackt . .	42 Bushels	— Pecks	per acre	
„ unbehackt . .	44 „	3 „	„	„

so daß in diesem Jahre das Behacken sogar einen Mindererertrag von 2 Bushels 3 Pecks per acre brachte. Dieser wechselnde Erfolg auf mildem, unkrautreinem Boden wird auch durch die Erfahrung im Großen vollständig bestätigt.

Bei dem Behacken des Weizens im Frühjahr gebraucht man allgemein die Vorsicht, dasselbe nicht zu spät, wenn die Frucht sich schon sehr bestockt hat, auszuführen. Zu dieser Zeit haben sich nämlich die dicht unter der Oberfläche des Bodens befindlichen Wurzeln sehr verbreitet. Man würde so Gefahr laufen, dieselben bei der Bearbeitung zu zerschneiden, oder wenigstens zu verletzen, wodurch das kräftige Fortwachsen der Frucht sehr beeinträchtigt werden würde.

*) Siehe Farmers Magazine, January 1853. p. 32

Zeitpunkt der Ernte.

Ueber den Reifegrad, welchen der Weizen bei der Ernte haben soll, waren die Ansichten der englischen Farmer längere Zeit getheilt. Es galt dies weniger von dem Weizen, welcher zur Saat verwendet wurde, als von dem zur Brodfrucht oder anderweitig bestimmten. Von dem Saatkorn verlangt man nämlich allgemein, daß es zu vollständiger Reife gekommen sei. Um den geeignetsten Reifegrad der anderweitig verwendeten Frucht zu ermitteln, wurden von verschiedener Seite comparative Versuche angestellt.

Mr. Baker *) schnitt einen Theil des Weizens, als die Frucht sich noch im grünen Zustande befand, einen andern Theil des Stücks erntete er, als die Halme ihre grüne Farbe veränderten und das Korn sich noch zwischen den Fingern zerdrücken ließ, den Rest endlich ließ er zur vollen Reife gelangen. Das Resultat war:

		Werth per Bushel
1) im grünen Zustande geschnitten	$19^3/_4$ B. p. acre	7 *s.* $7^1/_2$ *d.*
2) in der Gelbreife geschnitten	$23^1/_2$ „ „ „	7 „ $10^1/_2$ „
3) in ganz reifem Zustande gesch.	$22^3/_4$ „ „ „	7 „ $7^1/_2$ „

Ein gleiches Verhältniß ergab sich beim Strohertrage, so daß der Gesammtertrag per acre, je nach der verschiedenen Reife, von Mr. Baker berechnet wird:

bei dem zuerst geernteten Stücke auf . .	11 *l.*	12 *s.*	— *d.*
bei dem später geschnittenen „ „ . .	13 „	7 „	— „
bei dem zuletzt geernteten „ „ . .	12 „	17 „	— „

Mehrere Versuche wurden von Mr. John Hannam zu North Deighton in Yorkshire ausgeführt. Der dazu bestimmte Weizen, welcher einen gleichmäßigen Stand hatte, wurde zu drei verschiedenen Zeiten, und zwar jedesmal 20 Quadratruthen, geerntet und folgendes Resultat erzielt:

---

*) Siehe Farmer's Magazine, October 1853. p. 342.

Nro. des Stücks	Grad der Reife.	Tag des Schneidens.	Tag des Einfahrens.	Ertrag per 20 □ Ruthen		Ertrag per Morgen	
				Körner ℔	Stroh ℔	Körner ℔	Stroh ℔
1.	Sehr grün	12. Aug.	26. Aug.	164	312	1476	2808
2.	Grün	19. „	31. „	155	294	1395	2646
3.	Unreif	26. „	5. Sept.	217	285	1953	2565
4.	Ziemlich reif	30. „	9. „	228	264	2052	2373
5.	Ganz reif	9. Sept.	16. „	207	248	1863	2232

Der Körnerertrag der verschiedenen Proben, gab in Procenten ausgedrückt, an gutem Mehl, schlechtem Mehl und Kleien:

	gutes Mehl	schlechtes Mehl	Kleien.
Nro. 1. . . .	$75\frac{1}{6}$ Proc.	$7\frac{1}{6}$ Proc.	$17\frac{2}{3}$ Proc.
„ 2. . . .	$76\frac{2}{3}$ „	$7\frac{1}{6}$ „	$16\frac{1}{6}$ „
„ 3. . . .	81 „	$5\frac{1}{2}$ „	$13\frac{1}{2}$ „
„ 4. . . .	$77\frac{1}{3}$ „	$7\frac{2}{3}$ „	15 „
„ 5. . . .	73 „	$11\frac{1}{10}$ „	$15\frac{9}{10}$ „

In einem andern Versuche*) theilte Mr. Hannam ein Weizenstück in drei gleiche Beete, wovon er das eine 20 Tage vor der völligen Reife, das zweite 10 Tage zuvor, und das dritte endlich in voller Reife schnitt. Das Ergebniß war:

Nro. 1. 20 Tage vor der Reife geschnitten . 166 ℔ Körner.
„ 2. 10 „ „ „ „ „ . 220 „ „
„ 3. völlig reif . . . . 209 „ „

Bei dem Vermahlen des zu verschiedener Zeit geschnittenen Weizens ergab:

	gutes Mehl	geringes Mehl	Kleien.
Nro. 1. . . .	$74\frac{7}{10}$ Proc.	$7\frac{1}{5}$ Proc.	$17\frac{1}{2}$ Proc.
„ 2. . . .	$79\frac{1}{10}$ „	$5\frac{1}{2}$ „	$13\frac{1}{5}$ „
„ 3. . . .	$72\frac{1}{5}$ „	11 „	16 „

Aus den vorstehenden Versuchen resultirt, daß die Ernte des Weizens in der sogenannten Gelbreife, d. h. wenn das Stroh seine grüne Farbe verändert und das Korn nicht mehr milchig ist, aber noch zwischen den Fingern zerdrückt werden

*) Siehe Quarterly Journal of Agriculture VIII. p. 173.

kann, am meisten lohnt. In diesem Reifegrad ist nämlich der Körnerertrag nicht nur quantitativ am höchsten, sondern liefert auch mehr gutes Mehl und weniger Kleien. Dazu kommt noch, daß der Körnerausfall fast ganz vermieden wird und das Stroh einen größern Nahrungswerth besitzt. In der That werden auch diese Vortheile von dem englischen Farmer immer mehr anerkannt und die frühe Ernte des Weizens, mit Ausnahme des für die Saat bestimmten, ausgeführt.

Wie oft kann der Weizen auf demselben Felde mit Vortheil gebaut werden?

Bei der großen Verschiedenheit der klimatischen und Bodenverhältnisse läßt sich diese Frage nur bedingungsweise beantworten, wobei uns aber die englischen Erfahrungen einen beachtungswerthen Anhalt bieten. In Großbritannien hat bekanntlich die Cultur des Weizens, im Vergleich zu andern Halmfrüchten, in einem nicht langen Zeitraum, der höheren Rente wegen, bedeutend zugenommen.

In der Wirthschaft des Mr. Thomas zu Lidlington bei Woburn war z. B. auf einem sandigen Lehmboden der Durchschnittsertrag des Weizens während 14 Jahre 35 Bushels per acre, der der Gerste 42½ Bushel. Den Werth des Weizenertrags berechnet Mr. Thomas im Mittel zu 13 *l.* 3 *s.* 6 *d.*, den der Gerste zu 8 *l.* 6 *s.*, so daß der Anbau des Weizens einen Mehrertrag per acre von 4 *l.* 17 *s.* 6 *d.* liefert. Aehnlich stellt sich das Resultat in vielen andern Gütern. Das Streben des englischen Farmers, den Weizenbau möglichst auszudehnen, kann daher nicht wundern. Theils verwendete man hierzu geringere, leichte Bodenarten, theils wiederholte man denselben häufiger in der Fruchtfolge.

Nach Johnston sind in einem mittlern Ertrage von 25 Bushels Körner à 60 ℔ und 3000 ℔ Stroh per acre enthalten:

in 1500 ℔ Körner zu 2% Asche	30 ℔
in 3000 ℔ Stroh zu 6% „	180 „
zusammen Aschenbestandtheile	210 ℔

und die chemische Zusammensetzung dieser Asche ist:

	Körner.	Stroh.	Im Ganzen.
Kali	7,15 ℔	22,44 ℔	29,59 ℔
Natron	2,73 "	0,29 "	3,02 "
Kalk	0,85 "	12,09 "	12,94 "
Magnesia	3,63 "	6,89 "	10,52 "
Eisenoxyd	0,20 "	2,35 "	2,55 "
Phosphorsäure	15,02 "	5,54 "	26,56 "
Schwefelsäure	0,07 "	10,49 "	10,56 "
Chlor	— "	1,97 "	1,97 "
Kieselsäure	0,35 "	117,94 "	118,29 "
	30 ℔	180 ℔	210 ℔

Hiernach werden durch eine Waizenernte, wenn das Stroh ohne Verlust in Form von Dünger dem Lande wieder zugeführt wird, nur 30 ℔ Mineralsubstanzen, welche die Körner enthalten, dem Boden per acre entzogen. Aus den Untersuchungen desselben Chemikers über verschiedene lehmige Bodenarten ergiebt sich nun aber, daß diese, in einer Schicht von 6 Zoll, hinreichende Mineralsubstanzen für mehrere Hunderte Weizenernten enthalten, und daß es nur darauf ankommt, durch gehörige Bearbeitung die mineralischen Nahrungsmittel in eine, für die Pflanzenaufnahme geeignete Form zu bringen. Halten wir auch Johnston's Berechnung für zu hoch gegriffen, und nur bei einzelnen vorzüglichen Bodenarten zutreffend, so wird dennoch für die meisten zum Weizenbau geeigneten Böden die Annahme eines großen Schatzes mineralischer Pflanzennahrung dadurch gerechtfertigt, daß bei der tiefen Bewurzelung der Pflanzen die Nährmittel einer 6 Zoll weit überschreitenden Erdschicht zur Benutzung kommen. Unter den einzelnen Mineralstoffen aber, an welchen namentlich auf den Böden mittlerer und geringerer Beschaffenheit beim fortgesetzten Fruchtanbau leicht Mangel eintreten kann, ist es hauptsächlich die Phosphorsäure, deren zeitweise Zuführung von Außen daher nothwendig wird. Ich kann mich jedoch der Ansicht nicht verschließen, daß im Großen und Ganzen das Mißlingen des Weizens in unmittelbarer Folge oder nach kürzerem Zeitraume auf demselben Felde gewiß seltener in der unzureichenden mineralischen Nahrung des Bodens, als in dem Mangel des von der Pflanze assimilirbaren, nöthigen Stickstoffes zu suchen ist *).

Aus der größern Zahl uns vorliegender Erfahrungen geben wir in Folgendem einzelne, besonders hervorstechende Fälle einer häufigen Wiederkehr des Weizens auf demselben Felde.

Während bei dem gewöhnlichen Fruchtwechsel (Turnips, Gerste, Klee, Weizen) nur alle 4 Jahre der Weizen auf dasselbe Feld kommt, trifft man nicht selten den zweimaligen Anbau desselben in sechs Jahren mit Erfolg ausgeführt. In der Wirthschaft des Mr. Thomas zu Lidlington z. B. findet auf einem Theile des Areals folgender Turnus statt:

1) Wicken, theils Kohl.
2) Weizen.
3) Klee.
4) Hafer.
5) Bohnen.
6) Weizen.

Die Weizenerträge sind nach Mr. Thomas Versicherung bei dieser Fruchtfolge eben so ergiebig, als bei dem Vierfeldersysteme.

Der dreimalige Anbau in acht Jahren ist ferner seit langer Zeit in Derbyshire in der Umgegend der Stadt Derby auf einem kiesigen, leichten Boden üblich.

Die Fruchtfolge ist:

1) Brache, zum Theil Hackfrüchte.
2) Weizen.
3) Weißer Klee und Raigras.
4) Weizen.
5) Turnips.
6) Gerste und Hafer.
7) Rother Klee.
8) Weizen.

*) In der Poppelsdorfer Versuchs-Station sind in diesem Jahre mehrere, auf eine längere Zeitdauer berechnete Versuchsreihen in Angriff genommen worden, deren Zweck es ist, der Wahrheit in der Streitfrage über Mineral- und Stickstoffdünger näher zu kommen.

In den dortigen, ziemlich ungünstigen Bodenverhältnissen wird dieses Wirthschaftssystem als lohnend betrachtet; namentlich gilt dies von den Weizenerträgen.

Mr. Blyth in der Sussex Farm bei Burnham hat ferner eine fünffeldrige Fruchtfolge, nämlich:

1) Turnips.
2) Weizen, zum Theil Gerste.
3) Klee oder Erbsen.
4) Weizen.
5) Hafer.

Also in fünf Jahren durchschnittlich zwei Weizenernten. Die Steigerung der Erträge von 25 bis auf 30 Bushels per acre wurde in dem Eingange dieser Abhandlung bereits erwähnt.

In einer nicht geringen Zahl von Gütern baut man sogar den Weizen ein Jahr um das andere auf demselben Felde. Wir erwähnen nur zwei Fälle.

In der Wirthschaft des Mr. Paget zu Ruddington-Grange in Nottinghamshire besteht auf einem mäßig strengen Lehmboden folgender Turnus:

1) Turnips.
2) Weizen, theils Gerste.
3) Klee.
4) Weizen.
5) Runkelrüben.
6) Weizen.
7) Bohnen.
8) Weizen.

Zu jeder Grünfrucht, mit Ausnahme des Klees, wird stark gedüngt. Als Mr. Paget begann, den Weizen in dem achtjährigen Umlaufe so wiederholt zu bauen, wurde von sehr erfahrenen Gutsbesitzern der Nachbarschaft eine baldige Erschöpfung seiner Ländereien prophezeihet. Die Erfahrung von mehr als 15 Jahren hat nun aber auf das Glänzendste das Gegentheil erwiesen; die Erträge haben sich von Jahr zu Jahr vermehrt. Keine der acht, während dieses Zeitraums gewonnenen Weizen-Ernten blieb unter 44 Bushels per acre (19 Scheffel per Morgen); die Ernte eines Jahres war sogar 56 Bushels (circa 24½ Scheffel per Morgen).

Diesen ausnehmend günstigen Erfolg schreibt Mr. Paget der sorgfältigen Bearbeitung, Reinhaltung von Unkraut, wie der reichlichen Zuführung stickstoffhaltiger Düngungsmittel zu.

Nicht minder schlagend für die Möglichkeit eines lohnenden Weizenbaues bei häufiger Wiederholung auf demselben Felde sind die in der Wirthschaft des Lord Hatherton gemachten Erfahrungen. Auf einem leichten Boden wurde hier der Weizen während 14 Jahre abwechselnd mit einer Grünfrucht angebaut, wobei die siebente Ernte um ⅓ höher war, als die erste. Häufiges Behacken, sorgfältige Reinhaltung des Bodens und reiche Düngung machten auch hier dieses glänzende Resultat möglich.

Wie aber selbst ohne Düngung der Weizen bei fleißigem Bearbeiten und rechtzeitiger Bestellung auf manchen Bodenarten, wiederholt angebaut werden kann, ohne daß eine erhebliche Abnahme des Ertrags stattfindet, davon geben die oben erwähnten Versuche des Mr. Lawes den besten Beweis.

Der fortgesetzte Anbau des Weizens auf demselben Felde wurde bekanntlich von Jethro Tull schon in der ersten Hälfte des vorigen Jahrhunderts in England versucht, ohne jedoch irgendwie Verbreitung zu erhalten. In neuester Zeit ist Tull's Verfahren unter wesentlichen Veränderungen von Mr. Smith *) zu Lois Weedon bei Towcester in Northamptonshire wieder aufgenommen, und zwar, wie es scheint, mit einem glücklicheren Erfolge. Im Folgenden wollen wir dieses Culturverfahren, welches in England viel Aufsehen gemacht hat, unter näherer Angabe der bisher davon erzielten Erfolge, kurz beschreiben.

---

*) Mr. Smith hat seine Erfahrungen in einer kleinen Schrift „A Word in Season; or How to grow Wheat with Profit" veröffentlicht, die seit der kurzen Zeit ihres Erscheinens bereits fünfzehn Auflagen erlebt hat. Die Brochüre (5te Auflage) ist von Dr. C. Jessen in Eldena ins Deutsche übertragen worden: „Wie baut man Weizen mit Vortheil?" Berlin 1854, bei F. Schneider und Comp.

Das Cultur-Verfahren des Mr. Smith zu Lois Weedon.

Unterschied desselben von Tull's System.

Zur Beurtheilung dieser Culturmethode, welche als eine Verbesserung des Tull'schen Systems anzusehen ist, sind zunächst die Hauptpunkte dieses letztern anzugeben. Tull ging von der Ansicht aus, daß der zu irgend einer Getreideart geeignete Boden auf lange Zeit mit derselben Frucht ohne Düngung bestellt werden könne, und daß die Wirkung des Düngers ausschließlich darin bestehe, die mineralischen Pflanzennährmittel löslich zu machen. Das Aufschließen der Mineralsubstanzen glaubte nun Tull viel sicherer durch fleißiges Bearbeiten des Bodens zu erreichen, und hielt deshalb die Düngung für überflüssig. Um das Land möglichst vollkommen zu lockern und zu pulvern, wie von Unkraut zu reinigen, führte er die Reihensaat ein. Zwischen je zwei Saatreihen ließ er einen größern Zwischenraum, welcher im folgenden Jahre bestellt wurde, so daß der Acker alljährlich abwechselnd auf verschiedenen Stellen trug. Im Speciellen wurde beim Weizenbau das Feld durch tiefe Furchen in 6 Fuß breite Beete getheilt und in der Mitte eines jeden Beetes die Saat in zwei Reihen von circa 10 Zoll Entfernung gedrillt, so daß der Zwischenraum von je zwei Doppelreihen etwas mehr wie 5 Fuß betrug. Sobald die Saat aufgelaufen war, wurde der unbestellte Strich Land, von der Mittelfurche anfangend, so weit zusammengepflügt, daß die letzte Furche jederseits 3 — 4 Zoll von den Reihen entfernt blieb. Hierdurch kamen die Saatreihen auf Kämme von ungefähr 18 Zoll Breite zu stehen, welche zu beiden Seiten von einer tiefen Furche begrenzt waren. Während des Winters blieben diese Zwischenstücke in rauher Furche der Einwirkung des Frostes ausgesetzt, worauf sie im Frühjahr auseinander gepflügt wurden. Hierdurch wurde in der Mitte eines jeden Zwischenstücks die tiefe Furche wieder hergestellt und der durch die Witterung gelockerte, aufgeschlossene Boden an den jungen Weizen gebracht. Im Laufe des Sommers fand ein wiederholtes Bearbeiten und Lockern mit Pferdehacke und Pflug bis zur Blüthe des Weizens statt, wobei man immer weiter von den sich ausbreitenden Wurzeln der Saatreihen entfernt blieb, um jede Verletzung derselben zu vermeiden. Zur Bearbeitung des schmalen Zwischenraums in den Saatreihen diente die Handhacke.

Tull, welcher sein Cultur-Verfahren auf einem Felde 13 Jahre ausführte, fand dabei eine starke Wurzelbildung, festes, steifes Stroh und volle Aehren mit dickem schweren Korn. Trotz aller dieser vortrefflichen Eigenschaften des Weizens blieb jedoch das Gesammt-Ergebniß, per acre berechnet, im Vergleich zu der gewöhnlichen Bestellungsart, unbefriedigend. Der mittlere Ertrag war nämlich 16 Bushels per acre oder 6⅔ Scheffel per Morgen, während durchschnittlich von dem, in gewöhnlicher Weise bestellten Weizen 25—30 Bushels per acre oder 11¼—13¼ Scheffel per Morgen gewonnen wurden.

Tull's Culturverfahren war fast in Vergessenheit gekommen, als Mr. Smith zu Lois Weedon in Northamptonshire dasselbe vor einigen Jahren wieder aufnahm und in einzelnen Punkten veränderte. Er ging gleichfalls von der Ansicht aus, daß die meisten Bodenarten für den fortgesetzten Weizen-Anbau ein hinreichendes Maaß von Nahrung enthielten und daß eine Düngung nur ausnahmsweise nöthig und von Nutzen sei. Den Grund, weshalb Tull's Verfahren keinen Erfolg hatte, erblickte Smith darin, daß einmal die bestellte Fläche im Vergleich zum brachliegenden Zwischenraum zu klein war, wie ferner daß die Bearbeitung der Zwischenstücke mit dem Pfluge eine außerordentliche Fertigkeit in der Führung des Werkzeugs verlangte. In der Abstellung dieser Mängel besteht nun der Hauptunterschied von Tull's und Smith's System. Wir finden nämlich bei dem Anbauverfahren von Smith:

1) den brachliegenden Zwischenraum von ⅘ auf die Hälfte der Fläche verringert, und

2) anstatt des Pfluges, den Spaten und die Grabgabel benutzt.

Eine weitere Verschiedenheit dieses Systems besteht endlich darin, daß die Zwischenräume nicht blos in der Oberfläche gelockert, sondern nach und nach bis zu 2 Fuß Tiefe bearbeitet werden.

Vorschriften zur Ausführung des Weedoner Systems.

Wir nehmen an: das dazu bestimmte Land sei bindiger Beschaffenheit und habe eine tiefe Ackerkrume mit einem, nicht wesentlich verschiedenen Untergrunde. Es leide nicht an Nässe, sei rein von Unkraut und Steinen, und habe eine ziemlich ebene Lage. Für den Weizenbau auf einem solchen Terrain giebt nun Mr. Smith folgende specielle Vorschriften:

1) Man pflüge das Feld im Monat August, wenn es trocken ist, einen Zoll tiefer als es bisher bearbeitet wurde, walze und egge darauf den Acker zu wiederholten Malen, bis der Boden vollständig gelockert und zertheilt ist.

2) Man theile hierauf das Feld in 5 Fuß breite Beete. Es geschieht dies mittelst zweier Räder von der Drillwalze (siehe Seite 124), die auf der verstellbaren Achse einer Pferdehacke, z. B. der Smith'schen, in einer Entfernung von 5 Fuß befestigt sind.

Nachdem an der einen Seite des Stückes, ungefähr 4 Fuß von der Grenze entfernt, eine grade Furche gezogen ist, läßt man das, in der Mitte jener beiden Walzenränder angespannte Pferd in dieser Furche gehen und erhält so zwei, 5 Fuß von einander entfernte Rinnen, welche die Abgrenzung eines Beetes bilden. Beim Zurückgehen geht das eine Walzenrad in der letzten Rinne, während das andere eine neue Furche in demselben Abstande macht und so fort, bis das ganze Feld gleichmäßig in Beete abgetheilt ist.

3) Bei der Aussaat auf den, so hergestellten Abtheilungen bediene man sich der oben (Seite 124) beschriebenen Drillwalze, wobei man das mittelste der drei, je einen Fuß von einander entfernten Räder genau den gemachten Vertiefungen folgen läßt. Gewöhnlich ist an der Drillwalze ein Saatkasten angebracht, aus welchem der Samen sofort in die gemachten Rinnen eingestreut wird. Fehlt diese Saatvorrichtung, so gebraucht man entweder eine andere Säemaschine,

oder streut die Saat mit der Hand ein. Die Erdbedeckung giebt man der Saat durch leichtes Uebereggen, oder bei trockenem Zustande des Bodens durch Walzen. Die Eintheilung des Feldes — Saatreihen und Zwischenräume — verdeutlicht folgende Figur.

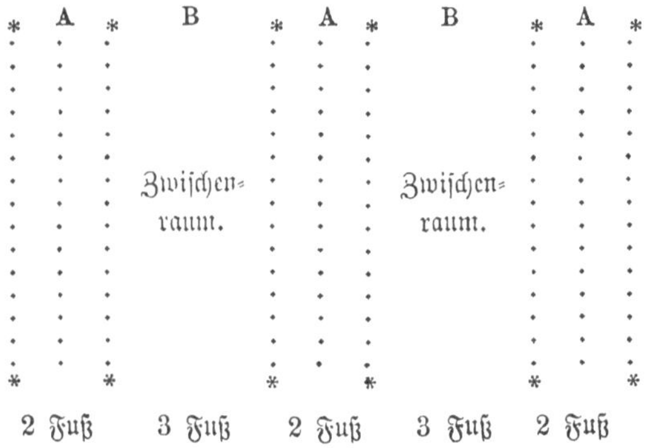

A A A Saatreihen, immer 1 Fuß voneinander entfernt.
B B Brachliegende Zwischenräume von 3 Fuß.

4) Sobald die Saatreihen deutlich sichtbar sind, werden die Zwischenräume bis zu 3 oder 4 Zoll von den äußern Saatreihen entfernt, umgegraben. Man achte dabei sorgfältig auf die Tiefe der Bearbeitung, welche nach und nach 20 bis 24 Zoll erreichen soll. Es gilt in dieser Hinsicht, nicht zu viel von dem rohen Untergrunde auf einmal zur Oberfläche zu bringen, vielmehr von Jahr zu Jahr etwas tiefer bis zu 24 Zoll zu gehen. Das Graben geschieht in der Weise, daß man zunächst am Kopfe des Stücks ein paar Doppelstiche von der gewünschten Tiefe herausnimmt und auf das Vordergewende wirft. Bei dem weitern Graben verfährt man ganz wie bei der Rigolarbeit, indem die Ackerkrume nach unten geworfen, und der Untergrund nach oben gebracht wird. Am Ende des Zwischenraums bleibt nun so viel leerer Raum, als auf der entgegengesetzten Seite Erde auf das Vordergewende geworfen war. Bei der Bearbeitung des zweiten Zwischenraums werden am Kopfe desselben wieder einige Spaten voll Erde ausgeworfen, diesmal aber nicht auf das Vordergewende, son-

dern in die am Ende des ersten Zwischenstücks gebliebene leere Stelle. So geht es fort über das ganze Feld. In diesem Zustande bleiben die Zwischenräume während des Winters liegen, und sind so in möglichst großer Oberfläche der Einwirkung des Frostes ausgesetzt. Zugleich bieten aber auch die Zwischenstücke, welche bei dem tiefen Umbau etwas höher, als die Saatreihen zu liegen kommen, Schutz gegen Frost und Schneetreiben. Zu dem Umgraben eines zähen Bodens, welcher in Schollen losbricht und schwer auseinander bröckelt, wird die Grabgabel (Taf. I. Fig. 5 und 6) empfohlen. Die Arbeit soll damit leichter sein, und der zähe Boden mehr zertheilt werden.

An jedem Ende der Beete lasse man ein Vordergewende von der nöthigen Breite zum Umdrehen der Säemaschine, Pferdehacke rc., welches zum Anbau des Turnips oder Kartoffeln zu benutzen ist.

5) Während der Vegetation des Weizens behacke man fleißig die Zwischenräume, um sowohl die, in Folge starker Regen gebildete Kruste aufzubrechen, wie das Unkraut zu zerstören. Im Fall die Pflanzenwurzeln durch das Auffrieren des Bodens ihren Zusammenhang mit dem Erdreich verloren haben, ist die Saat zu walzen. Früh im Juni werden die äußern Weizenreihen von Außen 3—4 Zoll hoch angehäufelt, um jede Möglichkeit des Lagerns der Frucht zu verhüten.

6) Zu Ende des Winters oder zeitig im Frühjahr ebne man die rigolten Zwischenräume mit der Grabgabel, wobei der Boden 5—6 Zoll tief gerührt wird. Später, sobald das Erdreich sich gesetzt hat, oder wenn Unkraut aufgelaufen ist, ist ein wiederholtes Lockern und Zertheilen des Bodens mit der Pferdehacke oder Gabel vorzunehmen. Dabei gehe man anfangs bis auf 4 Zoll an die Weizenreihen, später aber bleibe man weiter davon zurück, so daß die Breite des zu bearbeitenden Zwischenraums von 28 Zoll auf 24 und endlich 17 Zoll vermindert werde. In dieser Breite fahre man bis zur Blüthe des Weizens fort.

7) Das Getreide ist möglichst kurz zu schneiden, weil lange Stoppeln die weitere Arbeit hindern.

8) Sobald der Weizen geerntet ist, bearbeite man die zur nächsten Saat bestimmten Zwischenräume mit der Pferdehacke oder Gabel, damit die ausgefallenen Körner bald auflaufen. Sind diese aufgeschossen, so rühre man zum letzten Male die Zwischenräume 5—6 Zoll tief, um die Pflanzen zur Gründüngung zu verwenden; darauf ebene man das Land mit der Egge oder Schleife, und es ist fertig zur Aussaat. Wenn es die Zeit und Witterung erlauben, so säe man früh — Ende September bis Anfang October. — Bei verspäteter Bestellung — im November — säe man stärker. Sind die Saatreihen aufgegangen, so beginne man mit dem Rigolen der abgeernteten Zwischenstücke, und führe alle weiteren Arbeiten in der vorher angegebenen Weise von Neuem aus.

Kosten und Erfolge.

Im Herbst 1846 wurden die ersten Versuche mit diesem Culturverfahren gemacht. Es wurde hierzu ein acre Land von ziemlich gleichmäßiger, bindiger Beschaffenheit verwendet, welches nur an wenigen Stellen einen etwas kiesigen Lehm enthielt. Nachdem Mr. Smith drei Jahre nach einander den Weizen auf diesem Felde gebaut hatte, machte er die erste öffentliche Mittheilung seines Verfahrens.

Die Kosten seiner Culturmethode betragen wie folgt:

	per acre.	per Morgen.
Einmal Doppelgraben der Zwischenräume . . .	1 *l.* 10 *s.*— *d.*	. . . 6 Rthlr. 10 Sgr. — Pf.
Zweimal einfach graben mit der Grabgabel .	1 „ -- „ — „	. . . 4 „ 6 „ 8 „
Anfertigung der Saatrinnen, Säen, Behacken, Ernten, Dreschen, Steuern und Abgaben . .	2 „ 1 „ — „	. . . 8 „ 19 „ 8 „
Saat, 2 Pecks per acre, der Bushel zu 5 *s.* .	— „ 2 „ 6 „	. . . — „ 15 „ 10 „
Zusammen	per acre 4 *l.* 13 *s.* 6 *d.*	p. Morg. 19 Rthlr. 22 Sgr. 2 Pf.

Ueber das Ergebniß der ersten Ernte war keine Berechnung aufgestellt, wogegen der Ertrag der folgenden 2 Jahre genau bestimmt wurde. Derselbe war in der Ernte von 1848 und 1849 gleich hoch, nämlich 4 Quarters 2 Bushels per acre, oder 14 Scheffel 3 Metzen per Morgen. Die Ernte von 1851 gab nur 28 Bushels (12 Schffl. per Morgen), während 1852 38 Bushels lieferte, so daß als Durchschnittsertrag 34 Bushels (14¼ Scheffel per Morgen) angenommen werden dürfen.

Die Einnahme giebt Mr. Smith folgendermaßen an:

	per acre.		per Morgen.
4 Quart. 2 Bush. à 40 *s.*	8 *l.* 10 *s.* — *d.*	14 Scheff. 3 Metze. à 2 Thlr. 16 Sgr.	35 Thlr. 28 Sgr. — Pf.
32 Centr. Stroh. à 2 *s.*	3 „ 4 „ — „	18 Centr. Stroh à 20 Sgr. . .	12 Thlr. — Sgr. — Pf.
Zusamm. p. acre	11 *l.* 14 *s.* — *d.*	per Morgen .	47 Thlr. 28 Sgr. — Pf.
Davon Ausgabe	4 „ 13 „ 6 „	„ „ . .	19 „ 22 „ 2 „
Bleibt reine Einn.	7 *l.* — *s.* 6 *d.*	„ „ . .	28 Thlr. 5 Sgr. 10 Pf.

In dieser Berechnung ist der Werth des Strohes viel zu hoch angenommen. Bei einem Preise von 5 Sgr. per Centr. stellt sich der Strohertrag auf 3 Thlr., wonach sich die reine Einnahme per Morgen von 28 Thlr. 5 Sgr. 10 Pf. auf 19 Thlr. 5 Sgr. 10 Pf. ermäßigt.

Von verschiedener Seite wurde auf den geringen Werth dieser Resultate hingewiesen, weil die Ernten auf einem Felde erzielt seien, welches erst vor Kurzem in Angriff genommen wäre; im günstigsten Falle aber sei dieses Culturverfahren nur in einem sehr kleinen Maßstabe lohnend. Um dieser Einwendung zu begegnen, brachte Mr. Smith im Herbst 1850 sein Anbausystem auf einem größern Felde in Ausführung, welches seit langer Zeit zu Ackerland verwendet worden war. Das hierzu bestimmte, 4 acres (6 Morgen) große Ackerstück war zuletzt vor vier Jahren zu Turnips gedüngt, und hatte auch nach dieser Frucht Gerste, Klee und Weizen getragen. Nachdem der Weizen geerntet war, wurde das Feld einen Zoll tiefer, als sonst üblich, gepflügt und in vorherbeschriebener Weise weiter behandelt. Die Kosten von Anfang der Bestellung bis zum Ausdrusch betrugen:

Pflügen	1 *l.*	4 *s.*	— *d.*
Eggen, Walzen und Reinigen von Unkraut	2 „	— „	— „
Anfertigung der Saatrinnen	— „	4 „	— „
Einstreuen der Saat mit der Hand . . .	1 „	— „	— „
Saatkorn 4 Pecks und 1 Gallon	— „	5 „	7½ „
Walzen	— „	2 „	— „
Behacken der Saatreihen und Lockern der brachliegenden Zwischenräume	2 „	— „	— „
Mähen, Einfahren und Abladen	3 „	— „	— „
Dreschen und Reinigen	3 „	— „	½ „
Steuern und Abgaben, Zinsen von 20 *l.* für Auslagen, Geschirr ꝛc.	1 „	18 „	8 „
Summa der Ausgaben für 4 acres . . .	14 *l.*	14 *s.*	4 *d.*

Die Kosten sind hiernach per acre . 3 *l.* 13 *s.* 7½ *d.* oder per Morgen 16 Thlr. 10 Sgr. 10 Pf.

Der Ertrag der ersten Ernte von diesen 4 acres dagegen war:

20½ Quarters Körner à 40 *s.*	35 *l.*	17 *s.*	6 *d.*
und 160 Centr. Stroh à 2 *s.*	16 „	— „	— „
Mithin der Gesammtertrag	51 *l.*	17 *s.*	6 *d.*

Auch in dieser Berechnung ist der Strohpreis auf ¼ herabzusetzen. Hiernach ermäßigt sich der Gesammtertrag der 4 acres von 51 *l.* 17 *s.* 6 *d.* auf . . 39 *l.* 17 *s.* 6 *d.*

Der Rohertrag per acre ist somit . .	9 „	19 „	4 „
oder per Morgen	44 Thlr.	9 Sgr.	3 Pf.
Werden hiervon die Ausgaben abgezogen mit	16 „	10 „	10 „
so bleibt ein Reinertrag per Morgen von	27 Thl.	28 Sg.	5 Pf.

Es ist zu bedauern, daß die Erträge von diesen 4 acres in den folgenden Jahren nur nach einer Schätzung mitgetheilt sind. Der Ernteertrag pro 1852 ist bei dem gleichmäßigen Stande und der Fülle der Aehren auf 34 — 38 Bushels per acre, der Ertrag von 1853 sogar auf 40 Bushels geschätzt. Mr. Smith hält das Ergebniß von 1853 deshalb so entscheidend für sein Verfahren, weil dieses Jahr dem Weizenbau nicht zusagte. Er erwähnt, daß in Folge der ungünstigen Witterung der Weizenertrag in sehr gutgeführten Wirthschaften seiner Gegend durchgängig um $\frac{1}{3}$, ja selbst um die Hälfte geringer gewesen sei. Zufällig waren in demselben Jahre die, sein Versuchsstück von 2 Seiten begrenzenden Felder, welche eine gleiche Bodenbeschaffenheit haben, mit Weizen bestellt. Auf dem einen Nachbarstück folgte der Weizen nach stark gedüngten Bohnen, während das andere theils gebraucht war, theils Wicken vorher getragen hatte. Die zur Zeit der Ernte vorgenommene Schätzung ergab als wahrscheinlichen Ertrag des ersten Stücks 16 Bushels, des letzteren dagegen 20 Bushels per acre, während wie oben erwähnt, das Erträgniß des Versuchstückes auf 40 Bushels angenommen wurde.

Während in mehreren Wirthschaften Englands mit verschiedenem Erfolge das Lois-Weedoner System versucht wurde, ohne daß genaue Mittheilungen darüber zur Oeffentlichkeit gelangten, hat sich Mr. Lawes veranlaßt gesehen, mehrjährige Experimente auf seinem Gute Rothamstead damit vorzunehmen, welche im XVII. Bande des Journals der Königlichen Ackerbau-Gesellschaft in England mitgetheilt wurden. In der bald darauf erschienenen Erwiederung suchte Mr. Smith den Werth dieser durchaus ungünstigen Versuche dadurch zu entkräftigen, daß er Mr. Lawes wesentliche Versehen in der Durchführung des Systems nachweist. Er selbst ist, wie aus einem Schreiben vom 27. December 1857 an mich hervorgeht, von der Richtigkeit seiner Culturmethode vollständig überzeugt und schätzt z. B. den Ertrag seiner Weizenäcker in dem letzten Jahre nach einem theilweisen Ausdrusche nicht viel weniger als 48 Bushels per acre. Es ist sehr zu bedauern, daß von Mr. Smith in dieser wichtigen Frage seit 5 Jahren nur allgemeine Ertrags-Schätzungen statt genaue Resultate angegeben werden.

Practische Bedeutung des Weedoner Systems *).

Wenn man auf die eben mitgetheilten Erfolge zurückblickt,

*) Bei dem Aufsehen, welches das Lois-Weedoner Culturverfahren

so könnte man leicht veranlaßt sein, den Werth dieses Culturverfahrens zu überschätzen. Es soll dadurch die Möglichkeit geboten sein, von dem, auf demselben Felde fortgesetzten Wei-

---

in England erregte, erschien es wünschenswerth, dasselbe auf dem zur hiesigen Lehranstalt gehörigen Versuchsfelde zu prüfen. Die Versuche wurden im Herbst 1853 begonnen und sind bis jetzt fortgesetzt worden. Bei der Ausführung wurden die gegebenen Vorschriften streng befolgt, so daß wir eine nähere Mittheilung der Vorbereitung und Pflege des Versuchsackers unterlassen. Bemerkt sei nur, daß der Boden desselben ein tiefgründiger milder Lehmboden ist, welcher in den 3 dem Versuche vorhergehenden Jahren gleichmäßig bestellt worden war und zuletzt Hafer getragen hatte. Zum Vergleich wurde das unmittelbar anstoßende Stück von derselben Bodenbeschaffenheit und gleicher vorgehender Behandlung, vom Herbst 1853 ab, alljährlich ebenfalls mit Weizen ohne Düngung bestellt und dessen Erträge gleichfalls sorgfältigst bestimmt. Ueber die Cultur dieses Stücks sei erwähnt, daß die Drillsaat in einer Entfernung von 9 Zoll stattfand. Die jedesmalige Vorbereitung des Saatackers geschah in der Weise, daß die Stoppeln nach Aberntung der Frucht mit dem Exstirpator umgebrochen und tüchtig geeggt und darauf die Saatfurche zur vollen Tiefe gegeben wurde. Während der Vegetation erhielten die Zwischenräume behufs Lockerung und Reinhaltung eine wiederholte Bearbeitung.

Die Versuchsergebnisse sind im Folgenden übersichtlich zusammengestellt:

1. **Erträge des Lois-Weedoner Cultur-Verfahrens** per **Magdeburger Morgen.**

Versuchsjahr.	Körner.		Gewicht per Scheffel.	Stroh und Kaff.
	Scheffel	Metzen	℔	℔
1853 - 54.	11	10	89	1767
1854—55.	10	7	89	1606
1855—56.	12	4	90	2028
1856—57.	11	4⁴/₅	87	1498
Summa	45	9⁴/₅	—	6899
Jahresmittel	11	6¹/₂	88³/₄	1724³/₄

zenbau ohne Düngung eben so hohe Erträge zu erzielen, als bei unserer gewöhnlichen Bestellungsweise, wo wir nicht nur den Boden sorgfältig bearbeiten und düngen, sondern auch die Regeln des Fruchtwechsels beachten.

2. Erträge des fortgesetzten Weizenanbaues auf demselben Felde bei 9zölliger Drillsaat per Magdeb. Morgen.

Versuchsjahr.	Körner. Scheffel	Metzen	Gewicht per Scheffel. ℔	Stroh und Kaff. ℔
1853—54.	15	2	88	3270
1854—55.	11	14	88	2706
1855—56.	18	4	88½	3584
1856—57.	11	12⅓	85⅓	2176
Summa	57	⅓	—	11736
Jahresmittel	14	4	87½	2934

Nach diesen Versuchen übersteigt der Ertrag der regelmäßigen Drillsaat im Mittel von 4 Ernten das Erträgniß des Lois-Weedoner Systems um 2 Scheffel 13½ Metze Körner und 1219¼ ℔ Stroh. Auffallend ist jedoch die Gleichmäßigkeit im Ertrage bei dem Weedoner Verfahren namentlich hinsichtlich der Körner, wogegen die Erträge des anderen Versuchsstückes verhältnißmäßig sehr schwanken. Während der Vegetation zeigte sich übrigens in den drei ersten Jahren sowohl im Strohwuchse wie in der Aehrenbildung auf beiden Versuchsstücken kein wesentlicher Unterschied; in dem 4ten Versuchsjahre dagegen blieb der gleichmäßig gedrillte Weizen kürzer im Stroh und hatte wesentlich kleinere und schwächere Aehren, als der nach dem Lois-Weedoner System bestellte. Selbst bei der anhaltenden Trockenheit dieses Jahres zeichnete letzterer sich durch ein gleichmäßig kräftiges Wachsthum aus.

Zur richtigen Beurtheilung dieser günstigen Versuchsresultate muß auf die vortreffliche Bodenbeschaffenheit der hiesigen Ländereien hingewiesen werden, deren Tiefgründigkeit und gleichmäßige Mischung überhaupt bei jeder Art der Tiefcultur zu den überraschendsten Erfolgen geführt hat. Es würde voreilig sein, von diesen Resultaten auf weniger günstige Bodenarten einen Schluß zu ziehen. Aber selbst für Boden, wie den des Versuchsstücks kann von einem Abschluß der Prüfung nicht die Rede sein, ehe noch eine Anzahl Jahre derselben gewidmet sein werden.

Geben uns denn die von Mr. Smith gemachten Erfahrungen den untrüglichen Beweis davon? Auf dem, einen acre großen Stück, welches zuvor noch nicht zu Ackerland benutzt war, wurde im Herbst 1846 der erste Versuch eingeleitet und bis jetzt fortgeführt. Bis zum Jahr 1852 liegen genaue Berichte über die erzielten Erträge vor, nach welchen allerdings eine Abnahme dee Fruchtbarkeit des Bodens sich nicht gezeigt hat, und im Mittel ein Ertrag von gleicher Höhe, als von dem, in gewöhnlicher Weise bestellten Weizen gewonnen ist. Später, im Herbst 1850, wurde ein 6 Morgen großes Stück, welches die letzte Düngung 4 Jahre zuvor erhalten hatte, zu einem neuen Versuche verwendet. Von diesem Ackerstück ist nur der Ernteertrag von 1851 genau gemessen, der von 1852 und 1853 dagegen nur nach einer Schätzung bestimmt.

Der erste Versuch ist nun zwar längere Zeit durchgeführt, aber auf einer zu kleinen Fläche, wobei noch über den Kraftzustand des Bodens, in welchem derselbe zu Anfang des Versuchs war, mancher Zweifel bleibt. Der zweite Versuch dagegen ist seit zu kurzer Zeit eingeleitet, um darauf irgendwie ein bestimmtes Urtheil stützen zu können, zumal die bloße Schätzung des Ertrags der beiden letzten Ernten zu unsicher ist. Der thatsächliche Beweis für den nachhaltigen Vortheil dieses Culturverfahreus ist somit durch die, bis jetzt erzielten Resultate noch nicht geliefert. Im Gegentheil ist vom Standpunkte der Erfahrung aus, die Möglichkeit eines fortgesetzten lohnenden Weizenbaues auf demselben Felde ohne Düngung sehr fraglich. Hinsichtlich der unorganischen Nährstoffe geben wir gern zu, daß viele Bodenarten einen großen Schatz werthvoller Mineralsubstanzen für viele Weizenernten enthalten und daß es nur darauf ankommt, die Mineralstoffe durch fleißiges Bearbeiten und Aussetzen der Atmosphäre aufzuschließen und nutzbar zu machen. Smith's Culturverfahren entspricht dieser Anforderung durch das tiefe, wiederholte Bearbeiten der brachliegenden Zwischenräume. Namentlich gilt dies von den bindigen Bodenarten, jedoch auch bei diesen werden gewiß nur selten alle erforderlichen Mineralstoffe, namentlich die phosphorsäurehaltigen in genügender Menge vorhanden sein, und sich deshalb eine zeitweise Zuführung der letztern durch die Düngung nöthig machen.

Erscheint schon hiernach der fortgesetzte Weizenbau ohne Düngung höchst zweifelhaft, so gilt dies in noch viel höherm Grade, wenn man die organischen Nährmittel und insbesondere den von der Pflanze assimilirbaren Stickstoff in Betracht zieht. Man stützt sich zwar hierbei auf Berechnungen über die Menge des Ammoniaks und der Salpetersäure, welche durch die atmosphärischen Niederschläge dem Boden zugeführt werden und bringt außerdem die Fähigkeit der Pflanze, direct aus der Luft das Ammoniakgas aufzunehmen, in Anschlag. Wir wollen hier nicht auf die Ergebnisse solcher Berechnungen näher eingehen, wonach eine genügende Menge assimilirbaren Stickstoffs geboten sei, sondern unsere Blicke auf wirklich gemachte Erfahrungen richten. In den oben erwähnten Versuchen wurde in den mit Ammoniaksalzen gedüngten Abtheilungen, obgleich auf allen Versuchsstücken die sorgfältigste Lockerung und Zertheilung des Bodens gleichmäßig stattfand, der Weizenertrag um ein Drittel und mehr gesteigert. Ebenso können wir unsere Augen unmöglich verschließen gegen die im Großen erzielte Ertragserhöhung der mit Salpeter oder Ammoniaksalzen gedüngten Weizenfelder und müssen nach solchen Erfahrungen die dauernden Erfolge des Weedoner Culturverfahrens, welches auch die Zuführung der organischen Pflanzennährmittel durch den Dünger für nicht erforderlich hält, bezweifeln. Wir sind vielmehr berechtigt für einen lohnenden Weizenbau die Düngung als ein wesentliches Erforderniß zu erachten. Für die Wahl der zu verwendenden Düngungsmittel wird der Stickstoff- und demnächst der Phosphorsäuregehalt in der Mehrzahl der Bodenarten maßgebend sein, wie dies die erfolgreiche Verwendung des Guano's, der Oelkuchen, der Poudrette und anderer stickstoff- und gleichzeitig phosphorsäurehaltigen Düngungsmittel erwiesen hat.

Die Ausführung von Smith's System im großen Maßstabe wird endlich aber in vielen Gegenden wegen mangelnder Arbeitskräfte große Schwierigkeiten finden.

Trotz aller dieser Bedenken und Einwürfe dürfen wir aber keineswegs das Verdienstliche des Weedoner Culturverfahrens verkennen, indem es namentlich einen glänzenden Beweis für die außerordentlichen Vortheile der Tiefcultur geliefert hat und dessen weitere Fortführung gewiß noch manchen lehrreichen Aufschluß geben wird. Umsichtige und lange fortgesetzte Versuche damit unter den verschiedensten Verhältnissen können daher nur höchst wünschenswerth erscheinen.

IV. Der Hopfenbau.

Unter den Handelsgewächsen nimmt für England der Hopfen die erste Stelle ein. Sein Anbau ist besonders in den südlichen Grafschaften sehr ausgedehnt und wird dort mit vieler Umsicht und großem Fleiße betrieben. Das Culturverfahren hat in nicht langem Zeitraum bemerkenswerthe Fortschritte gemacht, worauf, ähnlich wie beim Getreide die Aufhebung der Korngesetze, die bedeutende Reduction des Eingangszolles auf ausländischen Hopfen von erheblichem Einfluß gewesen zu sein scheint. Während bis zum Jahre 1842 der Eingangszoll 8 *l.* 10 *s.* per Centr. betrug, wurde derselbe zu dieser Zeit auf 4 *l.* 5 *s.*, also auf die Hälfte herabgesetzt. Seit 1846 ist der Zoll sogar auf 2 *l.* 5 *s.* ermäßigt. Die inländische Hopfensteuer dagegen ist 2 *d.* per ℔ und 5% Zuschlag, was auf den englischen Centr. von 112 ℔ nahe ein Livre St. (1917 *d.* macht. Der Unterschied in der Besteuerung zu Gunsten des im Inlande producirten Hopfens beträgt also circa 25 *s.* 5 *d.* für den Centr., welches bei der Höhe der Hopfenpreise kaum mehr als wirklicher Schutz zu betrachten ist. Hätte man unter diesen Verhältnissen eine Abnahme des Hopfenbaues erwarten müssen, so zeigte sich das Gegentheil. Als Beleg dafür sei erwähnt, daß im Jahre 1840, bei einem Schutzzolle von 8 *l.* 10 *s.*, der Flächengehalt der Hopfengärten 44,058 acres betrug, während 1845, wo der Eingangszoll auf die Hälfte ermäßigt war, 48,058 acres mit Hopfen bestellt waren. 1847, wo der jetzige Zoll von 2 *l.* 5 *s.* bestand, finden wir sogar die Hopfenplantagen auf 52,328 acres ausgedehnt. Die Vermehrung des Hopfenbaues, gerade während dieser Zeit, läßt schon auf den Vortheil desselben schließen, und in der That finden wir, daß es dem englischen Farmer durch wesentliche Verbesserungen des Anbauverfahrens gelungen ist, die Concurrenz des Auslandes zu ertragen.

Die Haupt-Hopfendistricte Englands sind: die Grafschaften Kent, Sussex, Surrey, Hampshire, Worcestershire und Herefordshire, während der Hopfenbau in den Grafschaften Essex, Suffolk und Nottinghamshire beschränkt ist. Je nach der Bodenbeschaffenheit der Gegend, Art der Cultur ꝛc. zeigt der Hopfen der einzelnen Districte sowohl hinsichtlich der Sicherheit und Größe des Ertrages wie der Güte des Productes mancherlei Verschiedenheiten. In letzterer Hinsicht machen Händler und Brauer gewöhnlich folgende Abstufungen:

1) der Hopfen von Farnham, einer Stadt in Surrey;
2) der Hopfen vom östlichen Theile von Kent;
3) der Hopfen aus den mittleren Gegenden, vom westlichen Theile und der Hügelkette Kent's;
4) der Hopfen der Wealdbildungen von Kent und Sussex und
5) der Hopfen von Worcester.

Klima, Lage und Boden.

Der Hopfen verlangt ein mäßig feuchtes, warmes Wetter. Schneller Wechsel der Temperatur, anhaltende Nässe und Kälte wie andauernde Trockenheit, sind ihm nachtheilig. Hinsichtlich der Richtung der Grundstücke gilt eine, gegen Süd oder Südwest etwas geneigte, in Nord und Ost gegen rauhe Winde geschützte Lage für die beste. Ungeeignet sind tiefliegende, eingeschlossene Grundstücke in schattigen, feuchten Thälern, wo die freie Luftcirculation gehemmt ist. Der Hopfen leidet hier mehr von Krankheiten und Ungeziefer, während eine freie Luftbewegung und ungehinderte Einwirkung der Sonne das gesunde und kräftige Wachsthum der Pflanzen befördert.

Als Anhalt zur Beurtheilung der Bodenansprüche kann uns die chemische Zusammensetzung des Hopfens dienen. Wir besitzen eine größere Zahl von Analysen, von welchen wir nur einzelne anführen wollen.

Der Hopfen aus der Plantage des Mr. Paine zu Farnham und des Mr. Kipping zu Hadlow in Kent wurde von Dr. Nesbit untersucht. Beide Proben waren von der Ernte 1845:

	Nro. 1. Farnham white bine			*Nro. 2.* Kent yellow grape		
	Hopfenzapfen.	Blätter.	Ranken.	Hopfenzapfen	Blätter.	Ranken.
Aschengehalt der trockenen Masse in Procenten .	9,90	16,33	5,00	15,80	25,11	5,10
Zusammensetzung der Asche:						
Kieselsäure . . .	20,95	10,14	4,64	24,96	20,38	5,66
Chlornatrium . .	7,05	7,92	4,95	3,18	4,58	9,98
Chlorkalium . .	1,63	—	7,38	2,21	—	—
Natron	—	0,32	—	—	2,29	2,32
Kali	24,50	12,48	18,62	18,61	5,13	12,97
Kalk	15,56	41,46	29,59	23,75	32,28	17,39
Magnesia . . .	5,63	1,99	3,15	6,13	6,24	12,61
Schwefelsäure . .	5,27	4,20	2,63	4,16	3,63	3,14
Phosphorsäure . .	9,54	2,02	5,22	5,26	3,68	8,14
Phosphors. Eisenoxyd	7,26	2,93	0,31	6,79	0,54	2,06
Phosphors. Thonerde	—	—	—	—	—	1,55
Kohlensäure . . .	2,61	16,54	23,51	3,36	21,25	24,18
Mangan	—	—	—	1,59	—	Spuren.
	100,00	100,00	100,00	100,00	100,00	100,00

Zwei andere Hopfenproben der Ernte 1847 untersuchte Professor Way. Die eine Probe war von der Plantage des Mr. Paine zu Farnham, die zweite von Mr. S. Eggar zu Bentley in Hampshire. Die letztere war eine Woche vor der vollen Reife geerntet. Die Hopfensorte war dieselbe, Farnham white bine. Die Analyse ergab:

	Nro 1. Farnham.	*Nro. 2.* Bentley.
Aschengehalt in Procenten	5,95	8,07
Zusammensetzung der Asche:		
Kieselsäure	19,71	22,97
Chlornatrium	3,42	—
Chlorkalium	—	5,45
Latus	23,13	28,42

	Nro. 1. Farnham	*Nro. 2.* Bentley.
Transport	23,13	28,42
Natron	—	—
Kali	24,88	11,98
Kalk	21,59	17,93
Magnesia	4,69	5,94
Eisenoxyd	1,75	1,86
Schwefelsäure	7,27	7,01
Phosphorsäure	14,47	21,38
Kohlensäure	2,17	5,44
	99,95	99,96

Von derselben Hopfenplantage zu Bentley wurde im folgenden Jahre eine Probe der Untersuchung unterworfen, und zwar diesmal nicht nur die Hopfenzapfen, sondern auch die Blätter und Ranken.

	Hopfenzapfen.	Blätter.	Ranken.
Aschengehalt der trockenen Masse in Procenten	9,00	21,94	7,28
Zusammensetzung der Asche:			
Kieselsäure	19,16	22,35	9,99
Chlornatrium . . .	0,74	3,12	2,63
Chlorkalium	8,96	2,29	15,35
Natron	—	—	—
Kali	31,70	13,13	17,60
Kalk	9,59	30,78	23,91
Magnesia	4,80	4,84	3,77
Eisenoxyd	0,68	0,19	0,80
Schwefelsäure . . .	5,10	1,89	2,33
Phosphorsäure . . .	17,33	9,33	11,69
Kohlensäure . . .	1,92	12,04	11,92
	99,98	99,96	99,99

Der Ertrag des Hopfengartens des Mr. Eggar zu Bentley war im Jahre 1848 per acre ungefähr eine Tonne

(2240 ℔) oder in trockener Masse (1894 ℔). Die trockenen Blätter wegen 1984 ℔, und die Ranken 1781 ℔.

Hiernach berechnet sich der Aschengehalt dieses Ernteertrages per acre:

	Trockene Masse.	Asche.
Hopfenzapfen	1894 ℔	170,43 ℔
Blätter	1984 „	435,06 „
Ranken	1781 „	129,54 „
zusammen	5659 ℔	735,03 ℔

Die Zusammensetzung der Asche ist nach Pfunden berechnet:

	Hopfenzapfen. ℔	Blätter ℔	Ranken. ℔
Kieselsäure . . .	32,65	97,28	12,95
Chlornatrium . .	1,26	13,58	3,40
Chlorkalium . . .	15,26	9,96	19,90
Natron	—	—	—
Kali	54,01	57,15	22,81
Kalk	16,33	133,98	30,99
Magnesia	8,17	21,06	4,88
Eisenoxyd	1,14	0,82	1,03
Schwefelsäure . .	8,69	8,22	3,02
Phosphorsäure . .	29,53	40,61	15,15
Kohlensäure . . .	3,39	52,40	15,41
zusammen	170,43	435,06	129,54

Auch über den Stickstoff, welcher dem Boden durch den Hopfen entzogen wird, sind von Professor Way Untersuchungen angestellt. Es wurde hierzu gleichfalls Hopfen aus der Plantage zu Bentley verwendet. Im Durchschnitt mehrerer Untersuchungen betrug die Stickstoffmenge per acre:

In den Hopfenzapfen . . .	56,44 ℔
in den Blättern	49,00 „
und in den Ranken . . .	23,86 „
zusammen	129,30 ℔

oder nahe soviel wie durch 9 Centr. peruanischen Guano's dem Boden zugeführt wird.

Aus diesen Untersuchungen geht hervor, daß der Hopfen sowohl eine große Menge wichtiger unorganischer wie organischer Bestandtheile dem Boden entzieht, und deshalb zu den stark angreifenden Pflanzen gerechnet werden muß. Diese Annahme ist selbst dann noch gerechtfertigt, wenn wir den, in obigen Berechnungen angenommenen Ertrag als einen ausnahmsweise hohen betrachten und denselben auf die Hälfte ermäßigen. Der Hopfen verlangt hiernach einen reichen Boden. Jene Analysen weisen zugleich darauf hin, die Blätter und Ranken sorgfältig zur Düngung zu benutzen. Ihr Stickstoffgehalt allein von einem acre könnte in andern Düngungsmitteln, nicht billiger, als für 4 *l.* beschafft werden, wozu noch unter den unorganischen Bestandtheilen der Abfälle der Werth der Phosphorsäure und des Kali's kommt. Vor Allem ist daher das Verbrennen der Hopfenrückstände zu vermeiden, wobei die stickstoffhaltigen Substanzen verloren gehen.

Bei einer nähern Untersuchung der in England zum Hopfenbau verwendeten Bodenarten ergiebt sich Folgendes:

1) Der Hopfen von Farnham wächst hauptsächlich auf den ausgehenden Schichten der obern Grünsandformation und auf dem tiefen Diluviallehm, welcher sich in den Thälern findet. Der Boden der Grünsandformation ist reich an Kalk, Kali und Phosphorsäure. Der Farnhamer Distrikt zieht sich in einem schmalen Streifen von der Stadt Guilford in Surrey durch die Kirchspiele Puttenham, Seal und Farnham, wo der Grünsand am ausgebreitetsten ist; von hier geht er durch Bentley, Froyle, Binsted, Holybourne, Alton, Ost- und West-Worldham, Selborne, Emshot, Hawley und Steep, wo er in der Nähe von Petersfield in Hampshire endet. Auch der Boden nördlich vom Farnhamer District, welcher auf Kreide ruhet, wird an den Stellen, wo sich eine starke Schicht Diluviallehm findet, zum Hopfenbau verwendet. Die Güte des hier gebauten Hopfens ist jedoch etwas geringer. Im Süden von dem Streifen der Grünsandformation kommt meist ein sandiger, kalkhaltiger Thonboden vor (gault clay), der, obschon an minerali-

schen Pflanzennährmitteln reich, in seinem natürlichen Zustande dem Hopfenbau nicht sonderlich zusagt. Durch tiefe Bearbeitung, starke Düngung und Trockenlegung ist die Fruchtbarkeit dieser Aecker ausnehmend gesteigert. Wir finden große Flächen eines so meliorirten Bodens gegenwärtig zum Hopfenbau verwendet. Ländereien, die wenige Jahre zuvor nur einige Shilling Pacht gaben, sind jetzt, nachdem 20 – 30 *l.* per acre für Drainirung und Rigolen aufgewendet, zu eben so viel Livre St. wie früher Shilling verpachtet.

Vom Professor Way besitzen wir mehrere Untersuchungen des Bodens der Grünsandformation, welcher je nach dem Fundorte eine verschiedene Zusammensetzung hat. So enthielt eine Probe:

Unlösliche Kieselsäure	19,64
Lösliche Kieselsäure	6,45
Natron und Kali wurden nicht bestimmt	—
Kalk	37,71
Magnesia	0,68
Eisenoxyd und Thonerde . . .	3,04
Phosphorsäure	1,82
Kohlensäure	28,98
	98,32

Eine andere Probe dagegen hatte folgende Zusammensetzung:

Unlösliche Kieselsäure	32,81
Lösliche Kieselsäure	29,14
Organische Substanz	3,02
Kali	3,10
Kalk	9,53
Magnesia	1,97
Eisenoxyd und Thonerde . . .	11,46
Phosphorsäure	6,61
Kohlensäure	2,32
	99,96

2) Der Boden der Hopfengärten im Osten von Kent ist

ein tiefer, reicher Lehm, ruhend theils auf Kreide, theils auf Thon. Der beste Hopfen wächst in der Nähe von Canterbury und in den angrenzenden Kirchspielen. Eine von Chatham über Sittingbourne durch Canterbury nach Sandwich gezogene Linie durchschneidet die am meisten geschätzten Hopfenplantagen, während eine zweite Linie, gezogen von Chatham durch Hollingbourne nach Hythe, die Grenze des Ost-Kent-Distrikts bildet. Derselbe umfaßt beinahe gänzlich den nördlichen Abhang der sich nordöstlich hinziehenden Kreidehügel.

3) Der Hopfendistrikt in der Mitte von Kent liegt auf den festern Lagen der Grünsandformation, die Plantagen im Westen Kent's dagegen auf den auslaufenden Schichten dieser Formation und des Gault-Thons. Endlich gehören zu dem West-Distrikte einzelne Anlagen an der Hügelkette der obern Kreide. Die besten Lagen für den Hopfen in Mid-Kent finden wir an den Ufern des Medwayflusses und in der Nähe von Maidstone.

Ein Felsstück der festern Lagen der Grünsandformation hatte, nach einer Analyse des Professors Way, folgende Zusammensetzung:

Lösliche und unlösliche Kieselsäure	18,53
Wasser	2,28
Kali	1,79
Natron	1,87
Kalk	34,61
Eisenoxyd	7,24
Thonerde	0,98
Schwefelsäure	5,13
Phosphorsäure	20,65
Kohlensäure	4,01
	97,09

Nach andern Untersuchungen finden sich in manchen Fällen 10--12 % Kali in dem Grünsande. Die große Fruchtbarkeit des daraus hervorgehenden Bodens ist hierin, wie in dem großen Phosphorsäuregehalte des Gesteins, begründet.

4) Die Hopfenplantagen auf den Wealdbildungen von Kent und Sussex haben meist einen fetten Thon (Wealden clay), welcher sich hauptsächlich in den Thälern angehäuft findet. Zum Theil ruht der Thon auf Kreide, wodurch das Land von Natur trocken gelegt ist. Hat dagegen die Thonschicht eine große Mächtigkeit, oder liegt darunter Lettenboden, so muß das Land drainirt werden. Der gehörig trocken gelegte Boden ist porös und von großer Fruchtbarkeit; ganz besonders gilt dies von den Thälern im Osten von Sussex.

5) In dem Worcester-Distrikte wie in der Grafschaft Hereford finden wir den Hopfen vornehmlich auf dem Mergelboden des bunten Sandsteins, der sehr fruchtbar ist. Im Allgemeinen eignet er sich jedoch mehr zur Weizenproduction, als zum Hopfen.

In Nottinghamshire, Essex und Suffolk, wo der Hopfenbau sehr beschränkt ist, wird vornehmlich ein tiefer, reicher Lehmboden dazu verwendet.

Ueberblickt man die in England zum Hopfenbau verwendeten Bodenarten, so ergiebt sich, daß dieselben im Ganzen durch Fruchtbarkeit ausgezeichnet sind. Hinsichtlich der äußern Beschaffenheit wie der chemischen Zusammensetzung finden wir aber große Verschiedenheiten. In einzelnen Distrikten wird ein mehr leichter sandiger Boden, in andern Lehm-, ja selbst Thonboden dazu verwendet. Die meisten Ländereien besitzen einen bald größern bald geringern Kalkgehalt, und zwar sagt der mergelhaltige Boden dem Hopfen besonders zu. Der Grund davon liegt wohl hauptsächlich darin, daß der Kalk nicht ausschließlich als kohlensaurer, sondern zum Theil mit Phosphorsäure verbunden, in dem mergelhaltigen Boden vorkommt, wovon, wie die Analysen zeigen, der Hopfen grade viel bedarf. Die Verwendung der von Natur so verschiedenen Bodenarten zum lohnenden Anbau des Hopfens ist darin begründet, daß Trockenlegung, tiefe Bearbeitung und reiche Düngung wesentliche Veränderungen in der äußern Beschaffenheit und Fruchtbarkeit des Bodens bedingen. Im Allgemeinen ist jedoch nach den englischen Erfahrungen der kalkhaltige, tiefgründige, milde Lehmboden oben an zu stellen; nächst ihm verdienen sowohl der mehr leichte sandige, wie anderseits der mehr gebundene Boden mit durchlassendem Untergrunde die meiste Beachtung, wogegen eisenschüssige, nasse und saure Ländereien dazu ungeeignet sind.

Wahl der Hopfensorte.

Auf die richtige Wahl der Hopfensorte wird großer Werth gelegt, denn es hängen davon nicht nur die Ergiebigkeit und Sicherheit der Ernte, sondern auch die Güte des Productes ab. Die Zahl der in England angebauten Hopfenvarietäten ist im Ganzen nicht groß. Jeder, durch besondere Bodenverhältnisse ausgezeichnete Hopfendistrikt hat eine oder zwei Sorten, die erfahrungsmäßig die höchsten Erträge bringen. Der Hopfen soll mäßig große, geschlossene Zapfen von heller Farbe mit einem reichen Mehlgehalt liefern. Er soll einen starken aromatischen Geruch haben und sich klebrig anfühlen. Die Zapfen sollen endlich nicht mit Laub durchwachsen sein.

Die wichtigsten englischen Hopfensorten sind folgende:

1) Der Hopfen von Farnham und Canterbury mit weißen Ranken. (Farnham und Canterbury withe bines) nimmt die erste Stelle ein. Er ist in jeder Hinsicht dieselbe Varietät. Auf reichem Boden und in günstiger Lage liefert er ergiebige Ernten der besten Qualität.

2) Goldings-Hopfen (goldgelber) steht hinsichtlich der Güte des Products dem ersteren nach, ist dagegen aber härter. Vom Canterbury-Hopfen läßt er sich durch die meist längern Ranken, wie besonders dadurch unterscheiden, daß die Zapfen mehr einzeln an den Zweigen sitzen. Die weißlichen Ranken haben kleine, rothbraune Flecke. Goldings wie die erste Varietät, erfordern die längsten Stangen, je nach dem Boden, 16—24 Fuß lang. Ihre Hauptwurzel geht tiefer in den Boden, als irgend eine andere Sorte: ihre Pflanzungen haben aber meist die längste Dauer.

3) Grapes-Hopfen (Traubenhopfen) hat, je nach der Größe der Fruchtzapfen, mehrere Untervarietäten. Bei allen sitzen die Zapfen traubenartig an den Zweigen, woher auch der Name rührt. Hinsichtlich der Güte des Hopfens sind sie im

Allgemeinen geringer, als die vorgenannten Sorten. Nur wenige Abarten mit kleinen Fruchtzapfen kommen, wenn sie auf vorzüglichem Boden gebaut werden, in der Qualität dem Goldings-Hopfen ziemlich gleich, während die meisten andern, welche in Sussex in den Wealdbildungen von Kent cultivirt werden, roher in Geschmack und von geringerem Werthe sind. Die Ranken des Grapes-Hopfens haben eine hellgrüne Farbe und sind kürzer. Sie erfordern Stangen von 10 14 Fuß Länge.

4) Jones's-Hopfen wächst auf leichtem Boden von geringerer Fruchtbarkeit und erfordert nur 8—10 Fuß lange Stangen. Seine Ranken sind roth. Im Ganzen ist dieser Hopfen nicht sehr verbreitet, er verdient jedoch, nach übereinstimmender Erfahrung, für ungünstige Bodenverhältnisse, wegen seines sichern Ertrags alle Beachtung. In Quantität ist der Ertrag nicht hoch, man glaubt jedoch denselben dadurch steigern zu können, wenn die Ranken und Zweige mehr in die Höhe gezogen oder von Stange zu Stange geleitet werden.

5) Colegates-Hopfen ist eine sehr harte Sorte und für die strengen Bodenarten am besten geeignet. Er erfordert lange Stangen, und reift sehr spät. Seine Zapfen sind klein und hängen in ziemlich dichten Massen an den Zweigen. Die Ranken sind von hellgrüner Farbe wie die des Grapes-Hopfen, aber länger. Der Ertrag in Quantität ist groß, wogegen die Qualität von den Brauern nicht hoch geschätzt wird.

6) Der Flandrische rothrankige Hopfen (Flemish red bines) wächst auf leichten sandigen Bodenarten. Er leidet wenig von Krankheiten, und eignet sich deshalb besonders für rauhe Lagen und geringeren Boden. Sein Ertrag ist nicht hoch und von mittlerer Qualität. Er hat in England ein beschränkte Verbreitung.

Von den beschriebenen Hopfensorten hat auf allen durch Fruchtbarkeit ausgezeichneten Bodenarten und in geschützten Lagen der Farnham- und Canterbury-Hopfen die größte Verbreitung. Bei gleich guter Bodenbeschaffenheit, aber weniger günstiger Lage, wird dagegen der Goldings-Hopfen mehr cultivirt und für einträglicher gehalten. Sind Boden und Lage ungünstiger, besonders wenn das Land nicht tiefgründig ist, so giebt man dem Grapes- und dem Colegates-Hopfen den Vorzug, während endlich der Jones's und Flandrische die geringste Verbreitung haben.

Je nach der Bodenbeschaffenheit und Exposition des Grundstückes trifft der englische Hopfenbauer die Auswahl der genannten Varietäten. Sorgfältig achtet er darauf, bei der Anlage eines neuen Hopfengartens die Setzlinge von einer Sorte zu nehmen; denn bei der Verschiedenheit der Bodenansprüche, der ungleichzeitigen Reife und verschiedenen Güte der einzelnen Sorten würde der Ertrag durch das Untermischtsein des Hopfenbestandes erheblich beeinträchtigt, besonders aber ein ungleichmäßiges Product erzielt werden.

Anlage eines Hopfengartens und Pflege im ersten Jahre.

Vorarbeiten.

Vor Allem hat man für die Trockenlegung des Grundstücks zu sorgen, da der Hopfen mit seinen tiefgehenden Wurzeln stauende Nässe, selbst in den tiefern Bodenschichten, nicht erträgt. Naßliegende Ländereien durchzieht man entweder mit tiefen, offenen Gräben, oder bewirkt ihre Trockenlegung durch Drains, welches Letztere den Vorzug hat. Der Verstopfung der unterirdischen Abzüge beugt man dadurch vor, daß man dieselben mindestens 4 Fuß tief legt, ferner doppelte, ineinander geschobene Röhren nimmt, wie dies bei der gewöhnlichen Felddrainage in der Nähe von Hecken oder Bäumen allgemein üblich ist, und endlich dadurch, daß man die Pflanzenreihen nicht in unmittelbare Nähe der Röhrenstränge bringt. Unter diesen Vorsichtsmaßregeln ist die Trockenlegung vieler Hopfengärten mit bindigem Boden durch Drains ungefähr seit 8—10 Jahren ausgeführt und bis jetzt eine Verstopfung der Abzüge durch Wurzeln nicht wahrgenommen worden. Anstatt der Doppelröhren werden auch einfache benutzt, die man aber, um das Eindringen der Wurzeln zu verhindern, ungefähr 1 Fuß hoch mit zerschlagenen Steinen deckt. Auch diese Art der Trockenlegung hat sich in vielen Hopfengärten bewährt, ja man hält dieselbe noch für sicherer; die Kosten derselben sind aber etwas größer.

Der Hopfen verlangt ein tief bearbeitetes Land. Früher war es häufig üblich, den Boden nur an den Stellen, wo die Pflanzen eingesetzt wurden, mehrere Fuß tief aufzugraben, anstatt das Land gleichmäßig zu rigolen. Bei diesem Verfahren zeigte sich jedoch, daß die Verbreitung der Hopfenwurzeln sehr beeinträchtigt wurde. Außerdem war dabei die gleichmäßige Düngung, möglichste Reinhaltung und Lockerung des Landes erschwert. Die Folge davon war nicht nur ein geringerer und unsicherer Ertrag, sondern eine kürzere Dauer der Pflanzung. Gegenwärtig ist diese Art der Bodenvorbereitung überall aufgegeben, und gilt es als erste Regel für den erfolgreichen Hopfenbau, den Boden in der ganzen Fläche zu einer Tiefe von 2—3 Fuß zu bearbeiten. In allen Fällen, wo das Rigolen anwendbar ist (siehe Seite 10), wird es in Ausführung gebracht, und zwar bedient man sich hierbei ausschließlich der Handarbeit. Verhältnißmäßig selten geschieht die tiefe Bearbeitung durch bloßes Untergrundlockern. Es beschränkt sich auf die Fälle, wo die tieferliegende Bodenschicht entweder viel Kies und größere Steine enthält oder arm und eisenschüssig ist. Auch das Untergrundlockern geschieht ausschließlich durch Handarbeit, mittelst der Grabgabel in der S. 32 näher beschriebenen Weise.

Die tiefe Bearbeitung des Bodens soll vor Eintritt des Winters beendet sein, damit das bisher nicht bearbeitete, rohe Erdreich der günstigen Einwirkung der Winterwitterung ausgesetzt werde. Zu gleicher Zeit ist der Boden zu düngen, wofür im ersten Jahre der rohe Stallmist am besten sich eignet; häufig giebt man auch eine Kalkdüngung. Die günstigen Wirkungen des Düngers auf den rigolten Boden wurden S. 20 näher erörtert. Wo das Untergrundlockern mittelst der Grabgabel ausgeführt wird, bringt man gewöhnlich die Hälfte des Düngers in die Oberfläche, die andere Hälfte in die Mitte der bearbeiteten Erdschicht. Es wird zunächst der Boden 15 Zoll tief gegraben und zur Seite geworfen, hiernach der frei gelegte Untergrund mittelst der Grabgabel gelockert, und dann die Hälfte des Düngers darauf gebracht, der nun durch den nächsten Spatenstich seine Deckung erhält.

Setzlinge.

Das im Herbst tiefbearbeitete Land bleibt während des Winters liegen und wird im Frühjahr, sobald es abgetrocknet ist, bepflanzt. Die Bepflanzung geschieht auf verschiedene Weise:

Eine Methode besteht darin, daß man die Wurzelausläufer der alten Hopfenstöcke benutzt, welche, eine Strecke von dem Wurzelstock fortwachsend, die Erdoberfläche durchbrechen und dann gleichfalls Ranken treiben. Man schneidet die Ausläufer nahe am Stocke ab, verkürzt sie auf 6—8 Zoll Länge und setzt sie sofort in die neue Anlage.

Zur Anpflanzung verwendet man ferner Stecklinge (sog. Fechser), welche man beim Schneiden des Hopfens (einer später näher zu beschreibenden Operation) gewinnt. Sie bestehen in den letztjährigen Trieben älterer Hopfenstöcke, welche bis auf einige Augen vom Wurzelstocke abgeschnitten werden. Auch sie werden auf 4 - 7 Zoll Länge verkürzt und dann sofort aufs Hopfenstück gepflanzt. Sie müssen mehrere gesunde Augen haben, mindestens fingerdick, nicht hohl und unverletzt sein.

Ein drittes Verfahren ist endlich, die in letzterwähnter Weise gewonnenen Fechser nicht sofort auf die neue Hopfenplantage zu bringen, sondern zunächst in eine Pflanzschule zu versetzen, aus welcher sie erst nach einem Jahre in den eigentlichen Hopfengarten kommen.

Von diesen drei Methoden sind die beiden letzten am gebräuchlichsten, während die Anpflanzung durch Wurzelausläufer nur selten in Anwendung kommt. Sehr häufig werden besonders in neuerer Zeit einjährige, in einer Pflanzschule erzogene Setzlinge benutzt. Nach übereinstimmender Erfahrung hat diese Art der Pflanzung manche Vorzüge, so daß sie zur allgemeinen Beachtung empfohlen werden kann. Zur Pflanzschule verwendet man ein Stück Gartenland, oder auch ein, etwas geschütztes, in gutem Kraftzustande befindliches Ackerstück, welches c. 12 Zoll tief mit dem Spaten gegraben wird. Auf das geebnete Feld werden die Fechser, sobald sie im Frühjahr geschnitten sind, in Reihen gepflanzt, wobei die Entfernung der Reihen gewöhnlich 1 Fuß, die der Pflänzlinge in den Reihen 8 Zoll bis 1 Fuß beträgt. Während des Sommers sorgt man für eine möglichst vollständige Reinhaltung und Lockerung des Landes. Bisweilen giebt man auch den Pflanzen kleine, 2—3 Fuß lange Stöcke, was jedoch nach der Erfahrung anderer Hopfenbauer ohne Nachtheil unterlassen werden kann. Im folgenden Frühjahr wird nun das Versetzen der einjährigen Pflänzlinge nach der Plantage vorgenommen. Es muß dies mit besonderer Vorsicht geschehen, da die Pflanzen bereits kräftige Wurzeln getrieben haben, und so beim Ausheben sehr leicht stark verletzt werden können. Am besten verfährt man in der Weise, daß man am Kopfe der Pflanzbeete, wie beim Rigolen, einen 2—3 Fuß breiten und eben so tiefen Graben auswirft, darauf die lockere Erdmasse des Beetes, welche bis zu dieser Tiefe mit den Wurzeln der jungen Pflänzlinge durchwachsen ist, mittelst des Spatens losbricht, in den gemachten Graben wirft, und dabei die Pflanzen mit ihren Wurzelverzweigungen herausnimmt. Indem so der zuerst gemachte Graben gefüllt wird, entsteht im Beete eine neue Vertiefung von ungefähr derselben Breite; auch diese wird durch die weiter vom Pflanzenbeete losgebrochene Erde gefüllt und so fort, bis sämmtliche Pflanzen ausgehoben sind. Beim Versetzen der einjährigen Pflanzen in den Hopfengarten werden ihre sehr ausgebreiteten, langen Wurzeln etwas abgestutzt.

Die Verwendung solcher Setzlinge bietet nun mehrfache erhebliche Vortheile. Während beim Legen von gewöhnlichen Fechsern, wegen der Unsicherheit ihrer Keimfähigkeit, 2—5 in jede Grube gebracht werden müssen, so genügt es, von den einjährigen Pflanzen nur immer eine zu setzen, die schnell anwächst und kräftig gedeihet. Werden dagegen mehrere Fechser an eine Stelle gebracht, so tritt, im Fall sie sämmtlich keimfähig sind, der Nachtheil ein, daß sie mit den feinen Wurzelfasern sich verschlingen und verstricken, und so die Ausbildung starker Pflanzen unmöglich machen *). Ein be-

*) Der Verfasser hatte Gelegenheit, auf dem zur hiesigen Lehranstalt

achtenswerther Vorzug der einjährigen Pflanzen besteht endlich darin, daß man schon im ersten Jahre nach dem Aussetzen auf die neue Anlage, einen befriedigenden Ertrag hat, während die nicht umgepflanzten Setzlinge erst im zweiten Jahre einen Ertrag geben. Man rechnet im Durchschnitt 1/3 der vollen Ernte, nicht selten ist das Erträgniß noch höher. Nach solchen Erfahrungen kann es nicht auffallen, daß dieses Culturverfahren in England sehr verbreitet ist, und es erscheint wünschenswerth, auch in Deutschland recht viele Versuche damit anzustellen.

Art der Pflanzung.

Die Entfernung der Pflanzen richtet sich nach der Hopfensorte, besonders aber nach der Bodenbeschaffenheit. Je größer die Sorte und je reicher der Boden, um so weiter muß der Abstand der Pflanzen unter einander sein. Die Entfernung derselben wechselt hiernach von 4—7 Fuß, so daß jeder Stock eine Fläche von 24—49 Quadratfuß einnimmt. Unter den verschiedenen Stellungen der Pflanzen findet man die im Quadrat viel häufiger, als im Dreiverband. Der Grund hiervon liegt zum Theil darin, daß bei der ersteren Stellung die Bearbeitung der Zwischenräume mit Pferdeinstrumenten sehr erleichtert ist, wovon in den englischen Hopfengärten häufig Gebrauch gemacht wird. Hinsichtlich der Richtung der Pflanzenreihen hält man es am vortheilhaftesten, wenn dieselben von Süden nach Norden laufen.

---

gehörigen Gute einen Versuch damit anzustellen. Die Fechser wurden auf ein Gartenstück in 1 Fuß weiten Reihen und bei einer Entfernung derselben in den Reihen von 8 Zoll im Frühjahr 1853 gesetzt, das Land wurde während des Sommers rein von Unkraut gehalten und behackt. Das Ausheben im folgenden Frühjahr geschah in der oben beschriebenen Weise, wobei sich ergab, daß die Wurzeln zum Theil über 3 Fuß tief in den Boden eingedrungen waren. Die einjährigen Pflanzen wuchsen in der neuen Anlage so kräftig fort, daß sicher auf ein Drittel des Ertrages gerechnet werden durfte. In Folge später eingetretener ungünstiger Witterung litt jedoch der Hopfen im Jahre 1854 so stark, daß so gut wie eine Mißernte anzunehmen war. In den folgenden Jahren hat sich diese Anlage auf das Beste bewährt.

Um die Pflanzstellen zu bestimmen, zieht man auf dem zuvor geebneten Grundstücke über's Kreuz seichte Rinnen in der betreffenden Entfernung von 4—7 Fuß und steckt an den Punkten, wo sich die Furchen durchschneiden, kleine Pfähle. An jeder Stelle wird nun ein Loch von c. $1^1/_2$—2 Fuß Tiefe und $1^1/_2$ Fuß Weite ausgegraben, in welches die einjährige Pflanze oder die nicht bewurzelten Fechser gebracht werden. Beim Einsetzen hat man darauf zu achten, daß die Setzlinge tief genug in den Boden kommen. Wie bereits angedeutet, werden nämlich in jedem Frühjahr die Hopfenstöcke geschnitten, eine Operation, bei welcher die letztjährigen Triebe unfähr $^1/_2$—1 Zoll oberhalb des früheren Schnittes, von der Wurzelkrone mittelst eines scharfen Messers getrennt werden, so daß mit jedem Jahre der Wurzelstock etwas höher wird. Würde man daher die Fechser oder die einjährigen Pflanzen nur so tief einsetzen, daß die Krone des Setzlings mit der Erdoberfläche in einer Ebene sich befände, so müßte schon in den nächsten Jahren der Wurzelstock beträchtlich aus der Erde kommen und nur durch starkes Anhäufeln ließe sich der Uebelstand einigermaßen beseitigen; allein selbst dieses würde nur wenige Jahre ausreichen. Die Nachtheile einer seichten Pflanzung bestehen nun insbesondere darin, daß sich die Stöcke nicht so kräftig entwickeln, mehr den Witterungseinflüssen ausgesetzt sind, und eine kürzere Dauer haben. Anders ist es, wenn die Fechser bei der Anlage des Hopfengartens tiefer eingesetzt werden. In die $1^1/_2$—2 Fuß tiefen Löcher füllt man zunächst 9—12 Zoll feingebröckelte Erde und setzt hierin die Fechser mit aufwärts gerichteten Augen so tief, daß sie 1—2 Zoll aus dem lockern Erdreiche hervorstehen, drückt sie hierauf mit der Hand fest an, und bedeckt dieselben 1—2 Zoll hoch mit zerkrümeltem Boden oder auch mit etwas Kompost, der jedoch vorher mit Erde gemischt ist; die ausgegrabenen Löcher sind so bis auf 6—8 Zoll gefüllt. Die weitere Erdbedeckung des Setzlings geschieht erst, wenn die Pflanzen fußlange Ranken getrieben haben und Stangen eingesetzt sind. Früher war es üblich, zur Füllung der Löcher anstatt der zerkrümelten Erde oder des mit Erde versetzten Kompostes, größtentheils verrotteten Stallmist zu benutzen. Es hat sich dies jedoch nachtheilig erwiesen, weil die Fechser an den frischen Schnittflächen in unmittelbarer Berührung mit der faulenden Düngermasse häufig angegriffen wurden und zu Grunde gingen. Verwendet man einjährige Pflanzen, so hat man weniger davon zu fürchten.

Bei der Anpflanzung durch Fechser werden zwei bis fünf Stück an jede Stelle gebracht. Nimmt man drei, so pflanzt man sie im Dreieck, bei fünf Stück setzt man vier in ein Viereck und den fünften Fechser in die Mitte. Beim Pflanzen der Fechser sorgt man dafür, daß sie mit dem obern Ende etwas gegeneinander geneigt, in den Boden zu stehen kommen, damit die Wurzeln mehr Raum haben, sich auszubreiten.

Die passendste Zeit der Anpflanzung ist Ende März oder Anfangs April; einjährige Pflanzen sind versuchsweise auch im Herbst gesetzt worden; das Resultat war jedoch nicht günstig und kommt man immer mehr davon ab.

Von Wichtigkeit für die Anlage eines neuen Hopfengartens ist es endlich, einige männliche Pflanzen mit auszusetzen. Alle Erfahrungen stimmen darin überein, daß diejenigen Hopfengärten, welche eine gewisse Zahl männlicher Pflanzen haben, ergiebigere Ernten bringen. Die Fruchtzapfen sind geschlossener, schwerer und von besserer Qualität; auch kommt solcher Hopfen früher zur Reife. Ueber die erforderliche Zahl männlicher Pflanzen sind von den tüchtigsten Hopfenbauern sorgfältige Beobachtungen gemacht, wonach e i n e männliche Pflanze für 120—200 weibliche genügt. Bei schmalen Hopfengärten von geringer Ausdehnung nimmt man das erstere Verhältniß an, während bei großen Plantagen und bei quadratischer Form derselben eine männliche Pflanze auf 200 gerechnet wird. Bei der Anpflanzung müssen die männlichen Pflanzen möglichst gleichmäßig über die ganze Fläche vertheilt werden; Einige ziehen es zwar vor, dieselben mehr nach derjenigen Seite des Gartens zu setzen, von welcher die vorherrschenden Winde kommen. Die Stöcke des männlichen Hopfens sind genau zu bezeichnen, damit beim Schneiden, wo männliche und weibliche Pflanzen nicht zu unterscheiden sind, die Fechser der männlichen nicht mit den andern untermischt werden, was bei Verwendung solcher Setzlinge für eine neue Anlage großen Nachtheil haben würde.

Pflege im ersten Jahre.

Ist nun das Stück in beschriebener Weise bepflanzt, so kommt es darauf an, die Zwischenräume möglichst locker und rein von Unkraut zu halten. Zu diesem Zwecke ist der Boden während des Sommers fleißig zu bearbeiten. Man bedient sich hierzu meist der Pferdehacke, und nur in der unmittelbaren Nähe der Pflanzen der Handhacke. Anfang bis Mitte Mai haben die Setzlinge Ranken von ungefähr 1 Fuß Länge getrieben; zu dieser Zeit werden den Pflanzen Stangen gegeben. Bei einjährigen Pflanzen nimmt man gewöhnlich 8—12 Fuß lange Stangen, während die gewöhnlichen Fechser nur Stöcke von 3–5 Fuß erhalten. Sind die Ranken mehrere Fuß lang, so werden sie sorgfältig von der Linken zur Rechten um die Stangen geleitet und bei dem weiteren Fortwachsen mit Bast oder Strohhalmen lose angeheftet. Beim Bearbeiten des Landes werden allmählig die noch 6—8 Zoll offenen Gruben, in welche die Pflanzen gesetzt sind, mit fein zerbröckelter Erde gefüllt. Man führt dies mit großer Sorgfalt aus, da durch die frische, lockere Erde die kräftige Entwickelung der jungen Pflanzen außerordentlich gefördert wird. Bei einjährigen Setzlingen bringt man häufig in diese Vertiefungen etwas Guano oder Knochenmehl und deckt den Dünger mit fein zerkrümelter Erde. Bei günstiger Witterung liefern die Fechser, gewöhnlich schon im ersten Jahre etwas Hopfen, dessen Menge jedoch so gering ist, daß sie kaum die Erntekosten lohnt, während die einjährigen bewurzelten Setzlinge bei guter Pflege durchschnittlich ein Drittel der vollen Ernte bringen. Bei der Ernte schneidet man nicht, wie es in den spätern Jahren der Fall ist, die Ranken 1—2 Fuß oberhalb des Bodens ab, sondern pflückt den Hopfen an den in der Erde stehenden oder etwas zur Seite gedrückten Stangen, und nimmt erst im November die Ranken mit den Stangen von der Anlage. Die jungen Pflanzen würden nämlich durch den Saftverlust mehr leiden, wenn die Ranken früher (im September) abgeschnitten würden, wo sie sich in einem saftigen üppigen Zustande befinden.

Sobald die Stangen vom Felde entfernt sind, wird der Boden vor Winter nochmals tief aufgehackt, wobei man die Erde an die Pflanzen etwas anhäuft, theils um denselben Schutz gegen die Winterwitterung zu geben, theils um so den Boden in möglichst großer Oberfläche der Luft und dem Froste auszusetzen. Es ist gebräuchlich, im ersten Jahre die neuen Hopfenstücke in den Zwischenräumen mit Strauchbohnen, Kohl, Kartoffeln, Runkelrüben ꝛc. zu bepflanzen. In den Fällen, wo nicht bewurzelte Fechser gebraucht sind, ist nichts dagegen einzuwenden, sobald das Land rein gehalten, und mit dem, für diese Früchte nöthigen Dünger versorgt wird. Die Erträge an Wurzelfrüchten sind auf einem so tief rigolten Boden gewöhnlich ausnehmend hoch. Auf Hopfenstücken, zu welchen einjährige Pflanzen verwendet sind, hält man aber den Anbau einer Zwischenfrucht nicht für rathsam.

Cultur-Arbeiten älterer Anlagen.

Hinsichtlich der Behandlung älterer Hopfengärten ist es unmöglich, für alle Boden- und Witterungsverhältnisse zutreffende Vorschriften zu geben. Namentlich gilt dies in Betreff der Zeit der Ausführung der einzelnen Arbeiten. Eine Hauptregel für die Pflege der Hopfengärten ist, keine Arbeit in nasser Witterung auszuführen, alles Unkraut sobald es aufkommt, sofort zu zerstören, und endlich, den Boden möglichst locker zu halten. Die jährlich vorzunehmenden Arbeiten sind: das Beschneiden der Hopfenstöcke, das Düngen, Stangensetzen, Anbinden und Ausbrechen des Hopfens und das Behacken des Bodens.

Beschneiden der Hopfenstöcke.

Eine der wichtigsten Arbeiten beim ganzen Hopfenbau ist das Beschneiden der Pflanzen. Nicht nur die Dauer, die Anlage und die Ergiebigkeit der Ernte, sondern auch die Qualität des Products hängen davon ab. Sobald im Frühjahr der Boden etwas abgetrocknet ist, Anfang bis Mitte März, werden die Hopfenstöcke bis zu dem untern Theile der vorjährigen Triebe bloßgelegt (aufgedeckt). Das Aufdecken geschieht mit einem schmalen Spaten, oder mit der Hacke; es muß mit großer Sorgfalt ausgeführt werden, um die Wurzelkrone nicht zu verletzen. Einige Stunden nach dem Aufgraben ist die noch anklebende Erde so weit abgetrocknet, daß sie leicht mit der Hand von dem obern Theile des Wurzelstocks abgeräumt werden kann. Jetzt werden die letztjährigen Ranken mittelst eines scharfen, einwärts gebogenen Messers (Gartenmessers) auf einen halben bis einen Zoll Länge vom Hauptstock zurückgeschnitten und zugleich die etwaigen neuen Austriebe (Keime) abgebrochen. Die Schnittfläche muß glatt und nach Außen gekehrt sein, so daß der Stock die Form einer Faust bekömmt. Ebenso sind die vom obern Theile des Hauptstocks ausgehenden Wurzelausläufer sorgfältig abzuschneiden, welche sonst dicht unter der Erdoberfläche fortwachsen, aus dem Boden hervorbrechen und Ranken treiben würden.

Es ist häufig die Frage aufgeworfen worden, ob es für die kräftige Entwickelung der einjährigen Hopfenstöcke nicht vortheilhaft sei, das Schneiden derselben ganz zu unterlassen. Die darüber angestellten Versuche haben ergeben, daß die nicht beschnittenen Stöcke allerdings im zweiten Jahre stärker waren, daß aber die Güte des Hopfens darunter litt. Es ist deshalb Regel, die junge Pflanzung, selbst wenn unbewurzelte Fechser dazu verwendet sind, zu schneiden, sobald sie kräftige Triebe im ersten Jahre gemacht hat. Bei der Verwendung von einjährigen bewurzelten Pflanzen wird das Schneiden im folgenden Frühjahr stets ausgeführt, und nur ganz schwache Stöcke bleiben ungeschnitten.

Das Verfahren der englischen Hopfenbauer, hinsichtlich der Zeit des Deckens der zurückgeschnittenen Stöcke, ist verschieden. Einige halten es für durchaus nothwendig, die beschnittenen Stöcke noch an demselben Tage wieder mit Erde zu decken, während Andere es vorziehen, die von Erde bloßgelegten Stöcke nach dem Schneiden einen bis zwei Tage unbedeckt zu lassen, damit die frischen Schnittflächen an der Luft eintrocknen. Das sofortige Decken dieser wunden Stellen mit

Erde oder sogar mit Mist veranlasse leicht einen krankhaften Zustand der Pflanze.

Der nachtheilige Einfluß, welcher sowohl ein zu hoher, wie zu tiefer Schnitt hat, ist leicht ersichtlich. Würde man die letztjährigen Triebe auf zwei und mehrere Zoll vom Hauptstock abschneiden, und dies mehrere Jahre fortsetzen, so müßten die Stöcke sehr bald über die Erde zu stehen kommen, und alle jene, beim seichten Einsetzen der Fechser genannten Nachtheile, besonders die kurze Dauer der Pflanzung, würden die Folge sein. Durch einen zu tiefen Schnitt würde aber andererseits die kräftige Entwickelung neuer Triebe sehr beeinträchtigt werden.

Beim Decken der Pflanzen werden die gemachten Gruben mit feinzertheilter Erde so weit gefüllt, daß die Krone des Wurzelstocks ungefähr $1\frac{1}{2}$—3 Zoll überdeckt ist. Gewöhnlich giebt man zu dieser Zeit die Düngung. Man bringt in diesem Falle nur eine dünne Erdschicht auf die bloßgelegten Stöcke, wirft darauf den Dünger in die Grube, und deckt ihn mit zerkrümelter Erde.

Düngung.

Die Analyse des Hopfens zeigt die Nothwendigkeit einer reichen, wiederholten Düngung. Nach den oben mitgetheilten Untersuchungen des Professors **Way** werden durch **eine** Ernte per acre allein 735 ℔ mineralische Bestandtheile dem Boden entzogen, und zwar kommen davon: auf die Zapfen c. $170\frac{1}{2}$ ℔, auf die Blätter 435 ℔ und auf die Ranken $129\frac{1}{2}$ ℔. Unter den Aschenbestandtheilen sind nun besonders werthvolle in größerer Menge enthalten. So finden wir:

	in Hopfenzapfen:	in Blättern:	in Ranken:
Kali und Chlorkalium c. .	$69\frac{1}{4}$ ℔	67 ℔	$42\frac{3}{4}$ ℔
Kalk und Magnesia . .	$24\frac{1}{2}$ „	155 „	36 „
Phosphorsäure	$29\frac{1}{2}$ „	$40\frac{1}{2}$ „	15 „

Nicht minder beträchtlich sind die organischen Bestandtheile des Hopfens und insbesondere die stickstoffhaltigen.

Nach **Way's** Untersuchungen beträgt der durch eine volle Ernte entnommene Stickstoff per acre;

in den Hopfenzapfen	.	56,44 ℔
in den Blättern . .	.	49,00 „
in den Ranken . .	.	23,86 „
	zusammen	129,30 ℔ Stickstoff.

Nehmen wir nun auch an, daß die Bestandtheile der Blätter und Ranken möglichst vollständig dem Boden wieder zukommen, so werden, selbst bei einer bedeutenden Ermäßigung des, von Way der Berechnung zum Grunde gelegten Ertrages, dem Lande viele wichtige Nährmittel entzogen, die durch eine starke Düngung zu ersetzen sind. Namentlich sind es die Phosphorsäure und der Stickstoff, woran der für den Hopfen zu verwendende Dünger reich sein muß. Wenn man weiter erwähnt, daß die Vegetation des hochrankenden Hopfens auf eine verhältnißmäßig kurze Zeit beschränkt ist, so wird von dem Dünger eine möglichst schnelle Wirkung zu verlangen sein. Dieses sind die Rücksichten, welche hinsichtlich der Wahl und Form der für den Hopfen geeigneten Düngungsmittel genommen werden müssen.

Der rohe Stallmist findet im Ganzen beschränkte Anwendung, weil er jenen Anforderungen wenig entspricht. Man gebraucht ihn gewöhnlich nur in neu angelegten Hopfengärten, wo er auf den tief rigolten Boden sehr günstig wirkt, oder in älteren Anlagen mit sehr bindigem Erdreich. In diesen Fällen bringt man ihn schon im Herbst auf, damit er während des Winters zur Lockerung des Landes kräftig beitrage, und bis zum Frühjahr Zeit genug habe, sich zu zersetzen. Die per Morgen anzuwendende Menge beträgt c. 200 Centr.

Der Hauptdünger für den Hopfen ist dagegen der Kompost, auf dessen reichliche Ansammlung und Bereitung der englische Hopfenbauer die größte Sorgfalt verwendet. Es werden hierzu alle möglichen Substanzen benutzt: Scheunenabfälle, Straßenkehricht, Abtrittsdünger, Dammerde, Blut, Haare rc. Durch mehrmaliges Umsetzen und gehöriges Feuchthalten des Komposthaufens wird eine gleichmäßige Mischung und Zersetzung bewirkt, und der Dünger zur schnellen Wirkung gehörig vorbereitet. Die gewöhnliche Zeit der Verwendung ist das

Frühjahr, wenn die Stöcke aufgedeckt und geschnitten werden. Man giebt jedem Stock 1—2 Schaufeln Kompost, den man gleichmäßig um die Pflanze vertheilt und mit Erde deckt. Selten ist die Vertheilung des Kompostdüngers über die ganze Fläche. 150—180 Centr. gilt als volle Düngung.

Nächst dem Kompost werden besonders in neuerer Zeit die schnell wirkenden Hülfsdüngerarten in ausgedehntem Maße benutzt. Es gehören namentlich hierher: Guano, Salpeter, Knochenmehl und gepulverte Oelkuchen, sämmtlich Düngungsmittel, die entweder durch einen reichen Gehalt an Stickstoff oder an Phosphorsäure ausgezeichnet sind.

Komparative Versuche mit den verschiedenen künstlichen Düngerarten sind für den Hopfen nicht in derselben Ausdehnung angestellt, wie für den Weizen und andere Früchte. Den meisten Werth haben ohne Zweifel die Versuche des Mr. Paine zu Farnham, die jedoch erst seit kurzer Zeit ausgeführt sind. Aus den erzielten Resultaten seiner großen Versuchsreihe geht aber schon jetzt mit Bestimmtheit hervor, daß die Düngung des Hopfens mit Mineralstoffen bei Weitem zurücksteht gegen die, mit stickstoffhaltigen Substanzen. Die Erfahrungen über den Bedarf an Stickstoff stimmen darin überein, daß 150 ℔ Ammoniak per acre (c. 100 ℔ per Morg.) als eine starke Düngung zu betrachten ist. Man benutzt den sog. künstlichen Dünger als Beidünger, und nimmt an, daß die Hälfte bis Dreiviertel der erforderlichen Nährmittel durch den Stallmist oder Kompost zugeführt werden. Den Hauptdünger verwendet man zum Theil im Herbst, hauptsächlich aber im Frühjahr, den Hülfsdünger dagegen meist im Juni, also während der Vegetation des Hopfens.

Unter den genannten Substanzen findet nun der Guano die meiste Verwendung, und nach übereinstimmender Erfahrung ist seine Wirkung auf den Hopfen außerordentlich sicher und lohnend. Dieser günstige Erfolg ist in dem reichen Ammoniakgehalt und den leicht assimilirbaren, phosphorsauren Salzen begründet. Das aufzubringende Quantum wird nach der Stärke des früher gegebenen, anderweitigen Düngers bestimmt. Im

Durchschnitt sollen jährlich 100 ℔ Ammoniak per Morgen dem Boden zugeführt werden, wovon die Hälfte bis Dreiviertel auf den Hauptdünger kommt; die noch verbleibenden 25—50 ℔ Ammoniak sind nun in c. 1½—3 Centr. Guano bei einem durchschnittlichen Ammoniakgehalt desselben von 17 % enthalten, was in der That die gebräuchliche Quantität ist. Anfang Juni bis Juli ist die üblichste Zeit der Verwendung; man streuet den Guano in gleichen Portionen bei feuchter Witterung um die Hopfenstöcke und bedeckt ihn mit Erde, wobei man Sorge trägt, daß er nicht in unmittelbare Berührung mit den zarten Pflanzentheilen kommt. Besonders ängstlich muß dies vermieden werden, im Fall der Guano im Frühjahr gebraucht wird, wo die zarten Triebe nur zu leicht durch seine ätzende Wirkung zerstört werden können. Das breitwürfige Ausstreuen des Guano's über die ganze Fläche ist selten.

Die in neuester Zeit versuchte Düngung mit Salpeter hat ebenfalls ein recht günstiges Resultat ergeben. Das verwendete Quantum betrug 1—1½ Centr. per Morgen. Hinsichtlich der Zeit und Art des Gebrauchs gilt das vom Guano Gesagte. Noch sorgsamer als beim Guano ist das unmittelbare Aufbringen des Salpeters auf die zarten Pflanzentriebe zu vermeiden.

Das Knochenmehl wird stets in dem, durch Schwefel- oder Salzsäure aufgeschlossenen Zustande verwendet. Man gebraucht es in einer Stärke von 3—4 Centr. per Morg., entweder im Frühjahr oder auch im Juni. Gewöhnlich wird es in Verbindung mit Guano benutzt.

Die gepulverten Oelkuchen endlich kommen, im Vergleich zu den ersteren Düngerarten, seltener zur Anwendung. Man verwendet per Morgen 10—15 Centr. in gleicher Weise wie den Guano. Am besten ist es, das Oelkuchenmehl in Verbindung mit andern Düngungssubstanzen zu gebrauchen.

Die gleichzeitige Verwendung mehrerer Hülfsdüngerarten ist überhaupt für den Hopfen sehr gebräuchlich. So benutzt Mr. Paine zu Farnham mit gutem Erfolge folgende Mischung per Morgen:

2 Centr. Guano,

2 Centr. mit Schwefelsäure behandeltes Knochenmehl,
6 Centr. gepulverte Rapskuchen.

Als ein lohnendes Düngergemisch per Morgen hat sich ferner in vielen Hopfengärten von Surrey, Kent und Sussex bewährt:

2 Centr. Guano,
$^3/_4$ Centr. Kochsalz,
1 Centr. Salpeter,
$^3/_4$ Centr. Gyps.

Die Verwendung dieses Düngergemenges geschieht gleichfalls im Juni. Wenn auch der Hopfen eine sehr starke Düngung verlangt, so ist doch darin eine Grenze zu setzen, bei deren Ueberschreitung Nachtheil eintritt. Das Ueberdüngen bewirkt nämlich einen zu starken Blatttrieb auf Kosten der Fruchtbildung und verspätet die Reife des Hopfens. Genaue Vorschriften über das unter jedem Verhältnisse anzuwendende Düngerquantum lassen sich nicht geben, man hat sich hierbei, namentlich bei der Düngung während der Vegetation, immer nach dem Kraftzustande des Bodens, dem mehr oder weniger kräftigen Stande der Pflanzen und nach der Witterung zu richten.

Stangensetzen.

Nachdem das Schneiden und Decken der Hopfenstöcke beendet ist, werden die Stangen gesetzt. Man verwendet in England hierzu meist junge Eichen, Eschen, Kastanien, Weiden und Pappeln; Fichten- und Lerchenstangen sind seltener. Damit die Stangen nicht so leicht vom Wurm leiden, überhaupt das Ungeziefer sich nicht einnistet, werden dieselben gewöhnlich geschält. Kleine Aeste entfernt man nicht davon, weil die Hopfenranken besser daran festhalten. Der untere Theil der Stange wird auf 1 Fuß Länge viereckig zugespitzt, und zum Schutz gegen die Fäulniß entweder verkohlt oder mit Theer getränkt. Beim Einsetzen der Stangen benutzt man ein 4—5′ langes Pfahleisen (Locheisen), mit welchem, ungefähr 1 Fuß vom Stock entfernt, 1½—2 Fuß tiefe Löcher gestoßen werden. Die Tiefe der Löcher richtet sich immer nach der Länge und Schwere der Stangen, und zwar gilt als Regel, die Stange so viele Zoll tief einzustoßen, als sie Fuß lang ist. Man achtet ferner darauf, die Stangen vom Stocke aus nach der Wetterseite zu setzen, damit, im Fall sie durch einen heftigen Wind umgeworfen oder nur zur Seite gedrückt werden, die Pflanzen nicht aus dem Boden gehoben, oder die Ranken abgerissen werden.

Werden zwei oder drei Stangen einem Stock gegeben, so setzt man dieselben gewöhnlich so ein, daß sie vom Hopfenhügel aus schräg nach auswärts stehen, um so viel als möglich das Ineinanderwachsen des Hopfens zu verhüten.

Erheblichen Einfluß auf den Ertrag des Hopfengartens hat die Länge der dazu verwendeten Stangen. Sie sollen nämlich so lang sein, daß ihre Spitzen von den Ranken erreicht werden. Man richtet sich hierbei nach der Hopfensorte, wie nach der Fruchtbarkeit des Bodens. Bereits bei der Beschreibung der Hopfensorten wurde angedeutet, daß sie Stangen von verschiedener Länge erfordern. Aber selbst ein und dieselbe Sorte erreicht, je nach dem Fruchtbarkeitszustande des Landes eine bald größere bald geringere Höhe. Es gehört in der That viel Sachkenntniß und Erfahrung dazu, um die richtige Länge der Stangen zu bestimmen. Die Höhe derselben für die in England angebauten Sorten wechselt von 10—24 Fuß, und zwar erfordern der Farnham-, Canterbury-, Goldings- und Colegates-Hopfen 18—24 Fuß lange Stangen, der Grapes-Hopfen dagegen nur 14—16 Fuß hohe und der Jones's-Hopfen sogar nur 10—12 Fuß lange. Der englische Hopfenbauer gebraucht die Wörter overpoled und underpoled, und versteht unter dem ersteren, wenn die Stangen zu lang sind, unter dem letzteren dagegen, wenn die Ranken des Hopfens die Stangen weit überragen. Beides soll vermieden werden, jedoch haben zu lange Stangen viel größeren Nachtheil, indem man das Herabhängen der Ranken leicht durch Setzen einer Hülfsstange beseitigen kann. Der geringere Ertrag einer Pflanzung mit zu langen Stangen geht daraus hervor, daß die Hopfenranken, so lange sie nicht die Spitze der Stange erreicht haben oder darüber hinausgewachsen sind, wenige Seitenzweige treiben, an welchen die Fruchtzapfen sich bilden. Außerdem aber werden in diesem Falle die Pflanzen entkräftet und sind nur dadurch wieder zu einem üppigen Wachsthum zu bringen, daß man ihnen im nächsten, ja häufig noch im zweiten Jahre danach sehr kurze Stangen giebt. Ganz besondere Sorgfalt erfordert in dieser Hinsicht die Pflanzung in den ersten Jahren nach der Anlage. Sind unbewurzelte Fechser benutzt, so giebt man im ersten Jahre Stangen von 3—4 Fuß Länge, im zweiten 10—12 Fuß hohe, und erst im dritten Jahre die eigentlichen Hopfenstangen. Aber selbst in alten Gärten werden alljährlich die Hopfenstöcke mit schwachen Trieben bezeichnet, um ihnen im folgenden Jahre kürzere Stangen zu geben.

Die *Zahl der Stangen*, welche jeder Stock zu erhalten hat, hängt von der Höhe derselben und von dem Abstande der Pflanzen untereinander ab. Es ist dabei zu berücksichtigen, daß für eine reiche Ernte und ein gutes Product die freie Einwirkung der Luft und der Sonne auf den Hopfen unumgänglich nothwendig ist. Hinsichtlich des Abstandes der Hopfenstöcke gilt: je weiter der Zwischenraum, desto mehr Stangen für jede Pflanze. Bei einem Zwischenraum von 7—8 Fuß nimmt man gewöhnlich 3 Stangen, von 6 Fuß nur 2, und endlich bei einem Abstande von 5 Fuß meist nur 1 Stange. Hinsichtlich des Einflusses der Höhe der Stangen finden wir in den englischen Hopfengärten fast durchgängig folgendes Verhältniß: Enthält die Anlage 1200 Stöcke per acre (circa 800 per Morgen) in einem Abstande von ungefähr 6 Fuß von einander, so rechnet man:

bei einer Stangenlänge v. 24 Fuß 1 Stange auf jed. Hopfenhügel,
" " " " 18 " 2 " " " "
" " " " 16 " 3 " für jeden dritten Hügel,
" " " " 14 " 2 und 3 Stangen abwechselnd,
" " " " 12 " 3 Stangen auf jeden Hügel,
" " " " 10 " 3 und 4 Stangen abwechselnd,
bisweilen auch 4 Stangen für jeden Stock, namentlich beim Jones's Hopfen.

Man giebt in neuerer Zeit der geringeren Zahl von Stangen (1—2 per Stock) den Vorzug, weil bei einem üppigen Wuchse der Pflanzen durch das Setzen von 3 oder 4 Stangen die freie Luftcirculation und Einwirkung der Sonne sehr behindert und so die Güte des Products wesentlich beeinträchtigt wird. Versuche, die Stangen theilweise durch Draht und andere Mittel zu ersetzen, sind in den verschiedenen Hopfendistrikten ohne Erfolg angestellt worden.

Anbinden, Ausbrechen und Behacken.

Das erste Behacken des Bodens geschieht, sobald die neuen Hopfentriebe ½–1 Fuß lang sind, ungefähr 14 Tage nach dem Stangensetzen. Es kommt darauf an, den beim Aufräumen, Schneiden und Stangensetzen festgetretenen Boden recht tüchtig zu lockern, und das etwa hervorgesproßte Unkraut zu zerstören. Zugleich wird die Erde etwas an die Pflanze herangezogen, wobei eine Verletzung der zarten Ranken auf's Sorgfältigste vermieden werden muß.

Ungefähr Anfang Mai sind die Ranken lang genug, um an die Stange geleitet und angeheftet zu werden. Man darf hierbei nicht lange säumen, weil die Ranken, wenn sie längere Zeit auf dem Boden hinlaufen, sehr leiden und leicht beim Umwinden abbrechen. Diese Arbeit darf nicht bei feuchter Witterung oder im Thau ausgeführt werden, weil dann die zarten Triebe sehr spröde sind. Das Anbinden mit feuchtem Stroh, Binsen oder auch Bast von Matten geschieht möglichst locker, damit die weitere Entwickelung der Ranken nicht gestört wird. Meist genügt das Anheften bis zu einer Höhe von 5—6 Fuß, indem dann die Ranken ohne weiteren Halt an den Stangen sich hinaufwinden. Ist dies nicht der Fall, so muß man die freistehende Hopfenleiter benutzen, um die herabhängenden Ranken anzuheften. Ein Gleiches muß geschehen, wenn einzelne durch heftigen Wind losgerissen sind.

Ueber die Zahl der Ranken, welche anzuheften sind, stimmt man dahin überein, daß unter den gewöhnlichen Verhältnissen drei am vortheilhaftesten sind. Nur in einzelnen Fällen, auf sehr fruchtbarem Boden, zieht man es beim Farnham- und Goldings-Hopfen vor, nur zwei Ranken jeder Stange zu geben. Man hat wiederholt die Erfahrung gemacht, daß auf solchen

Feldern von den genannten Hopfensorten ein größerer Ertrag von besserer Qualität und eine frühere Reife erzielt wurde, als wenn man 3 Ranken ließ. Auf der andern Seite haben mehr als drei sich stets nachtheilig erwiesen. Die Zweige verwuchsen so dicht ineinander, daß die Ausbildung der Zapfen, wegen Mangels an Luft und Sonne, sehr beeinträchtigt wurde. Man wählt die besten und stärksten Ranken aus, und schneidet die übrigen dicht am Boden ab, mit Ausnahme einer, die für den Fall, daß eine der 3 befestigten verletzt werden sollte, angeheftet wird. Man läßt diese Reserveranke bis zum Anfang Juni. Fand bis dahin eine Beschädigung der ausgewählten Triebe nicht statt, so werden die Reserveranken abgeschnitten, getrocknet und zu Futter benutzt, welches einen gleichen Werth wie das beste Kleeheu hat.

Bei dem weiteren Wachsthum des Hopfens (Ende Juni) wird meistentheils das Ausbrechen der Seitenzweige und Blätter am untern Theile der Pflanzen bis zu einer Höhe von 3—5 Fuß vorgenommen. Man bezweckt dadurch, den Saft mehr in die an den Stangen sich aufwindenden Ranken zu treiben und somit einen möglichst schlanken Wuchs derselben zu erreichen. Die Ansichten der englischen Hopfenbauer über den Vortheil dieser Operation sind getheilt, namentlich gilt dies hinsichtlich der des Abbrechens der Blätter. Die Meisten führen es nur bei einem sehr üppigen Stande der Pflanzen aus, um so denselben eine freie Luftcirkulation zu verschaffen und das mehrmalige Behacken des Bodens zu erleichtern. Man schneidet häufig selbst in diesem Falle nur die Seitenzweige ab, weil durch die unteren, meist sehr üppigen Blätter viel Nahrung aus der Luft der Pflanze zugeführt wird. Bei der Entfernung der Zweige und Blätter dürfen übrigens die Ranken nicht verletzt werden, was am besten durch das Abschneiden der Zweige mittelst eines Messers zu vermeiden ist. Blätter und Nebenzweige werden gewöhnlich im grünen, wie im trocknen Zustande zu Viehfutter benutzt.

Ist das erste Behacken des Hopfenstücks Ende April ausgeführt, so muß bei unkrautwüchsigem Boden gewöhnlich Mitte Mai das Land von Neuem bearbeitet werden, wobei die Wurzelausläufer, welche den Stock schwächen, sorgfältig zu entfernen sind. Auf unkrautreinem, trocknem Boden ist das Behacken zu dieser Zeit meistens nicht nöthig.

Die folgende, durchgreifende Bearbeitung des Landes geschieht in den ersten 14 Tagen bis 3 Wochen des Juni. Man benutzt hierbei die breite Felghaue, mit der man das Land gleichmäßig mehrere Zoll tief aufhackt und den Boden bis zu 18 Zoll hoch an die Stöcke anhäuft. Durch das Anhäufeln frischer Erde wird sowohl das kräftige Fortwachsen der Pflanzen gefördert, wie andererseits die jungen Triebe des Wurzelstocks zurückgehalten.

Gewöhnlich giebt man zu dieser Zeit den Pflanzen die früher erwähnte Nachdüngung mit Guano, Knochenmehl rc. Ein weiteres Bearbeiten der Pflanzung bis zu der Ernte ist nur in dem Falle erforderlich, wenn sich viel Unkraut einstellt, oder wenn der Boden durch einen starken Regen festgeschlagen ist. Es genügt dann ein leichtes Auflockern der Erdoberfläche. Man vermeidet wo möglich ein späteres Behacken des Landes, weil der Boden zu dieser Zeit leicht zu stark austrocknet.

Sollten während des Sommers einzelne Stangen vom Winde umgeworfen werden, so leitet man ihre Ranken an die nächsten Stöcke; besser aber ist es, die abgebrochenen Stangen zu schärfen und von Neuem einzusetzen, weil das Abwickeln der Ranken von den Stangen meist nicht ohne starke Verletzung der Pflanze auszuführen ist.

Vor Winter, unmittelbar nach der Hopfenernte, wird endlich das Land mit dem Spaten möglichst tief umgegraben und nach den Stöcken herangezogen, um sowohl die Pflanzen gegen den Frost zu schützen, wie das Erdreich der günstigen Einwirkung der Winterwitterung in möglichst großer Oberfläche auszusetzen.

In diesem Zustande bleibt der Hopfengarten bis zum Frühjahr liegen, wo die vorbeschriebenen Arbeiten mit dem Aufdecken und Schneiden der Stöcke von Neuem beginnen.

Ernte, Trocknen und Aufbewahrung.

Die Ernte des Hopfens fällt auf Anfang bis Mitte September. Man erkennt die Reife daran, daß die hellgrünen Zapfen eine gelbliche Farbe annehmen, daß sie fest und geschlossen sind, sich klebrig anfühlen und einen starken aromatischen Geruch haben; endlich sollen die in den Fruchtzapfen befindlichen Samen braun und hart sein. Es ist von höchster Wichtigkeit, den richtigen Zeitpunkt der Reife wahrzunehmen und alle Kräfte zu benutzen, die Ernte möglichst schnell zu beenden. Wird nämlich der Hopfen zu früh oder zu spät gepflückt, so tritt großer Verlust ein. Unreifer Hopfen ist leichter und von geringerer Qualität, während bei der zu späten Ernte die Zapfen lose werden, das Hopfenmehl verlieren und meist eine rothe oder braune Farbe annehmen. Bei dem zu früh geernteten Hopfen zeigt sich insbesondere noch der Nachtheil, daß die Triebkraft der Hopfenstöcke sehr leidet, und der Ertrag des folgenden Jahres dadurch beträchtlich vermindert wird. Es sind hierüber vielfache Beobachtungen gemacht; so unter andern von Mr. Careon zu Mail und Mr. Newport zu Canterbury. Diese begannen, um in ihren ausgedehnten Plantagen dem Verlust von der Ueberreife des Hopfens zu entgehen, mit der Ernte schon gegen Ende August, ungefähr 14 Tage vor dem richtigen Zeitpunkt der Reife. Im nächsten Frühjahr zeigte sich, daß in dem zuerst geernteten Hopfenstücke die Wurzeltriebe verhältnißmäßig viel schwächer waren, als in den Theilen des Gartens, wo die Ernte später vorgenommen war. Ja es ergab sich selbst auf den Stücken, deren Ernte nur 2—3 Tage auseinander war, ein bemerkenswerther Unterschied. In denjenigen Theilen der Plantage dagegen, wo das Pflücken erst in voller Reife begann, konnte keine Verschiedenheit in der Entwickelung der nächstjährigen Triebe wahrgenommen werden, obgleich bei der über 3 Wochen dauernden Ernte der zuletzt gepflückte Hopfen überreif war. Bei näherer Untersuchung der zu früh geernteten Hopfenstöcke fand man, daß die Wurzeln, nach ihren Enden zu, schwarz wurden und theilweise zu Grunde gingen. Die Ursache davon sucht man einmal in der Zerstörung des Saftumlaufes zwischen Wurzel und oberirdischem Pflanzentheil, wie besonders in dem, beim Durchschneiden der noch üppigen Ranken stattfindenden Saftausflusse. Der Wurzelstock leidet hierdurch beträchtlich in seiner Entwickelung und Triebkraft. In großen Plantagen läßt man daher den Hopfen, wenn wegen mangelnder Arbeitskräfte das Pflücken in dem richtigen Reifegrade nicht zu vollenden ist, lieber überreif werden, als daß man mit der Ernte zu zeitig beginnt.

Das Pflücken des Hopfens geschieht in England allgemein im freien Felde. Die Ranken werden 2—3 Fuß hoch über dem Boden abgeschnitten, und dann die Stangen mittelst des sogenannten Hopfenhebers herausgehoben *) Die Ernte kann nur bei trockener Witterung vorgenommen werden; selbst das Pflücken im Thau ist sorgfältig zu vermeiden, da feuchter Hopfen zu leicht dumpfig und schimmlig wird, oder wenigstens seine helle Farbe verliert. Ebenso ist bei sehr heißem Wetter vorsichtig zu Werke zu gehen, indem durch die brennende Sonne die Zapfen vor dem Abpflücken zusammenschrumpfen. Man hilft sich in diesem Falle dadurch, daß man immer nur so viele Stangen herausnimmt, als in kurzer Zeit geerntet werden können. Die Zapfen sind ohne lange Stiele und Blätter zu pflücken, und dürfen nicht zerrissen oder zerquetscht werden. Da der Hopfen, selbst an einer Pflanze, nicht immer zu gleicher Zeit reift, und einzelne Zapfen durch Windschlag oder sonst verletzt und somit von geringerer Güte sind, so achtet man ferner mit aller Strenge darauf, daß diese nicht mit dem guten, reifen Hopfen untermischt werden. Man pflückt zuerst die völlig reifen Zapfen von jeder Stange, und bringt die grünen oder überreifen und beschädigten in einen besondern Behälter. Durch das

*) Der Hopfenheber ist von verschiedener Construction. Am häufigsten besteht er in einem circa 5 Fuß langen, 3—4 Zoll dicken Pfahl, welcher ungefähr 1 Fuß von seinem stärkern Ende mit einem starken eisernen Haken versehen ist, dessen innere Fläche rauh geschmiedet ist. Der Haken wird so tief am Boden um die Stange angelegt, daß der Kopf des Hebers auf dem Boden ruht, und so den Stützpunkt beim Ausheben bildet. Außerdem benutzt man eiserne Hopfenzangen.

sorgfältige Sortiren des Hopfens werden bedeutend höhere Preise erzielt, so daß die geringen Mehrkosten des Pflückens gar nicht in Betracht kommen. Der geerntete Hopfen wird täglich 2–3mal nach dem Trockenorte gebracht, weil er, in größerer Menge angehäuft, sich sehr leicht erhitzt und dadurch an Güte verliert. Bei der Ernte bedient man sich gewöhnlich starker hölzerner Rahmen, die ungefähr 7—9 Fuß lang, 3–4 Fuß breit sind und auf 3 Fuß hohen Füßen befestigt werden. In das Innere des Rahmens ist ein grobes Tuch eingehängt, so daß es in der Mitte einen Sack bildet. An jeder Seite des Rahmens haben 1 — 2 Personen Platz, die den guten Hopfen von den darüber gelegten Stangen in das Tuch pflücken und die schlechtere Sorte in danebenstehende Körbe schütten. Auf 8—10 Pflücker rechnet man einen Mann, der die Stangen aushebt und zuträgt. Außerdem muß dieser Arbeiter beim Messen und Aufladen des Hopfens Hülfe leisten und endlich die Ranken, nachdem der Hopfen gepflückt ist, von den Stangen abstreifen. Einer jeden der aus 9—11 Personen bestehenden Gesellschaft (sogenannter Satz) wird eine gewisse Zahl von Hopfenstöcken, meist 100, angewiesen, nach deren Aberntung der Satz weiter rückt. Durch diese Einrichtung wird die Ordnung und Aufsicht bei der Ernte, wo häufig in einer Plantage über 100 Leute beschäftigt sind, außerordentlich erleichtert. Der Hopfen wird nach dem Bushel gepflückt und in einem ungefähr 10 Gallons enthaltenden Korbe gemessen, welcher bis zum Rande leicht mit den Hopfenzapfen gefüllt wird. Der Lohn per Bushel richtet sich nach der Ergiebigkeit der Ernte; in guten Jahren wird ein Shilling (10 Sgr.) für 9–10 Bushels (c. 6 — 6½ Scheffel) gezahlt, bei geringen Ernten dagegen 1 Shilling für 3 — 4 Bushels (2 – 2½ Scheffel).

Sobald der Hopfen gepflückt ist, muß für dessen schnelle Trocknung gesorgt werden, weil derselbe, wie bereits angedeutet, in größern Massen aufgehäuft, außerordentlich an Güte verliert. Das bei uns übliche Trocknen auf einem luftigen Boden kommt in England höchst selten in Anwendung, es geschieht dies vielmehr fast ausschließlich auf Trockenöfen. Beim Trocknen an der Luft bringt man den Hopfen, wie bei uns, in dünne Lagen, höchstens 2 Zapfen übereinander, auf Horden, welche mit Netzwerk oder mit Holzspänen durchflochten sind, und wendet ihn von Zeit zu Zeit um. Bei günstiger Witterung ist derselbe gewöhnlich schon nach zwei Tagen so weit trocken, daß er höher aufeinander gebracht werden kann. Auch jetzt noch müssen die stärkern Lagen täglich mehrmals gewendet werden. Ist der Hopfen vollständig trocken, so setzt man ihn in 4—5 Fuß hohe Haufen, und achtet darauf, daß er sich nicht darin erwärmt, was durch Umsetzen zu vermeiden ist. Bei anhaltend feuchter Witterung wird das Trocknen an der Luft sehr verzögert und erfordert viele Vorsicht und Arbeit.

Dem Trocknen auf besonders eingerichteten Oefen giebt man überall den Vorzug; denn der so behandelte Hopfen hat mindestens gleiche Güte, wie der an der Luft getrocknete, ohne dabei von der feuchten Witterung abhängig zu sein, wodurch oft, namentlich bei beschränkten Räumlichkeiten, die Qualität des Products sehr leidet.

Die Construction der Oefen ist fast ganz gleich der der Malzdarren; sie haben meist eine runde Form mit einem Durchmesser von 16—18 Fuß. Die Trockenfläche, welche in einem ausgebreiteten Haartuche besteht, befindet sich gewöhnlich 10—11 Fuß über dem Feuer und der Raum darüber ist 18—20 Fuß hoch und gewölbt. Von der Kuppel des Gewölbes aus erhebt sich ein 7—8 Fuß hoher Schornstein, der in der Grundfläche 3—4 Fuß Durchmesser hat, und zur Unterhaltung eines Luftzugs dient. Man rechnet auf jeden Quadratfuß der Darrfläche einen Bushel grünen Hopfen, so daß auf einmal 200—250 Bushels getrocknet werden. Für zwei Oefen von den angegebenen Dimensionen ist ein 20 Fuß breiter und 40 Fuß langer Raum, sogenannter Kühlraum, erforderlich, in welchem der getrocknete Hopfen vor dem Verpacken zur Abkühlung einige Zeit liegen bleibt. Unter dem Kühlraum, der gewöhnlich in gleicher Höhe mit der Darrfläche liegt, ist endlich noch ein Raum von ähnlicher Ausdehnung zum Wiegen und Verpacken des Hopfens nöthig.

Es erfordert große Vorsicht bei der Regulirung des

Feuers im Ofen. Derselbe muß schon geheizt sein und einen mäßigen Grad von Hitze haben, wenn der Hopfen aufgeschüttet wird. Eine Wärme von c. 20—30° C. ist so lange zu erhalten, bis die obere Schicht des aufgeschütteten Hopfens warm geworden ist. Jetzt werden die Hopfenzapfen gewendet, so daß die obern dicht auf die Darrfläche zu liegen kommen, worauf man langsam das Feuer verstärkt. Das allmählige Erwärmen des Hopfens ist unerläßlich, weil bei einer gleich Anfangs gegebenen starken Hitze die Zapfen durch den entweichenden Wasserdampf klumpenweise zusammenbacken und viel an der Qualität verlieren würden. Die größte Hitze in den Oefen darf jedoch niemals den Kochpunkt des Wassers überschreiten. In gut eingerichteten Trockenöfen sind 6 8 Stunden erforderlich, bis der Hopfen vollständig trocken ist. Als das Hauptzeichen des völligen Trockenseins betrachtet man, daß die Enden der Hopfenstiele runzelig und trocken sind. Bleibt der Hopfen länger auf der Darre, so verliert er an Geruch und Geschmack. Die Oefen sind bei der Ernte Tag und Nacht in Betrieb und werden 2- bis selbst 3mal während 24 Stunden von Neuem gefüllt, so daß in einem Ofen von der beschriebenen Größe 500—700 Bushels grünen Hopfens zu bearbeiten sind, die getrocknet c. 625—875 ℔ geben *). Ungefähr 13 Centner Kohlen, darunter ein wenig Holzkohlen, in einem Werthe von 25 *s.*, sind zum Trocknen von einer Tonne Hopfen (20 Centr.) erforderlich, so daß das Brennmaterial für einen Centner 1 *s.* 3 *d.* (c. 12½ Sgr.) kostet.

Sobald der Hopfen hinlänglich trocken ist, wird er sofort nach dem Kühlraum geschafft, wo er einige Tage vor dem Verpacken in Haufen liegen bleibt. Man bezweckt dabei, den Hopfen nicht blos vollständig abzukühlen, sondern ihm auch einen gewissen Grad von Zähigkeit wiederzugeben, so daß er beim Drücken in der Hand etwas zusammenklebt, ohne jedoch seine Elastizität zu verlieren. Auf diese Beschaffenheit des Hopfens vor dem Einpacken legt man großes Gewicht,

*) Der Gewichtsverlust beim Trocknen des Hopfens stellt sich im Durchschnitt so, daß 4 ℔ grünen Hopfens 1 ℔ trocknen geben.

weil die Zapfen, im Fall sie zu trocken sind, in kleine Stücke zerbrechen und unverkäuflich werden, wogegen sie, in zu feuchtem Zustande verpackt, sich nicht halten.

Das Verpacken geschieht in 7½ Fuß lange und 3—4 Fuß breite Säcke, welche in ein, im Fußboden des Kühlraums angebrachtes Loch befestigt werden. Früher war es üblich, den Hopfen durch einen Mann festtreten zu lassen. In neuerer Zeit benutzt man ganz allgemein starke Pressen, wodurch der Hopfen möglichst fest aufeinander zu liegen kommt und sich viel besser und länger hält. Die so gefüllten Säcke werden an einem trocknen, vor Luft und Sonne geschützten Orte aufbewahrt.

Kosten und Ertrag.

Die Culturkosten des Hopfens sind, im Vergleich zu andern Früchten, ausnehmend hoch. Namentlich erfordert derselbe viel Handarbeit, weshalb auch sein Anbau ganz besonders für stark bevölkerte Gegenden geeignet ist. Die Productionskosten bis zum Pflücken bleiben sich ziemlich gleich, mag die Ernte in ihrer Ergiebigkeit noch so verschieden ausfallen. Von einigem Einfluß darauf ist die Bodenbeschaffenheit des Gartens und die Jahreswitterung, insofern, je nach diesen wechselnden Momenten, ein bald größeres, bald geringeres Maß von Arbeitskräften erforderlich ist, um einen unkrautreinen und lockern Zustand des Landes herzustellen. Auf die Höhe der Culkurkosten influirt aber auch die Dauer des Hopfengartens. Die nicht unbedeutenden Ausgaben der ersten Anlage, so wie die Landpacht und sonstigen Kosten bis zu der Zeit, wo der Hopfen trägt, sind nämlich auf die Jahre der Dauer der Anlage zu vertheilen. Es läßt sich für die Länge der Zeit, während welcher der Hopfen auf demselben Acker cultivirt werden kann, keine bestimmte Regel geben. Wie bereits in dem Frühern mehrfach angedeutet wurde, hängt dies zum Theil von der Art der Cultur ab, vornehmlich aber von der Bodenbeschaffenheit. Es giebt in England Grundstücke mit einem tiefgründigen, äußerst fruchtbaren Boden, auf welchen der Hopfenbau ununterbrochen seit

150 Jahren betrieben wird, ja die Hopfengärten des Mr. Paine zu Farnham bestehen seit der Einführung des Hopfenbaues in England, also 300 Jahre. Die genannten Fälle sind jedoch als Ausnahmen zu betrachten; denn im Allgemeinen rechnet der englische Hopfenplanteur nur auf eine Dauer seiner Gärten von 10–20 Jahren. Nach diesem Zeitraum nimmt meist der Ertrag in Qualität und Quantität so beträchtlich ab, daß die Fortsetzung der Cultur nicht mehr lohnt. Nach dem Auswerfen der Hopfenstöcke wird das Land gewöhnlich während 7–10 Jahren zum Anbau von Getreide und anderen Früchten verwendet, die ohne weitere Düngung reiche Erträge geben. In sehr ausgedehnten Wirthschaften erweist sich diese wechselnde Benutzung der Hopfengärten, sowohl hinsichtlich des Hopfens, wie der Getreidefrüchte, recht einträglich, und nur in sehr fruchtbarem Boden ist die Wiederbepflanzung mit Hopfen nach einem oder zwei Jahren ohne Nachtheil ausführbar.

Der Vergleich der Productionskosten in den Hopfenbau treibenden Grafschaften zeigt dieselben in Worcester und Hereford am niedrigsten, in Mittelkent dagegen am höchsten. Die jährlichen Culturkosten bis zur Zeit des Pflückens in einem, 1200 Stöcke per acre (c. 800 per Morgen), enthaltenden Hopfengarten werden von Mr. Rucley in Kent folgendermaßen angegeben:

	per acre.			per Morg.		
	l.	*s.*	*d.*	Thlr.	Sgr.	Pf.
1) Für Düngung	7	—	—	29	12	6
2) Aufräumen und Schneiden 6 *s.* Graben 1 *l.*	1	6	—	5	13	2
3) Stangensetzen 15 *s.* und Zufuhr neuer Stangen 1 *s.* 6 *d.*	—	16	6	3	13	4
4) Jährlicher Bedarf an Stangen .	7	—	—	29	12	6
5) Anbinden 10 *s.*, Behacken um die Hopfenstöcke zu 6 *d.* per 100 Stöcke, 6 *s.*	—	16	—	3	10	2
6) Oberflächliches Bearbeiten, behufs Zerstörung des Unkrauts	1	4	—	5	9	10
Latus .	18	2	6	76	11	6

	per *l.*	acre. *s.*	*d.*	per Thl.	Morg. Sgr.	Pf.
Uebertragen .	18	2	6	76	11	6
7) Wiederholtes Behacken der Zwischenräume mit der Pferdehacke 5 *s.* Anbinden der Ranken mit Unterstützung der Hopfenleiter 1 *s.* Anhäufeln der Stöcke 3 *s.*	—	9	—	1	26	8
8) Setzen der vom Winde umgeworfenen und abgebrochenen Stangen	—	5	—	1	1	6
9) Aufsetzen der Stangen nach der Hopfenernte und Zusammenbinden der Ranken	—	5	—	1	1	6
10) Unterhaltungs- und Abnutzungskosten des Trockenofens und der sonstigen Gebäude	1	—	—	4	6	2
11) Pacht 2 *l.* Steuern und Abgaben des Grundstücks 1 *l.* 16 *s.* . .	3	16	—	15	28	8
12) Interessen des auf die Anlage des Hopfenstücks verwandten Kapitals incl. der Kosten der Hopfenstangen 55 *l.*	2	14	—	11	9	8
13) Ausgaben für Pacht, Grundsteuer rc. von der Zeit an, wo die Anlage in Angriff genommen wurde, bis sie eine volle Ernte giebt, im Betrag von 13 *l.* 12 *s.*, welche Summe auf die Dauer der Hopfenplantage von c. 14 Jahren zu vertheilen ist	1	—	—	4	6	2
14) Auslagen für Fechser, Dünger und Arbeit während der Zeit, bevor der Garten einen Ertrag abwirft. Dieselben sind auf die Dauer der Anlagen zu vertheilen	—	10	—	2	3	—
Summa .	28	1	6.	118	4	10

In vorstehender Aufstellung erscheint die Abnutzung der Stangen besonders hoch, in nicht seltenen Fällen wird dieselbe sogar auf 8—9 *l.* per acre oder per Morgen auf $33\frac{1}{2}$ — $37\frac{2}{3}$ Thlr. berechnet, so daß die jährlichen Culturkosten auf 30 *l.* per acre (c. $126\frac{1}{4}$ Thlr. per Morgen) erhöht werden.

Mr. Rutley theilt ferner die Kosten mit, welche das Pflücken, Trocknen, so wie alle Ausgaben für den Hopfen bis zum Verkauf erfordern. Er nimmt in seiner Berechnung an, daß der Hopfenertrag per acre 10 Centr. (per Morgen c. $6\frac{1}{3}$ Centr.) sei, daß ferner 1300 Bushels grüner Hopfen 20 Centr. getrocknet geben, und daß endlich 1 Shilling für das Pflücken von 8 Bushels gezahlt werde. Unter diesen Annahmen belaufen sich die Kosten für 20 Centr. Hopfen, wie folgt:

	l.	*s.*	*d.*
1) Für das Pflücken von 1300 Bushels, 8 B. zu 1 *s.*	8	2	6
2) Auf die erforderliche Zahl von Pflückern 10 Männer zum Ausheben, Zu- und Abtragen der Stangen, jeder per Tag 2 *s.* 3 *d.* Lohn	1	2	6
3) Ein Mann für das Messen des Hopfens zu 3 *s.*, und ein Aufseher, der zugleich die Rechnung führt, zu 3 *s.*	—	6	—
4) Für das Fahren des Hopfens zu den Trockenöfen	—	6	—
5) Brennmaterial zum Trocknen, 1 *l.* 5 *s.*, Fuhrlohn 5 *s.* und sonstige Ausgaben beim Trocknen 9 *s.*	1	19	—
6) 61 Yards Leinwand für 13 Hopfensäcke, 7 *d.* per Yard	1	17	11
7) Lohn für die Anfertigung der Säcke, 2 *d.* per Stück	—	2	2
8) Für das Festtreten des Hopfens in den Säcken und Zunähen derselben, 10 *d.* per Sack .	—	10	10
9) Zwei Arbeiter bei Trocknen, einer zu 6 *s.* per Tag, der andere zu 5 *s.* Lohn . . .	—	11	—
Latus	14	17	11

	l.	s.	d.
Uebertragen	14	17	11
10) Fünf Gallons Bier per Tag für die beim Trocknen, Einsacken ꝛc. beschäftigten Leute à 1 *s.* per Gallon	—	5	—
11) Jährlicher Verbrauch an Tüchern in den Hopfenrahmen und an Säcken beim Transport des grünen Hopfens zum Ofen . .	—	6	—
12) Jährlicher Verbrauch an sonstigen Geräthschaften	—	5	—
13) Verschiedenes, namentlich Hülfe beim Wiegen, Fortschaffen ꝛc.	—	6	—
14) Zeitverlust bei eintretender nasser Witterung für die in Tagelohn stehenden Arbeiter .	—	10	—
15) Holz und Stroh für die fremden Hopfenpflücker	—	10	—
16) Geschenk an die Pflücker beim Schluß der Ernte	—	8	—
17) Fuhrlohn von 13 Hopfenballen nach London, 2 *s.* per Stück	1	6	—
18) Kosten beim Verkauf, Commissionsgebühren ꝛc. 4 *s.* per Ballen	2	12	—
19) Hopfensteuer	17	12	$9^1/_2$
Summa .	38	18	$8^1/_2$

Es betragen hiernach die Kosten, vom Pflücken bis zum Verkauf mit Ausschluß der Steuer, per Centr. 1 *l.* 1 *s.* 3 *d.* oder 7 Thlr. $2^1/_2$ Sgr., mit Einschluß der Steuer dagegen per Centr. 13 Thlr. Die Gesammtausgabe per Morgen beläuft sich somit:

	Thlr.	Sgr.	Pf.
1) Culturkosten	118 Thlr.	4 Sgr.	10 Pf.
2) Ausgaben für die Ernte ꝛc. incl. Steuer, bei einem Ertrage von $6^1/_3$ Centr. à 13 Thlr. . .	82 „	10 „	— „
Zusammen .	200 Thlr.	14 Sgr.	10 Pf.

Stellt man hiermit die Culturkosten unserer deutschen Hopfengärten in Vergleich, so sind diese bei weitem nicht so hoch*), was hauptsächlich in den niedrigeren Lohnsätzen, der viel billigeren Beschaffung der Stangen und in dem Ausfall der Steuer begründet ist. Im Durchschnitt ist bei uns die Gesammtausgabe per Magdb. Morgen auf 70—80 Thlr. anzunehmen.

---

*) Böhm theilt in seiner Anleitung zur Hopfencultur Seite 47 mehrere Kostenberechnungen mit. In einer Anlage betrugen die sämmtlichen Ausgaben excl. der Landpacht während 10 Jahren per Würtemberger Morgen 1131 fl. 48 kr., welche Summe auf 9 Ertragsjahre vertheilt, per Jahr 126 fl. 45 kr. oder per Magdeb. Morgen circa 58 Thlr. und mit Einschluß von 15 Thlr. Landpacht circa 73 Thlr. macht. Der Ertrag während der 9 Jahre war 59 Centr. Hopfen zu einem Werthe von 5035 fl., sodaß nach Abzug der Culturkosten mit 1131 fl. 48 kr. noch 3903 fl. 12 kr. verbleiben, mithin für den Würtemberger Morgen per Jahr 433 fl. 41 kr. oder auf den Magdeb. Morgen c. 198 Thlr. Ertrag.

In einem anderen, 1¼ Würtemb. Morgen enthaltenden Hopfengarten zu Möhringen bei Stuttgart war während 8 Jahre die Gesammtausgabe 1620 fl. 16 kr., sodaß die Kosten, auf 7 Nutzungsjahre vertheilt, per Jahr für den Würtemberger Morgen c. 182 fl. oder per Magdeb. Morgen c. 83 Thlr. betragen. Der Ertrag des Hopfenstücks in gedachtem Zeitraum belief sich auf 3730 fl. 39 kr. Nach Abzug der Kosten stellt sich der Ertrag per Würtemb. Morgen auf c. 244 fl. oder per Magdeb. Morgen c. 111 Thlr.

Nach Erath (siehe dessen Handbuch für Hopfenpflanzer, Stuttgart 1847 S. 101) betragen die Kosten per Württemb. Morgen:

1) An Zinsen des Anlagekapitals, an Abgaben ꝛc. per Jahr	50 fl.
2) Jährliche Culturkosten	50 „
Zusammen .	100 fl.

Bei einem Durchschnittsertrage von 5 Centr. Hopfen per Würtemberger Morgen à 50 fl. werden 250 fl. eingenommen, sodaß der Ueberschuß nach Abzug der Kosten 150 fl. und in 12 Jahren 1800 fl. beträgt. Nach Amortisation des Anlage-Kapitals von 970 fl. verbleiben noch 830 fl. oder per Jahr 69¼ fl. In 12 Jahren nimmt Erath für Bayern 2 gute, 6 mittlere und 4 schlechte Ernten an und rechnet in guten Jahren auf die Stange 1 ℔, in mittleren ½ ℔ und in schlechten ⅛ ℔ Hopfen.

Ueber die Höhe der Erträge lassen sich keine bestimmten Angaben machen, da der Hopfen vielen Zufällen unterworfen ist. Von verschiedener Seite wird der Durchschnittsertrag auf 7 Centr. per acre angenommen, wobei der englische Hopfenbauer noch recht gut seine Rechnung finden soll. Die von Jahr zu Jahr zunehmende Ausdehnung der Hopfengärten beweist am schlagendsten den Vortheil dieser Cultur.

Gedruckt bei Carl Georgi in Bonn.

Fig 1.

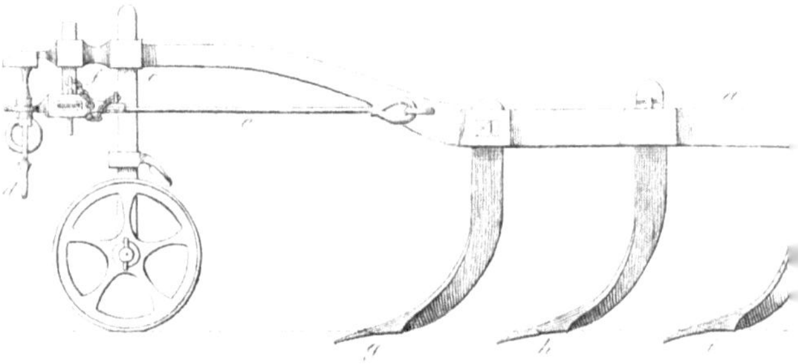

Fig 2.

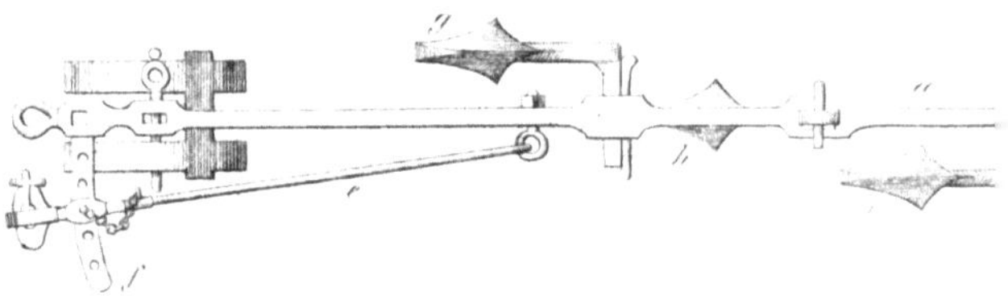

Fig 3.

aufgen. u. gez. v. C. Schubert

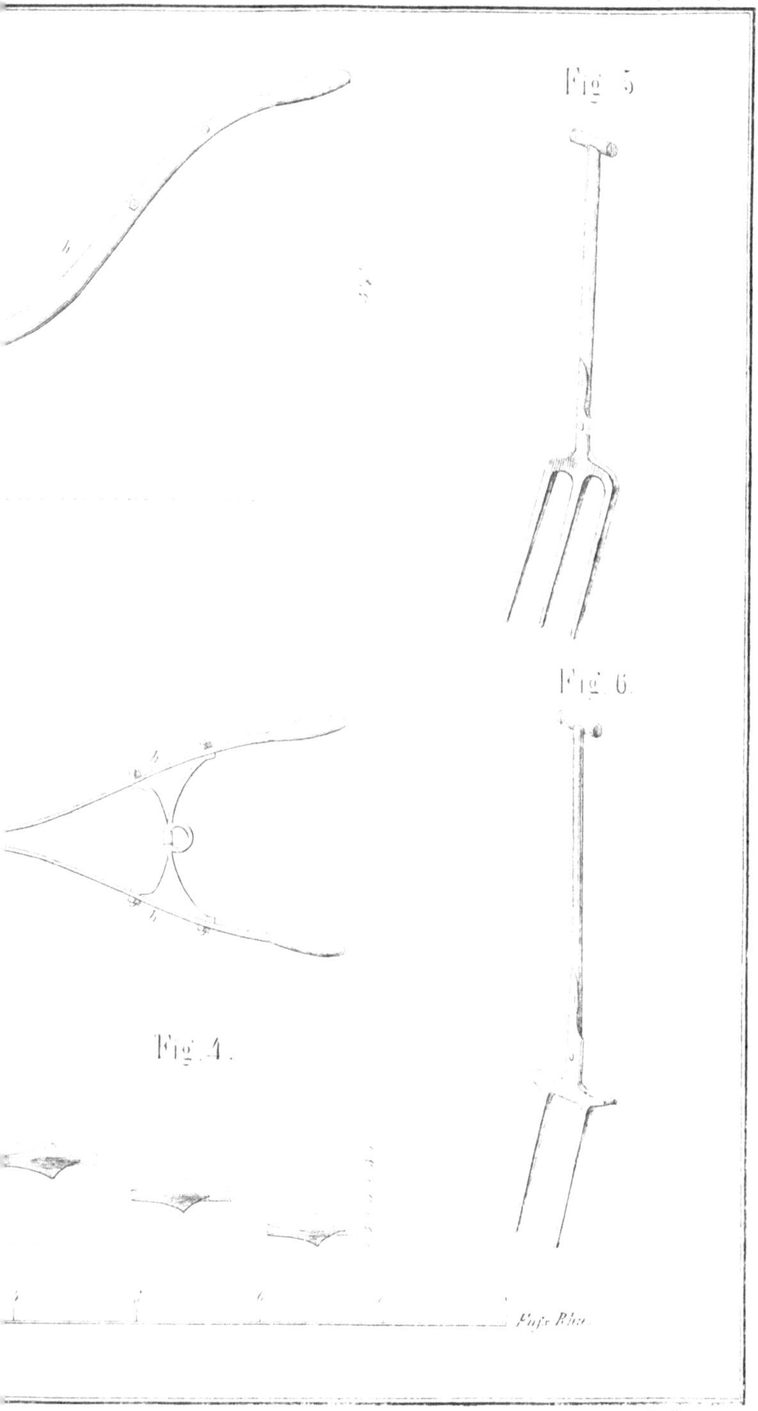

Ch. Kreyfelt lith. Bonn

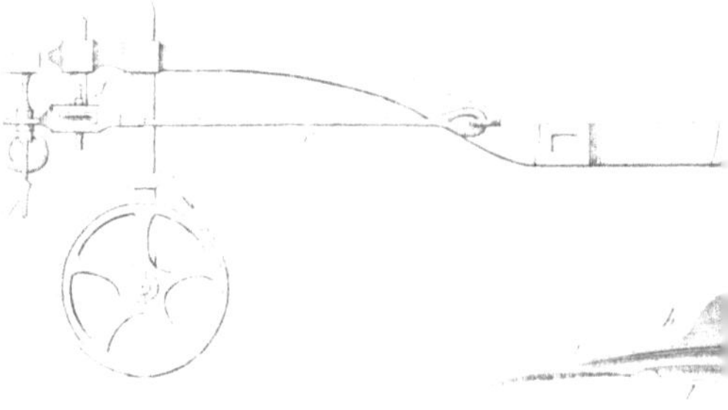

Fig. 8

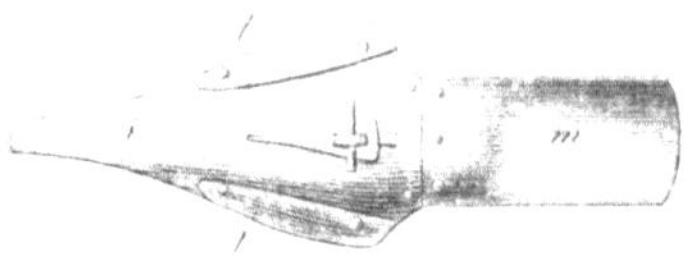

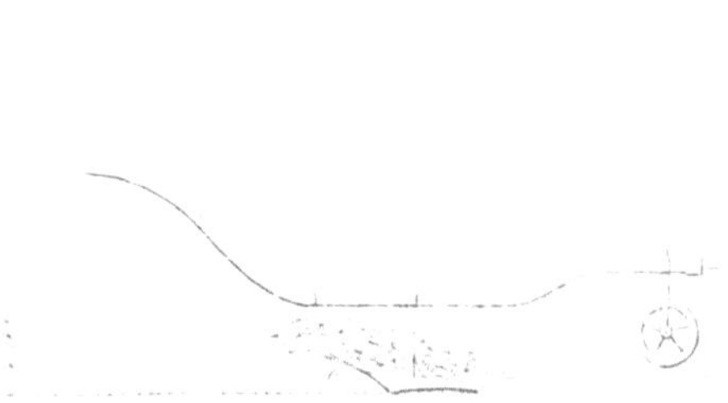

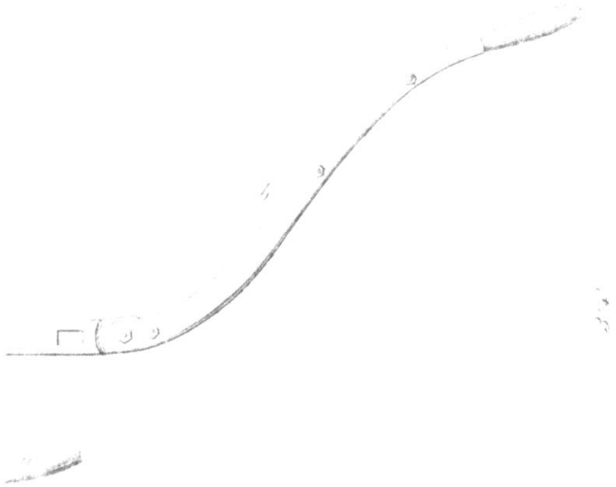

Fig. 9.

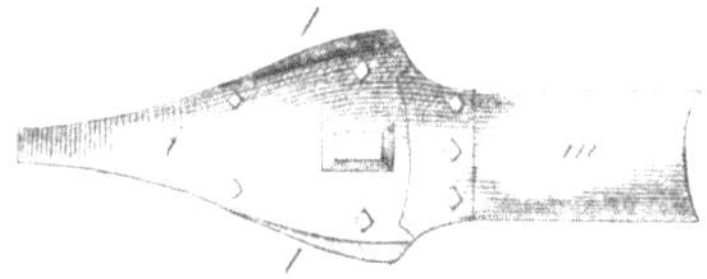

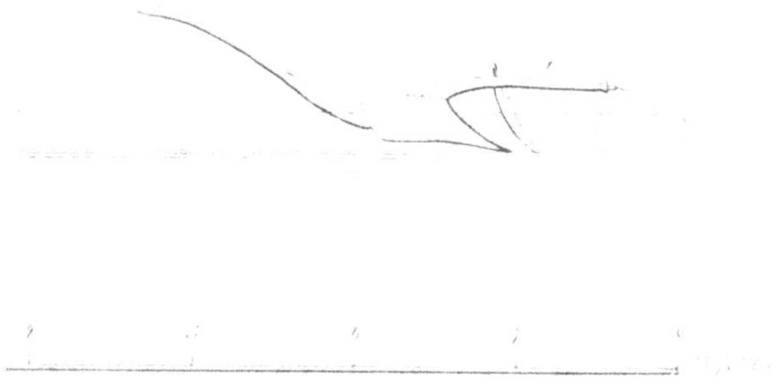

Fig. 11.

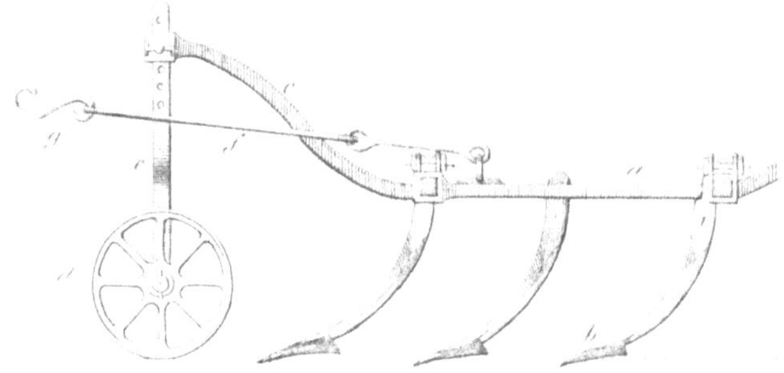

Fig. 12.

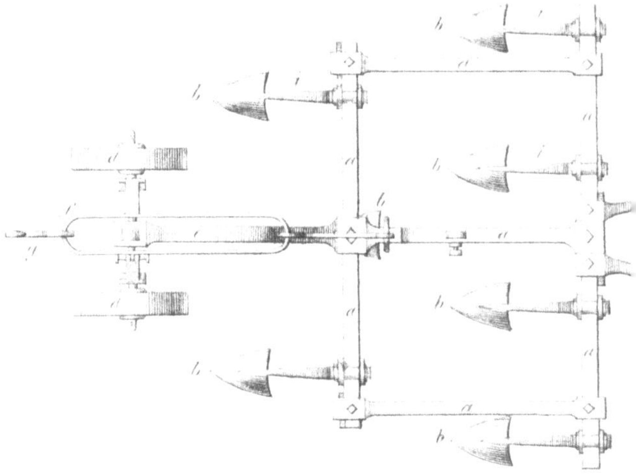

Taf. III.

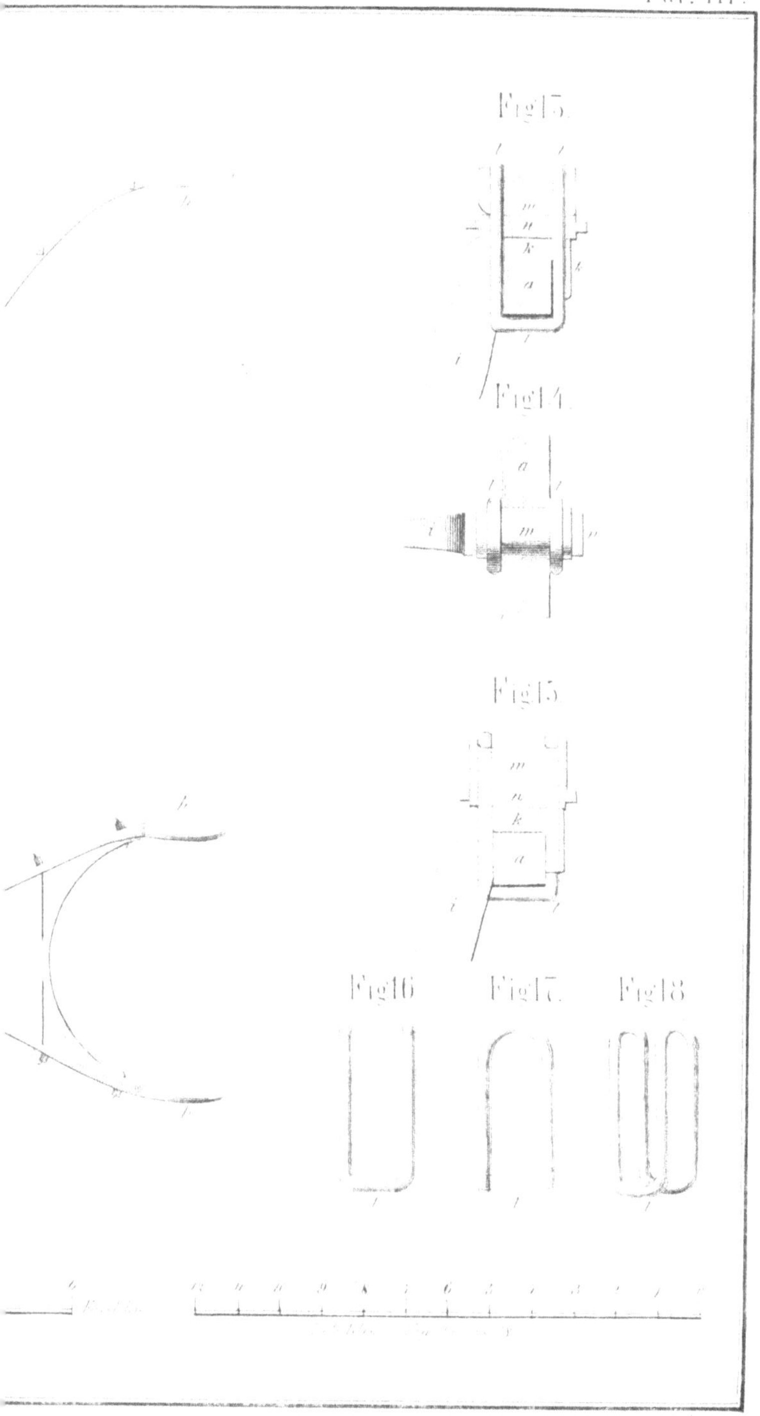

Fig 19

Fig 20

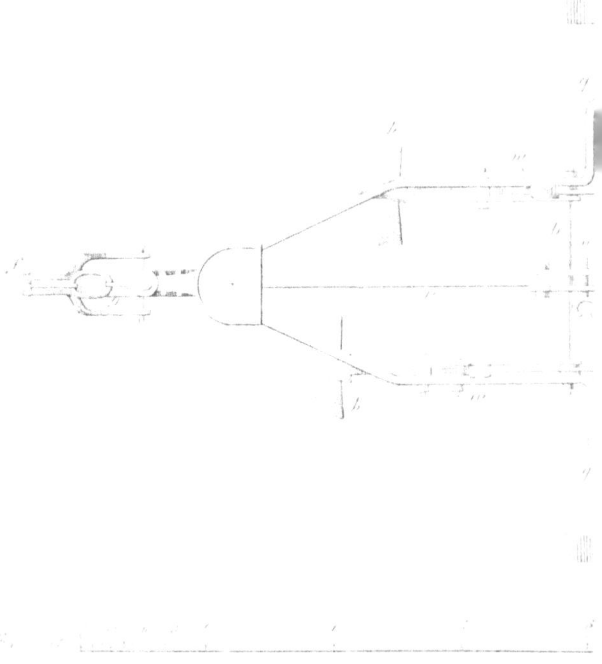

Fig. 21 a.

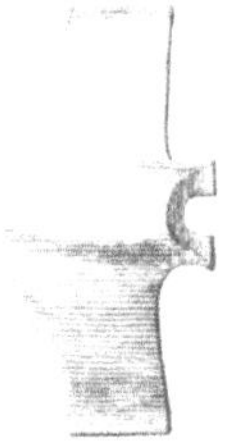

Fig. 21 b.

Fig. 22 a.

Fig. 22 b.

FSC
www.fsc.org
MIX
Papier | Fördert
gute Waldnutzung
FSC® C083411

Kolibri 360 GmbH
Ferdinand-Jühlke-Straße 7
99095 Erfurt, Deutschland
produktsicherheit@kolibri360.de